普通高等教育"十一五"国家级规划教材

 北京市高等教育精品教材立项项目

高等教育国家级教学成果二等奖
第一版荣获教育部全国普通高等学校优秀教材二等奖
第二版被评为"北京高等教育精品教材"
国家精品课程配套教材

清华大学计算机基础教育课程系列教材

Visual C++ 面向对象与可视化程序设计（第三版）

黄维通 贾续涵 编著

清华大学出版社
北京

内 容 简 介

本书的特点是从面向对象的基本概念出发,讲述可视化程序设计的思想与方法。本书对每一部分的知识点、概念、难点,都力求以较精练的语言进行讲解,同时,对每一个知识点都配以必要的实例,实例中配以较为详细的步骤说明、代码说明及语法说明,力求通过实例让读者较好地掌握"面向对象与可视化程序设计"的思路、开发技巧与体系。

本书由 4 个部分内容组成:第一部分　Visual C++ 的基础知识;第二部分　应用 Windows API 进行可视化编程的基本方法;第三部分　应用 MFC 进行可视化编程的基本方法;第四部分　高级编程应用。

本书适合作为在校本科生、研究生的教材,也可作为相关培训班的教材,还可供计算机软件开发人员参考。

本书封面贴有清华大学出版社防伪标签,无标签者不得销售。
版权所有,侵权必究。举报: 010-62782989, beiqinquan@tup.tsinghua.edu.cn。

图书在版编目(CIP)数据

Visual C++ 面向对象与可视化程序设计/ 黄维通,贾续涵编著. —3 版. —北京:清华大学出版社,2011.6(2023.8重印)

(清华大学计算机基础教育课程系列教材)

ISBN 978-7-302-25694-6

Ⅰ. ①V… Ⅱ. ①黄… ②贾… Ⅲ. ①C语言－程序设计－高等学校－教学参考资料　Ⅳ. ①TP312

中国版本图书馆 CIP 数据核字(2011)第 103134 号

责任编辑:谢　琛　薛　阳
责任校对:时翠兰
责任印制:沈　露

出版发行:清华大学出版社
　　　网　　址: http://www.tup.com.cn, http://www.wqbook.com
　　　地　　址: 北京清华大学学研大厦 A 座　　邮　编: 100084
　　　社 总 机: 010-83470000　　邮　购: 010-62786544
　　　投稿与读者服务: 010-62776969, c-service@tup.tsinghua.edu.cn
　　　质 量 反 馈: 010-62772015, zhiliang@tup.tsinghua.edu.cn
印 装 者: 三河市龙大印装有限公司
经　　销: 全国新华书店
开　　本: 185mm×260mm　　印　张: 24　　字　数: 546 千字
版　　次: 2011 年 6 月第 3 版　　印　次: 2023 年 8 月第 14 次印刷
定　　价: 69.00 元

产品编号: 027921-05

清华大学计算机基础教育课程系列教材

序

计算机科学技术的发展不仅极大地促进了整个科学技术的发展,而且明显地加快了经济信息化和社会信息化的进程。因此,计算机教育在各国备受重视,计算机知识与能力已成为21世纪人才素质的基本要素之一。

清华大学自1990年开始将计算机教学纳入基础课的范畴,作为校重点课程进行建设和管理,并按照"计算机文化基础"、"计算机技术基础"和"计算机应用基础"三个层次的课程体系组织教学:

第一层次"计算机文化基础"的教学目的是培养学生掌握在未来信息化社会里更好地学习、工作和生活所必须具备的计算机基础知识和基本操作技能,并进行计算机文化道德规范教育。

第二层次"计算机技术基础"是讲授计算机软硬件的基础知识、基本技术与方法,从而为学生进一步学习计算机的后续课程,并利用计算机解决本专业及相关领域中的问题打下必要的基础。

第三层次"计算机应用基础"则是讲解计算机应用中带有基础性、普遍性的知识,讲解计算机应用与开发中的基本技术、工具与环境。

以上述课程体系为依据,设计了计算机基础教育系列课程。随着计算机技术的飞速发展,计算机教学的内容与方法也在不断更新。近几年来,清华大学不断丰富和完善教学内容,在有关课程中先后引入了面向对象技术、多媒体技术、Internet 与互联网技术等。与此同时,在教材与 CAI 课件建设、网络化的教学环境建设等方面也正在大力开展工作,并积极探索适应21世纪人才培养的教学模式。

为进一步加强计算机基础教学工作,适应高校正在开展的课程体系与教学内容的改革,及时反映清华大学计算机基础教学的成果,加强与兄弟院校的交流,清华大学在原有工作的基础上,重新规划了"清华大学计算机基础教育课程系列教材"。

该系列教材有如下几个特色:

1. 自成体系:该系列教材覆盖了计算机基础教学三个层次的教学内容。其中既包括所有大学生都必须掌握的计算机文化基础,又包括适用于各专业的软、硬件基础知识;既包括基本概念、方法与规范,又包括计算机应用开发的工具与环境。

2. 内容先进:该系列教材注重将计算机技术的最新发展适当地引入教学中来,保持了教学内容的先进性。例如,系列教材中包括了面向对象与可视化编程、多媒体技术与应用、Internet 与互联网技术、大型数据库技术等。

3. 适应面广:该系列教材照顾了理、工、文等各种类型专业的教学要求。

4. 立体配套:为适应教学模式、教学方法和手段的改革,该系列教材中多数都配有习题集和实验指导、多媒体电子教案,有的还配有CAI课件以及相应的网络教学资源。

本系列教材源于清华大学计算机基础教育的教学实践,凝聚了工作在第一线的任课教师的教学经验与科研成果。我希望本系列教材不断完善,不断更新,为我国高校计算机基础教育做出新的贡献。

注:周远清,曾任教育部副部长,原清华大学副校长、计算机专业教授。

前 言

随着计算机技术的飞速发展,社会对高校毕业生的计算机应用与程序开发水平的要求也日益提高,为适应此形势,高校的计算机基础教学内容也在不断地改革,其中,课程设置的改革,是教学改革的重要组成部分。

学习本教材,要求先修 C 语言(或其他任何一种编程语言),虽然 C 语言已经成为高校理工科学生的必修或选修课程,但 C 语言是面向过程的编程语言,随着软件工程技术的不断发展,面向对象的编程技术已经成为当今软件开发的重要手段之一,因此,掌握"面向对象与可视化程序设计"的技术与方法已经成为对大学生掌握信息技术和应用开发能力的要求之一。

本教材自 2000 年出版以来,被国内很多开设的相关课程的学校采用。第一版被评为教育部"全国普通高等学校优秀教材"二等奖,第二版被评为"北京高等教育精品教材",现在呈现在读者面前的是第三版。

本教材充分考虑 Visual C++ 面向对象程序设计技术的发展,在原有第二版的基础上,结合第一版、第二版教材的应用和教学体会,从面向应用的教学改革的定位出发,对部分例题进行的修订,提高了例题的实用性和趣味性。同时,所有例题全部在 Visual C++ 2008 环境下调试通过。

本书主要分为 4 个部分,第一部分讲述 Visual C++ 的基础知识,包括 C++ 的基础知识、Visual C++ 的开发环境以及 Windows 程序设计中消息响应机制等基础知识;第二部分介绍应用 Windows API 进行可视化编程的基本方法,包括 Windows 绘图、文本输入/输出、键盘与鼠标的应用以及资源的应用等基础知识;第三部分介绍应用 MFC 进行可视化编程的基本方法,包括类库的基本知识、各种类在编程中的应用、各种控件的应用、利用 Visual C++ 的资源编辑器编写资源文件及其应用、文档操作等知识点;第四部分介绍高级编程应用,如多媒体、数据库和网络编程的基本概念与方法。本书可作为非计算机专业的面向对象程序设计课程的使用教材,建议授课学时为 48 小时。

本书的特点是从面向对象的基本概念出发,讲述可视化程序设计的思想与方法。本书对每一部分的知识点、概念、难点,都力求以较精练的语言进行讲解,同时,对每一个知识点都配以必要的实例,实例中配以较为详细的步骤说明、代码说明及语法说明,力求通过实例让读者较好地掌握"面向对象与可视化程序设计"的思路、开发技巧与体系。

本书中部分专题内容,如第 9 章中介绍的"对话框通用控件"中的应用程序、第 10 章的资源应用程序、第 11 章的文档应用程序、第 13 章的数据库应用程序以及第 14 章的网络应用程序,都分别以一个综合应用程序的方式,把相关知识点内容分解到各节的内容中去,通过各节内容的介绍,不断增强本章样例中的功能,使得读者在循序渐进的学习中掌握一个完整的应用程序的开发方法及相关知识点。第 12 章介绍的多媒体编程,介绍了常用的音频、视频的应用,以及简单的图形处理软件功能的应用。

本书面向各大专院校本科生、研究生及从事计算机软件开发的专业人员，既适合作为高等学历教育的教材，也适合作为非学历教育的各类培训的培训教材，同时也适合计算机爱好者自学。

本书由黄维通、贾续涵、许家佗、马力妮编写，其中贾续涵对书中的部分例题进行了改写，校对了 Visual C++ 6.0 版本和 Visual C++ 2008 版本的差别，并加以修订。在本书的编写过程中，查阅了一些文献，在本书的"参考文献"部分列出了这些文献的作者，在此也对上述作者表示感谢。

由于作者水平有限，缺点和错误在所难免，恳请读者批评指正。

谢谢喜欢阅读本书的读者！

作者联系邮箱：hwt@cic.tsinghua.edu.cn

黄维通
2011 年 5 月于清华园

目 录

第一篇 基 础 知 识

第 1 章 Visual C++ 2008 简介 ... 3
- 1.1 集成开发环境简介 ... 3
  - 1.1.1 主窗口 ... 3
  - 1.1.2 工具栏选项 ... 3
  - 1.1.3 项目和解决方案 ... 4
- 1.2 创建控制台应用程序 ... 5
- 1.3 创建 MFC 应用程序 ... 8
- 1.4 创建 Windows Forms 应用程序 ... 9
- 1.5 小结 ... 11

第 2 章 C++ 基础知识 ... 12
- 2.1 C++ 的发展历程 ... 12
- 2.2 一个简单的 C++ 程序 ... 13
- 2.3 C++ 的基本数据类型 ... 13
- 2.4 C++ 中的类与对象 ... 14
  - 2.4.1 类的定义 ... 14
  - 2.4.2 对象 ... 15
  - 2.4.3 内联函数 ... 17
- 2.5 构造函数和析构函数 ... 18
  - 2.5.1 构造函数 ... 18
  - 2.5.2 析构函数 ... 20
- 2.6 重载 ... 21
  - 2.6.1 函数重载 ... 21
  - 2.6.2 操作符重载 ... 23
- 2.7 友元 ... 25
- 2.8 this 指针 ... 27
- 2.9 继承 ... 28
  - 2.9.1 派生类 ... 28
  - 2.9.2 多重继承 ... 29
- 2.10 多态性和虚拟函数 ... 31

2.10.1 多态性 ·· 31
2.10.2 虚拟函数 ·· 31
2.10.3 虚拟析构函数 ·· 35
2.11 流 ··· 35
2.12 小结 ··· 36

第二篇　SDK 编程

第 3 章　Windows 应用程序 ·· 39
3.1 Windows 编程基础知识 ··· 39
　3.1.1 窗口 ·· 40
　3.1.2 事件驱动 ·· 40
　3.1.3 句柄和 Windows 消息 ·· 41
3.2 Windows 应用程序常用消息 ······································ 43
3.3 Windows 中的事件驱动程序设计 ······························· 44
3.4 Windows 应用程序的基本结构 ··································· 45
　3.4.1 Windows 应用程序的组成 ····································· 45
　3.4.2 源程序组成结构 ·· 46
　3.4.3 应用程序举例 ·· 52
3.5 小结 ··· 54
3.6 练习 ··· 54

第 4 章　Windows 的图形设备接口及 Windows 绘图 ················· 56
4.1 图形设备接口 ·· 56
　4.1.1 图形设备接口的一些基本概念 ······························· 56
　4.1.2 图形刷新 ·· 58
　4.1.3 获取设备环境的方法 ··· 60
　4.1.4 映射模式 ·· 61
4.2 绘图工具与颜色 ·· 64
　4.2.1 画笔 ·· 64
　4.2.2 画刷 ·· 65
　4.2.3 颜色 ·· 66
4.3 常用绘图函数 ·· 67
4.4 应用实例 ·· 69
4.5 小结 ··· 82
4.6 练习 ··· 83

第 5 章　文本的输出方法与字体的设置 ································· 84
5.1 设置文本的设备环境 ·· 84

5.1.1　字体句柄 ………………………………………………………… 84
　　　5.1.2　创建自定义字体 …………………………………………………… 85
　　　5.1.3　设置字体和背景颜色 ……………………………………………… 86
　5.2　文本的输出过程 …………………………………………………………… 86
　5.3　文本操作实例 ……………………………………………………………… 88
　5.4　小结 ………………………………………………………………………… 98
　5.5　练习 ………………………………………………………………………… 98

第 6 章　Windows 应用程序对键盘与鼠标的响应 …………………………… 100
　6.1　键盘在应用程序中的应用 ……………………………………………… 100
　6.2　键盘操作应用举例 ……………………………………………………… 103
　6.3　鼠标在应用程序中的应用 ……………………………………………… 109
　6.4　鼠标应用程序实例 ……………………………………………………… 112
　6.5　小结 ……………………………………………………………………… 120
　6.6　练习 ……………………………………………………………………… 120

第 7 章　资源在 Windows 编程中的应用 ……………………………………… 122
　7.1　菜单和加速键资源及其应用 …………………………………………… 122
　　　7.1.1　菜单的创建过程 ……………………………………………………… 123
　　　7.1.2　操作菜单项 …………………………………………………………… 126
　　　7.1.3　动态地创建菜单 ……………………………………………………… 129
　　　7.1.4　加速键资源 …………………………………………………………… 129
　　　7.1.5　创建菜单资源实例 …………………………………………………… 131
　7.2　位图资源及其应用 ……………………………………………………… 135
　　　7.2.1　位图概念 ……………………………………………………………… 135
　　　7.2.2　位图的操作过程 ……………………………………………………… 136
　　　7.2.3　位图操作实例 ………………………………………………………… 138
　7.3　对话框资源及其应用 …………………………………………………… 141
　　　7.3.1　模式对话框的编程方法 ……………………………………………… 142
　　　7.3.2　非模式对话框的编程方法 …………………………………………… 145
　　　7.3.3　对话框应用实例 ……………………………………………………… 147
　7.4　图标资源的应用 ………………………………………………………… 152
　　　7.4.1　图标资源的操作 ……………………………………………………… 152
　　　7.4.2　图标资源应用举例 …………………………………………………… 153
　7.5　小结 ……………………………………………………………………… 155
　7.6　练习 ……………………………………………………………………… 156

第三篇 MFC 开发

第 8 章 MFC 基础知识 161
8.1 MFC 概述 161
8.2 MFC 类的组织结构及主要的类的简介 164
8.2.1 MFC 类的组织结构 164
8.2.2 根类 165
8.2.3 应用程序体系结构类 165
8.2.4 可视对象类 169
8.2.5 通用类 172
8.2.6 OLE 类 173
8.2.7 ODBC 数据库类 174
8.3 MFC 中全局函数与全局变量 174
8.4 应用程序向导 175
8.5 小结 179
8.6 练习 179

第 9 章 Windows 标准控件在可视化编程中的应用 180
9.1 可视化编程概述 180
9.1.1 在程序界面中增加控件方法 180
9.1.2 为控件添加消息映射 182
9.1.3 在应用程序中使用控件 185
9.1.4 自定义控件类 186
9.2 按钮控件及其应用 187
9.2.1 按钮控件的创建过程 188
9.2.2 按钮控件示例 192
9.3 滚动条控件 195
9.3.1 滚动条类的结构及其方法 195
9.3.2 滚动条类编程实例 197
9.4 静态控件 203
9.4.1 静态控件的特点 203
9.4.2 静态控件应用举例 204
9.5 列表框控件 205
9.5.1 列表框控件的类结构 205
9.5.2 列表框类的方法 207
9.5.3 列表框和应用程序之间消息传递 209
9.5.4 列表框应用举例 210
9.6 编辑框控件 212

  9.6.1 编辑框控件简介 ……………………………………………… 212
  9.6.2 编辑框与应用程序间的消息传递 ………………………… 213
  9.6.3 编辑框编程实例 …………………………………………… 214
 9.7 组合框控件 ……………………………………………………… 219
  9.7.1 组合框(CComboBox)类的结构及组合框的特点 ……… 219
  9.7.2 组合框与应用程序间消息传递 …………………………… 220
  9.7.3 组合框控件应用举例 ……………………………………… 222
 9.8 对话框通用控件 ………………………………………………… 237
  9.8.1 Picture 控件的使用 ………………………………………… 237
  9.8.2 Spin 控件的使用 …………………………………………… 238
  9.8.3 Progress 控件的使用 ……………………………………… 239
  9.8.4 Slider 控件的使用 ………………………………………… 240
  9.8.5 Date Time Picker 控件的使用 …………………………… 241
  9.8.6 List Control 控件的使用 …………………………………… 242
  9.8.7 Tree Control 控件的使用 ………………………………… 248
  9.8.8 Extended Combo Box 控件的使用 ……………………… 252
 9.9 小结 ……………………………………………………………… 254
 9.10 练习 …………………………………………………………… 254

第 10 章 在 MFC 中创建应用程序的资源 …………………………… 257
 10.1 获取资源的一个样例 …………………………………………… 257
 10.2 资源的应用 ……………………………………………………… 258
  10.2.1 菜单资源的使用 ………………………………………… 258
  10.2.2 快捷菜单的创建及其应用 ……………………………… 266
  10.2.3 加速键资源的创建及其使用 …………………………… 270
  10.2.4 工具条资源的创建及其使用 …………………………… 270
  10.2.5 图标资源的创建及其使用 ……………………………… 275
  10.2.6 字符串资源的使用 ……………………………………… 276
  10.2.7 对话框资源的创建及其应用 …………………………… 276
  10.2.8 位图资源的创建及其应用 ……………………………… 279
 10.3 小结 …………………………………………………………… 281
 10.4 练习 …………………………………………………………… 281

第 11 章 单文档与多文档 ………………………………………………… 283
 11.1 概述 …………………………………………………………… 283
  11.1.1 单文档界面与多文档界面 ……………………………… 283
  11.1.2 文档/视图结构 …………………………………………… 283
  11.1.3 SDI 程序中文档、视图对象的创建过程 ……………… 284

11.1.4 SDI 程序的消息传递过程 ………………………………… 285
11.2 Doc/View 框架的主要成员 ………………………………… 285
　11.2.1 CWinApp 类 ………………………………… 285
　11.2.2 CDocument 类 ………………………………… 286
　11.2.3 CView 类 ………………………………… 288
　11.2.4 CDocTemplate 类 ………………………………… 290
　11.2.5 CFrameWnd 类 ………………………………… 293
11.3 文档操作中的一些重要概念 ………………………………… 294
　11.3.1 串行化处理 ………………………………… 294
　11.3.2 消息映射 ………………………………… 295
　11.3.3 消息传递 ………………………………… 298
11.4 SDI 编程实例 ………………………………… 298
11.5 MDI 编程实例 ………………………………… 302
11.6 小结 ………………………………… 310
11.7 练习 ………………………………… 310

第四篇　综合应用案例

第 12 章　多媒体应用程序的设计 ………………………………… 315
12.1 利用音频函数实现多媒体程序设计 ………………………………… 315
　12.1.1 一个简单的应用实例 ………………………………… 315
　12.1.2 几个常用的音频函数 ………………………………… 316
　12.1.3 用 MCI 控制波形声音的播放 ………………………………… 318
12.2 利用 Windows Media Player 控件实现多媒体程序设计 ………………………………… 326
12.3 常见格式图片的显示 ………………………………… 329
12.4 小结 ………………………………… 333
12.5 练习 ………………………………… 333

第 13 章　数据库应用程序的开发 ………………………………… 334
13.1 有关数据库的基础知识 ………………………………… 334
13.2 ODBC 介绍和引用 ………………………………… 334
　13.2.1 ODBC 简介 ………………………………… 334
　13.2.2 MFC 对 ODBC 的封装 ………………………………… 335
　13.2.3 如何访问数据库 ………………………………… 336
　13.2.4 在数据库应用程序中常用的几个类 ………………………………… 339
13.3 小结 ………………………………… 356
13.4 练习 ………………………………… 356

第 14 章 开发 Internet 应用程序 ……………………………………………… 357
  14.1 Internet 应用程序开发的几种类型 ………………………………………… 357
  14.2 WinInet 开发简介 …………………………………………………………… 358
  14.3 WinInet 类介绍 ……………………………………………………………… 359
      14.3.1 CInternetSession 类 ……………………………………………… 360
      14.3.2 CInternetConnection 类 …………………………………………… 360
      14.3.3 CInternetFile 类 …………………………………………………… 361
      14.3.4 CGopherLocator 类 ………………………………………………… 361
  14.4 用 WinInet 类开发应用程序 ………………………………………………… 361
  14.5 WinInet 类编程实例 ………………………………………………………… 362
  14.6 小结 …………………………………………………………………………… 368
  14.7 练习 …………………………………………………………………………… 368

参考文献 ……………………………………………………………………………… 369

第一篇

基础知识

第一作

人民出版

第 1 章

Visual C++ 2008 简介

本教材主要介绍 Visual C++ 面向对象与可视化程序设计的基本概念和基本知识及开发技术,运用 Visual C++ 2008 作为编程开发环境,借助该开发环境,介绍面向对象与可视化程序设计的基本思想与方法。因此首先简要介绍 Visual C++ 2008 的基本环境。

对于前面谈到的可视化,不同领域的人有不同的认识,本教材的可视化技术,是指软件开发阶段的可视化,即可视化编程。Visual C++ 是一个很好的可视化编程工具,使用 Visual C++ 环境来开发基于 Windows 的应用程序大大缩短了开发时间,而且它的界面更友好,便于程序员操作。在没有可视化开发工具之前,程序员要花几个月的时间来完成 Windows 程序的界面开发,而现在只需较少的时间就可完成。

本章概述了 Visual Studio 2008 的集成开发环境。到本章结束时,读者将学到以下内容:

- Visual C++ 2008 的主要组件。
- 解决方案和项目的概念及创建过程。
- 如何创建并编辑程序。
- 如何编译、链接并执行 C++ 控制台程序。
- 如何创建并执行基本的 Windows 程序。

1.1 集成开发环境简介

随 Visual C++ 2008 一起提供的 IDE(集成开发环境,Integrated Development Environment)是一个用于创建、编译、链接和测试 C++ 程序的完全独立的环境,并且它还是一个很好的学习 C++ 的环境。在本教材中,所有程序的开发和执行都是在 IDE 内完成的。

1.1.1 主窗口

启动 Visual C++ 2008 后会出现一个与图 1-1 类似的应用程序窗口(注意:由于读者的机器的使用状态不一样,该界面有所不同,但本质是一样的)。

1.1.2 工具栏选项

通过在工具栏区域内单击鼠标右键,弹出如图 1-2 所示的工具栏列表,用户可以在工具栏列表中选择在 Visual C++ 窗口中显示哪些工具按钮。那些当前显示在窗口内的工

图 1-1 Visual Studio 2008 集成开发环境　　图 1-2 工具栏列表

具栏中的工具按钮都带有复选标记。有些工具按钮在需要时将自动出现，因此没有必要将所有的工具按钮全部显示在应用程序的窗口中，通常默认的工具栏在大多数情况下就完全可以满足要求。

1.1.3　项目和解决方案

项目是存储构成某个程序的全部组件的容器，该程序可能是控制台程序、基于窗口的程序或其他类型的程序。程序通常由一个或多个包含用户代码的源文件，可能还包括其他包含辅助数据的文件组成。某个项目的所有文件都存储在相应的项目文件夹中。

解决方案是一种将所有程序和其他资源聚集到一起的机制。解决方案是存储跟一个或多个项目有关的所有信息的文件夹，这样就有一个或多个项目文件夹是解决方案文件夹的子文件夹。当我们创建某个项目时，如果没有选择将该项目添加到现有的解决方案，那么系统将自动创建一个新的解决方案。

当创建项目及解决方案时，可以将更多的项目添加到同一个解决方案中。我们可以将任意种类的项目添加到现有的解决方案中，但通常我们只添加与该解决方案内现有项目相关的项目。一般来说，各个项目都应该有自己的解决方案。我们在本书创建的各个实例都是其解决方案内的单个项目。

1.2 创建控制台应用程序

编写 Visual C++ 2008 程序时，首先要为该程序创建一个项目。用户可以选择主菜单上的"文件"|"新建"|"项目"菜单项（如图 1-3 所示），打开"新建项目"对话框（如图 1-4 所示）。

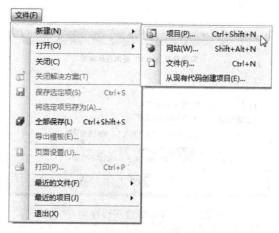

图 1-3 新建一个项目文件

图 1-4 "新建项目"对话框

"项目类型"框中列出了可以创建的项目类型，在这个例子中，选择 Win32 选项。右边的"模板"选项列出了可供选择的项目类型使用的模板。当创建构成项目的文件时，应用程序向导将使用选中的模板。

可以在"名称"编辑框中为该项目输入一个合适的名称，比如 test。Visual C++ 2008 支持长文件名，这就为命名提供了很大方便，用户可以选择容易识别的标识做文件名。解决方案文件夹的名称出现在底部编辑框中，默认情况下，其名称与项目的名称相同。如果需要，也可以修改这一项。该对话框中我们还可以修改存储本项目的解决方案的位置，这可以在"位置"编辑框中实现。单击"确定"按钮将显示如图 1-5 所示的"Win32 应用程序向导"对话框。

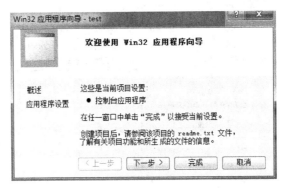

图 1-5　Win32 应用程序向导

该对话框说明了当前的设置有效。如果单击"完成"按钮，则该向导将创建基于这些设置的所有项目文件。在这个例子中，我们可以单击左边的"应用程序设置"，以显示该向导的应用程序设置页面，如图 1-6 所示。

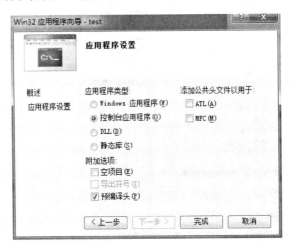

图 1-6　Win32 应用程序设置

该页面允许用户选择那些希望应用到本项目的选项。对于大多数在学习 C++ 语言的过程中要创建的项目来说，可以选中"空项目"复选框，但在本例中，我们可以让所有选项都保持原状，并单击"完成"按钮。之后，应用程序向导将创建一个包含所有默认文件的项目。

我们创建的项目将自动在 Visual C++ 2008 的左边窗格中打开(如图 1-7 所示)。我们只需双击某个文件的名称，就可以在编辑窗格中显示该文件的内容。

应用程序向导生成的是完整的、可以编译和执行的 Win32 控制台程序。目前系统生成的只是一个框架，还不能做任何事情，为此，只要双击 test.cpp。该文件是应用程序向导为该程序生成的主源文件，如图 1-7 的下半部所示。

如果读者的系统上没有显示行号，请从主菜单上选择"工具"|"选项"以显示选项对话框。然后展开左边窗格中的"文本编辑器"下的"C/C++"选项，从展开树中选择"常规"，之后就可以在对话框的右边窗格中选择行号，如图 1-8 所示。

图 1-7 test 的解决方案资源管理器

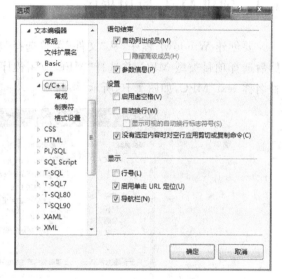
图 1-8 设置显示行号

可在编辑窗口中添加下面两行代码：

```
//Ex1_01.CPP: 定义控制台应用程序的入口点。
//
#include "stdafx.h"
#include<iostream>
int _tmain(int argc,_TCHAR* argv[])
{
    std::cout<<"Hello world!\n";
    return 0;
}
```

无阴影的行是自动生成的，应该添加的新行以阴影显示。确保代码与前面例子中显示的一样，否则改后程序可能无法编译。

按 F7 键或选择菜单项"生成"|"生成解决方案"，我们应该能够成功编译上述程序。如果有什么错误，应确保输入新代码时没有出错，请非常仔细地检查刚才输入的那两行代码。

在成功编译解决方案之后，可以按 Ctrl+F5 键来执行程序，结果如图 1-9 所示。

图 1-9 程序 test 运行结果

1.3 创建 MFC 应用程序

要创建 Windows 程序，从"文件"菜单选择"新建"|"项目"或者按 Ctrl+Shift+N 键，然后选择项目类型 MFC，并选择"MFC 应用程序"作为该项目的模板。之后，可以输入项目名称 test_MFC，如图 1-10 所示。

图 1-10 新建 MFC 应用程序

单击"确定"按钮之后，"MFC 应用程序向导"对话框显示出来。该对话框包含许多选项，它们决定着应用程序将包括哪些功能。如图 1-11 所示，该对话框右边列表中的条目标识了这些选项。单击"完成"按钮直接创建默认设置的项目，结果如图 1-12 所示。

在执行程序之前，必须编译项目。这些操作完全与在控制台应用程序例子中所做的操作相同。在编译项目之后，输出窗口指出没有任何错误。按下 Ctrl+F5 键就能执行项目，同样，它也是一个框架程序，还需要增加其他代码让它实现相应的功能，框架程序的运行界面如图 1-13 所示。

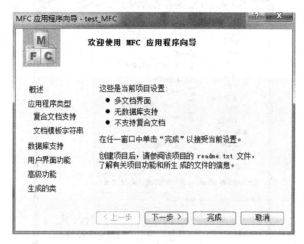

图 1-11　MFC 应用程序向导

图 1-12　test_MFC 解决方案资源管理器

图 1-13　MFC 框架程序 test_MFC 的运行结果

1.4　创建 Windows Forms 应用程序

同样，还是要创建一个新项目，但这次在新建项目对话框左边窗格中要选择的类型是 CLR，要选择的模板是"Windows 窗体应用程序"。然后可以输入项目名称 test_Form，如图 1-14 所示。

编辑窗口开起来与以前有很大不同，如图 1-15 所示。

窗口下部显示的是应用程序窗口，而不是代码，原因是 Windows Forms 开发 GUI 面向的图形设计方法，而不是编码方法。我们通过在图上拖放 GUI 组件将其添加到应用程序窗口中。Visual C++ 2008 自动生成显示这些组件的代码。用户通过选择"视图"|"工具箱"菜单项，将显示 GUI 组件列表，如图 1-16 所示。

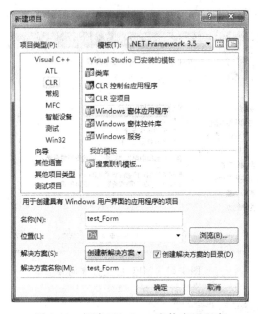

图 1-14 新建 Windows 窗体应用程序

图 1-15 编辑窗口

图 1-16 工具箱

工具箱窗口给出了可以添加到 Windows Forms 应用程序的标准组件列表。后续的章节中将大量用到工具箱中提供的控件，这些控件为用户编程提供了很大的方便。

1.5 小结

本章简要介绍了用 Visual C++ 2008 创建各种应用程序的基本过程。我们创建并执行了控制台应用程序，并在应用程序向导的帮助下创建了基于 MFC 的 Windows 程序以及在 CLR 中执行的 Windows Forms 程序。

在第 2 章中，我们将大量使用控制台应用程序。所有说明 C++ 语言使用方法的例子都是用 Win32 控制台应用程序执行的。一旦结束 C++ 语言的学习，我们将返回到基于 MFC 的 Windows 应用程序开发。

第 2 章

C++ 基础知识

本章介绍 C++ 编程的基础知识。相信大家都学过 C 语言，因此，有了 C 语言的基础，再介绍 C++ 的基础，大家就很容易入门。在学完本章之后，大家将熟悉并掌握面向对象的程序设计方法。本章中所定义的项目，全都是控制台应用程序。

在简要介绍 C++ 基本概念的时候，那些在 C 语言中已经学过的内容和基本概念，在这里就不再赘述了。

如果读者已经能够熟练地使用 C++ 语言进行编程，请直接转到第 3 章。

2.1 C++ 的发展历程

C++ 既适合作为系统描述语言，也适合用于编写应用软件，它是既面向对象又面向过程的一种混合型程序设计语言，是在 C 语言的基础之上发展起来的。

在 C 语言推出之前，操作系统等系统软件主要是用汇编语言编写的（如著名的 UNIX 操作系统）。由于汇编语言依赖于计算机硬件，因此程序的可移植性和可读性比较差。为了提高程序的可读性和可移植性，需要采用高级语言来编写这些系统软件。然而，一般的高级语言难以实现汇编语言的某些功能（如汇编语言可以直接对硬件进行操作，对内存地址进行操作和执行位操作等）。人们设想有一种能集一般高级语言和低级语言特性于一身的语言。于是，C 语言便应运而生了。

最初的 C 语言只是为描述和实现 UNIX 操作系统而提供的一种程序设计语言。1973 年，贝尔实验室的 K. Thompson 和 D. M. Ritchie 两人合作把 UNIX 的 90% 以上的代码用 C 语言改写（即 UNIX 第五版）。后来 C 语言又作了多次改进，1978 年以后，C 语言已先后移植到大、中、小及微型机上，现在 C 语言已成为风靡全球的计算机程序设计语言。

到了 20 世纪 80 年代美国 AT&T 贝尔实验室的 Bjarne Stroustrup 在 C 语言的基础上推出了 C++ 程序设计语言。由于 C++ 提出了把数据和在数据之上的操作封装在一起的类、对象和方法的机制，并通过派生、继承、重载和多态性等特征，实现了人们期待已久的软件重用和程序自动生成。这使得软件，特别是大型复杂软件的构造和维护变得更加有效和容易，并使软件开发更自然地反映事物的本质，从而大大提高了软件的开发效率和质量。

C++ 越来越受到重视并得到广泛的应用，许多软件公司都为 C++ 设计编译系统。如 AT&T, Apple, Sun, Borland 和 Microsoft 等公司，其中，国内最为流行的应当是

Microsoft 的 Visual C++。与此同时许多大学和公司也在为 C++ 编写各种不同的类库，Microsoft 公司的 MFC(Microsoft Foundation Class Library)就是比较优秀的代表，在国内外得到较为广泛的应用。

2.2 一个简单的 C++ 程序

下面是一个用 C++ 编写的例子，其功能是在屏幕上显示"Welcome!"，其程序代码如下：

```
#include <iostream.h>              //包含头文件
void main()                        //main 函数，程序入口
{                                  //程序体开始
    char str_greet[]="Welcome!";   //定义一个数组并初始化
    cout<<str_greet<<endl;         //在屏幕上输出字符串内容并换行
}                                  //程序体结束
```

熟悉 C 语言的读者不难看出，用 C++ 编写的程序和用 C 编写的程序在程序结构上基本是相同的，两者都是以 main 函数作为程序的入口；两者都是以一对{}把函数中的语句括起来；两者都是以分号作为语句的结束标志。但是，两者也有一些不同之处，C++ 中是以 iostream.h 文件作为标准输入输出头文件，C 是以 stdio.h 作为标准输入输出头文件；C++ 中采用符号<<作为标准输出，而不是通过 printf 函数来实现。

通过上面的例子，可以看出，C++ 语言和 C 语言两者之间既有紧密的联系，又各有自己的特点。下面的内容将介绍 C++ 程序设计中的一些基础知识，在这部分内容中，C++ 和 C 有很多内容是一致的。由于本书是面向已经熟悉 C 语言并初步掌握 C++ 语言的读者，因此，对 C++ 的内容，本章只是作一个简单的总结性概述，如果读者对 C 及 C++ 语言很熟悉的话，可以跳过这部分内容。

2.3 C++ 的基本数据类型

在 C++ 中，任何数据在使用之前都要进行数据类型的定义，随后才能使用。基本数据类型是语言预定义的抽象。在 C++ 中，每种基本数据类型都使用一个关键字来表示。C++ 的基本数据类型描述了机器硬件所支持的对象和可以对这些对象执行的操作。C++ 的基本数据类型分为三大类，即整型、浮点型和无值型(void)。表 2-1 是 C++ 所提供的基本数据类型及其值的范围。

在基于 Windows(包括 Windows 95/98/XP、Windows NT/2003)的程序设计中，Windows 定义并使用了许多非单一的数据类型，这些数据类型既简单又复杂，同一数据类型常常有一个以上的名字，这样设计的目的是帮助程序员编写更易读的代码，并通过不使用特定硬件的数据类型以实现跨平台、跨处理机的目的。例如，为了促进可移植性，在 Windows 中常使用数据类型的别名来代替具体的数据类型，如使用 UINT 来代替无符号整数型 unsigned int 等。

表 2-1 C++所提供的各种基本数据类型及其值的范围

类型	说明	二进制位	值域
char	字符型	8	$-128 \sim 127$
signed char	有符号字符型	8	$-128 \sim 127$
unsigned char	无符号字符型	8	$0 \sim 255$
int	整型	16	$-32\,768 \sim 32\,767$
signed int	有符号整型	16	$-32\,768 \sim 32\,767$
unsigned int	无符号整型	16	$0 \sim 65\,535$
short int	短整型	16	$-32\,768 \sim 32\,767$
signed short int	有符号短整型	16	$-32\,768 \sim 32\,767$
unsigned short int	无符号短整型	16	$0 \sim 65\,535$
long int	长整型	32	$-2^{31} \sim (2^{31}-1)$
signed long int	有符号长整型	32	$-2^{31} \sim (2^{31}-1)$
unsigned long int	无符号长整型	32	$0 \sim (2^{32}-1)$
float	浮点型	32	7 位有效位
double	双精度型	64	15 位有效位
long double	长双精度型	80	19 位有效位

2.4 C++中的类与对象

传统的结构化语言,都是采用面向过程的方法来解决问题,但在面向过程的程序设计方法中,代码和数据是分离的,因此,程序的可维护性较差,而面向对象(Object Orient)程序设计方法则是把数据及处理这些数据的函数封装到一个类中,类是 C++的一种数据类型,而使用类的变量则称为对象。

在对象内,只有属于该对象的成员函数才可能访问该对象的数据成员,这样,其他函数就不会无意中破坏其内容,从而达到保护和隐藏数据的效果。

与传统的面向过程的程序设计方法相比,面向对象的程序设计方法有三个优点:第一,程序的可维护性好,面向对象程序易于阅读和理解,程序员只需了解必要的细节,因此降低了程序的复杂性;第二,程序的易修改性好,即程序员可以很容易地修改、添加或删除程序的属性,这是通过添加或删除对象来完成的;第三,对象可以使用多次,即可重用性好,程序员可以根据需要将类和对象保存起来,随时插入到应用程序中,无须作任何修改。

面向对象程序设计方法提出了一些全新的概念,如类、封装(encapsulation)、继承(inheritance)和多态性(polymorphism)等。

2.4.1 类的定义

类(Class)是 C++的精华,是进行封装和数据隐藏的工具。它把逻辑上相关的实体联系起来,并具备从外部对这些实体进行访问的手段。和函数一样,类也是 C++中模块化程序设计的手段之一。但是,函数是将逻辑上有关的语句和数据集合在一起,主要用于执行;而类则是逻辑上有关的函数及其数据的集合,它主要不是用于执行,而是提供所需

要的资源。在使用一个类之前必须先定义类,定义类的语法格式如下所示:

```
class 类名:基类名
{
    private:
        私有成员变量及成员函数;
    protected:
        保护成员变量及成员函数;
    public:
        公共成员变量及成员函数;
}[类的对象声明];
```

从上面的定义可以看到,一个类含有私有(private)、保护(protected)和公共(public)三部分。默认时在类中定义的项都是私有的。私有部分的成员变量和成员函数只能被该类本身声明的成员函数访问;保护部分的成员除可以被本类中的成员函数访问外,还可以被本类派生的类的成员函数访问,因此用于类的继承;公共部分的成员可以被本类以外的函数访问,是类与外部的接口。

类是面向对象程序设计最基本的单元,在设计面向对象程序时,首先要以类的方式描述待解决的实际问题,也就是将问题所要处理的数据定义成类的私有或公共的成员变量,同时将处理问题的方法定义成类的私有或公共的成员函数。

类也可以嵌套声明,例如:

```
class My_student
{
    class boy              //嵌入类 boy,作为类 My_student 的成员之一
    {
        char boy_name[20];
        int boy_age;
    }my_boy_student;

    class girl             //嵌入类 girl,作为类 My_student 的成员之一
    {
        char girl_name[20];
        int girl_age;
    }my_girl_student;
 public:
    void student_input(void);
    void student_output(void);
}
```

从上面可以看出,类 My_student 的定义中嵌套了类 boy 和 girl。

2.4.2 对象

在 C++ 中,对象是声明为类类型的一个数据项,是类的实际变量。程序员可以定义

类的变量,被定义的类的变量在 C++ 中就被称为对象。对象有时也称为类的实例(Instance)。由此可见,类是程序中的一个静态的概念,而对象是程序中的一个动态的概念。

在 C++ 中有两种方法定义类的对象。

第一种是在定义类的同时直接定义类的对象,即在定义类的右大括号"}"后直接写出属于该类的对象名表列。如:

```
class 类名
{
    成员变量表列;
    成员函数表列;
}对象名表列;
```

还有一种是在定义类后,再定义类的对象,其一般格式如下:

类名 对象1[,对象2,…];

在 C++ 中通常也把类的成员函数称为类的方法。成员函数的原型一般在类的定义中声明,在类的定义中声明其成员函数的语法与声明普通函数所用的语法完全相同。方法的具体实现,可以在类的定义内部完成(这种方式定义的类的方法有时也称为类的内联函数),也可以在类的定义之外进行,而且方法的具体实现既可以和类的定义放在同一个源文件中,也可以放在不同的源文件中。

方法的具体实现和普通函数的具体实现只是在函数的头部有略微不同。一般来说,如果类的方法的定义是在类的外部实现的,则在定义方法时必须把类名放在方法名之前,中间用作用域运算符(::)隔开,其一般形式如下所示:

类名::方法名

这样,即使几个类中的方法名相同,也可以用这种形式把它们区分开来。和普通函数一样,类的方法也应该有返回值类型、参数表列(当然也可以没有参数)。一个方法的头部各部分如下所示。

访问控制:函数返回值 函数名(参数表列);

下面的一段程序实现在程序中定义一个名为 angle 的类。

```cpp
#include<iostream.h>
#include<math.h>
const double ANG_TO_RAD=0.0174532925;    //定义弧度和度之间的转换比例
class angle                               //定义类 angle
{
    double value;                         //类 angle 的私有成员变量
public:                                   //类 angle 的公共成员函数
    void SetValue(double);
    double GetSine(void);
} deg;                                    //声明类 angle 的对象 deg
```

```
void angle::SetValue(double a)             //类 angle 的成员函数 SetValue
{
    value=a;
}

double angle::GetSine(void)                //类 angle 的成员函数 GetSine
{
    double temp;
    temp=sin(ANG_TO_RAD* value);
    return temp;
}

void main()
{
    deg.SetValue(60.0);                    //给类 angle 的成员变量 value 赋值
    cout<<"The sine of the angle is:";
    cout<<deg.GetSine()<<endl;             //输出正弦值
}
```

这个程序的输出结果是：

The sine of the angle is: 0.866025

2.4.3 内联函数

类的方法也可以声明和定义成内联函数,内联函数是指那些定义在类体内的成员函数,即该函数的函数体放在类体内。内联函数在调用时不像一般的函数那样要转去执行被调用函数的函数体,执行完成后再转回调用函数中,执行其后语句,而是在调用函数处用内联函数体的代码来替换,这样将会提高运行速度。因此内联函数主要是解决程序的运行效率问题。值得注意的是,内联函数一定要在调用之前定义,并且内联函数无法递归调用。在 C++ 中可以使用下面两种格式定义类的内联函数：

(1) 当在类的外部定义时,把关键字 inline 加在函数定义之前。例如：下面的程序段中定义的类 angle 的 SetValue 方法被定义成内联函数。

```
class angle                                //定义类 angle
{
  private:
    double value;
      public:
    void SetValue(double);
};
inline void angle::SetValue(double x)      //定义内联函数
{
    value=x;
}
```

(2) 把函数原型声明和方法的定义合并，放入类定义中。例如，下面的程序段在声明类 angle 的 SetValue 方法后，紧接着就定义该方法的具体实现。

```
class angle                                 //定义类 angle
{
  rivate:
    double value;                           //定义私有成员变量
      public:
    void SetValue(double x)                 //定义内联函数
    {
        value=x;
    }
};
```

2.5 构造函数和析构函数

C++ 中有几类特殊的成员函数，这些函数决定了如何建立、初始化、备份及删除对象。构造函数（Constructor）和析构函数（Destructor）是其中最重要的两种。和一般的成员函数一样，构造函数和析构函数既可以在类的内部声明和定义，也可以在类的内部声明在类的外部定义。如果一个类含有构造函数，则在建立该类的对象时就要调用它；而如果一个类含有析构函数，则在销毁该类的对象时调用它。

2.5.1 构造函数

构造函数是一种特殊的成员函数，它主要用来为对象分配内存空间，对类的成员变量进行初始化，并执行对象的其他内部管理操作。构造函数的特点是构造函数的名字和它所在的类的名字相同，当定义该类的对象时，构造函数完成对此对象的初始化。它可以接收参数并允许重载。当一个类含有多个构造函数时，编译程序为了确定调用哪一个构造函数，需要把对象使用的参数和构造函数的参数表进行比较，这个过程与在普通的函数重载中进行选择的过程一样。

下面的程序中定义了一个包含构造函数的类。

```
class student
{
  private:
    int Num;
    float Score;
  public:
    student(int No,float s)      //类 student 的构造函数，与类名 student 一致
    {
        Num=No;
        Score=s;
    }
```

```
    :
};
```

上面定义的类名为 student，其构造函数名也为 student，该函数用来给对象赋初值。构造函数是在定义对象时调用的，其一般形式为：

类名 对象名(实参表);

关于构造函数还必须说明以下几点：

（1）构造函数和普通函数一样也可以有参数，但不能有返回值。这是因为构造函数通常是在定义一个新的对象时调用，它无法检查构造函数的返回值。

（2）在实际应用中，如果没有给类定义构造函数，则编译系统将为该类生成一个缺省的构造函数，该缺省的构造函数没有参数，只是简单地把对象中的每个实例变量初始化为 0。

（3）构造函数可以有缺省参数。

例如，下面定义的类 My_class 中的构造函数带有两个缺省参数 x=3.5，y=8.5。

```
class My_class
{
    float a,b;
  public:
    My_class(float x=3.5,float y=8.5)          //带有(缺省)参数的构造函数
    {
        a=x;
        b=y;
    }
    :
};
```

构造函数 My_class 的两个参数均为缺省参数，在定义对象时可以省略实参。因此，可以用下面的语句来定义类 My_class 的对象。

```
My_class c1(2,4);
My_class c2(4);
My_class c3;
```

- 构造函数也可以没有参数。例如，下面定义的类 My_class 中的构造函数就没有参数，该类的构造函数执行的功能是在屏幕上输出一句"NO PARAMETER"。

```
class My_class
{
  public:
    My_class()                                  //没有参数的构造函数
    {
        cout<<"NO PARAMETER"<<endl;
    }
};
```

- 在重载没有参数的构造函数和有缺省参数的构造函数时,有可能产生二义性。例如:下面定义的类 special_class 中就会产生二义性。

```
class special_class
{
    int i;
public:
    special_class();
    special_class(int x=1);
};
    ⋮
void main()
{
    special_class c1(10);        //正确,使用 c1::special_class(int)构造函数
    special_class c2;            //错误,无法精确调用构造函数
    ⋮
};
```

上面的程序中定义了两个重载函数 special_class,其中一个没有参数,另一个有一个缺省参数。如果在定义对象时不给出参数,则会产生二义性,因为编译系统无法确定应当使用哪一个构造函数。在实际应用中,要注意避免这种情况。在类的定义中,还允许使用其他类的对象作为它的数据成员,这种数据成员称为成员对象。

2.5.2 析构函数

析构函数也是类中的特殊成员函数,与定义它的类具有相同的名字,但要在前面加上一个波浪号(~)。析构函数没有参数,也没有返回值,而且也不能重载,因此一个类中只能有一个析构函数。

析构函数执行与构造函数相反的操作,通常用于释放分配给对象的内存空间。当程序超出类对象的作用域时,或者当对一个类指针使用运算符 delete 时,系统将自动调用析构函数。

和构造函数一样,如果在类的定义中不定义析构函数,编译系统将为之产生一个缺省的析构函数,对于大多数类来说,缺省的析构函数就能满足要求。如果在一个对象完成其操作之前还需要做一些内部处理,则应定义析构函数。例如,下面定义的类 My_class 中定义了该类的析构函数。

```
class My_class
{
    char * str;
    int MaxLen;
public:
    My_class (char *)                    //定义类 My_class 的构造函数
    {
        str=new char[MaxLen];
```

```
    }
    ~My_class()                    //构造类 My_class 的析构函数
    {
        cout<<"Here delete the str"<<endl;
        delete str;
    }
    void GetString(char *);
};
```

上面的例子是析构函数和构造函数最常见的用法，即在构造函数中用运算符 new 为字符串分配内存空间，最后在析构函数中用 delete 释放已分配的内存空间。析构函数也可以在类定义的内部声明而在类定义的外部定义。例如，上面的析构函数 My_class 在类定义的外部定义如下。

```
My_class::~My_class()
{
    delete str;
}
```

2.6 重载

重载是 C++ 的一个重要特征，它包含函数重载和操作符重载。

2.6.1 函数重载

所谓函数重载是指同一个函数名可以对应着多个函数的实现。函数重载允许在一个程序内声明多个名称相同的函数，这些函数完成不同的功能，并带有不同类型、不同数目的参数及返回值。使用函数重载可以减轻用户的记忆负担，并使程序的结构简单、易懂。

函数重载要求编译器能够唯一地确定调用一个函数时应执行哪个函数代码，即采用哪个函数的实现。确定函数实现时，要求从函数参数的个数和类型来区分。也就是说，函数重载时，要求函数的参数个数或参数类型不同。

例如，下面的程序实现的是参数类型不同的重载。在类 My_class 中对方法 plus 进行了重载，通过重载，使得在求两个数的和时不用区分整数和浮点数之间的不同，而只需直接调用类 My_class 的方法 plus 即可。

```
#include<iostream.h>
#include<math.h>
#include<stdlib.h>
class My_class
{
  public:
    int plus(int,int);
```

```
    double plus(double,double);
};

int My_class::plus(int x,int y)
{
   return x+y;
}
double My_class::plus(double x,double y)
{
   return x-y;
}

void main()
{
   My_class Data;
   cout<<"The result for plus(int,int) is:"<<Data.plus(5,10)<<endl;
   cout<<"The result for plus(double,double)is:"<<Data.plus(5.0,10.0)<<endl;
}
```

对照上面的程序,可以看出,两个 plus 函数分别调用求整型数之加和的重载成员函数和求浮点数之加和的重载成员函数来对不同的参数进行求和运算。

不仅在类的成员函数上可以实现重载,在构造函数上,也可以实现函数的重载。例如:

```
class sample
{
    int i;
  public:
    sample();                //定义重载的构造函数
    sample(int);
};

sample::sample()             //定义构造函数 sample
{
    i=0;
}

sample::sample(int x)        //定义构造函数 sample(int)
{
    i=x;
}
```

定义重载的构造函数后,声明对象时将根据不同的参数来分别调用不同的构造函数。例如:

```
void main()
{
    sample A;                //自动调用构造函数 sample
    sample B(5);             //自动调用构造函数 sample(int)
}
```

在处理不同类型的数据时,成员函数的重载使得类具有更大的灵活性和通用性,这也有力地支持了通过类对周围的客观世界进行抽象的程序设计的思想。

2.6.2 操作符重载

操作符重载的能力增强了 C++ 语言的可扩充性,操作符重载是为 C++ 语言中已有的操作符赋予新的功能,但与该操作符本来的含义不冲突,使用时只需根据操作符出现的位置来判断其具体执行哪一种运算。

C++ 中单目运算、双目运算、物理内存管理运算符 new 和 delete 以及指针、引用等运算操作符均可以重载,但要注意的是,由于单目运算操作符只能有一个参数,因此重载++和--运算操作符时,不能区分是前置操作还是后置操作。

使用操作符重载时,必须用以下的方式来声明成员函数。

函数类型 operator #(形参表);

其中,operator 是关键字,#表示预重载的操作符,函数类型指明返回值类型,通常与类类型一致或为 void 型。以下是一个"操作符++"重载的例子。C++ 中约定,在重载增量运算操作符中,形参表中有一个整数形参表明该操作符是后置运算符。

```
#include <iostream.h>
class OperClass                        //声明一个类
{
    int x;
public:
    OperClass();                       //构造函数
    OperClass operator++();            //声明重载的操作符++,返回值类型为 OperClass 类,
                                       //这里的++为前置运算
    OperClass operator++(int);         //声明重载的操作符++,返回值类型为 OperClass 类,
                                       //这里的参数 int 表示此++为后置运算
    void display();                    //声明成员函数
}

OperClass::OperClass()                 //定义构造函数
{
    x=0;
}

void OperClass::display()              //定义成员函数
{
```

```
        cout<<"x="<<x<<endl;
}

OperClass OperClass::operator++()        //定义重载前置操作符++的具体操作
{
    OperClass A;
    ++x;                                  //进行正常的整数加1操作
    A.x=x;
    return A;
}

OperClass OperClass::operator++(int)     //定义重载后置操作符++的具体操作
{
    OperClass A;
    x++;                                  //进行正常的整数加1操作
    A.x=x;
    return A;
}

void main()
{
    OperClass X,Y;                        //声明两个对象
    X.display();                          //对象X调用成员函数display()
    ++X;                                  //对象X调用前置操作符++
    Y=++X;                                //对象X调用前置操作符++,并将返回值赋给对象Y
}
```

上例中介绍的是单目操作符重载,因此有前置运算和后置运算之分,若使用双目操作符重载,则没有这个问题,例如将上例修改为:

```
calss OperClass
{
    int x;
public:
    OperClass();
    OperClass Operator+(OperClass);
                        //声明重载的操作符+,具有两个OperClass类类型的操作数,
                        //返回值也是OperClass类类型
    void display();
}
……
OperClass OperClass::OperClass+(OperClass A)
                        //定义重载的操作符A的具体操作
{
    OperClass B;
```

```
        B.x=x+A.x;
        return B;
}

void main()
{
    OperClass X,Y,Z;            //声明三个对象
    Z=X+Y;                      //对象 X 调用重载操作符+与对象 Y 相加,并将返回值赋给 Z
}
```

上例中的重载操作符＋是双目运算符,使用时与普通的＋(加)没有什么差别。

由于成员函数具有一个隐含的 this 指针,所以当单目运算符作为类的成员时,重载该运算符不用带参数。

2.7 友元

类的主要特点是数据隐藏,即类的私有部分在该类的作用域之外是不可见的。但是,有时候可能需要在类的外部访问类的私有部分。为此,C++提供了一种方法,允许类外部的函数或者其他类具有访问该类的私有部分的特权,它使用关键字 friend 把其他类或非成员函数声明为一个类的"友元"。在类的内部,友元被认为该类的成员,并且友元对对象公共部分的访问没有任何限制。

友元函数的声明方式为:

```
class 类名称
{
    type vars;
        ⋮
    public:
    friend 函数类型 函数名称();  //友元函数
        ⋮
}
```

例如,下面的程序段中定义了类 Friend_Class 及一个友元函数 Friend_Function。

```
class Friend_Class             //类 Friend_Class 的定义
{
  private:
    int nMemberData;
  public:
                               //声明函数 Friend_Function 为类 Friend_Class 的友元
    friend void Friend_Function(Friend_Class class_member,int x);
};
```

下面是友元函数 Friend_Function 的函数体,它要在类的外部定义。

```
void Friend_Function(Friend_Class class_member,int x)
{
    class_member.nMemberData=x;       //通过友元函数访问类的私有成员
}
```

上面的程序中声明的友元函数 Friend_Function 并不是类 Friend_Class 的成员函数,而是一个普通的函数,不过由于它在类 Friend_Class 的定义中被声明为友元函数,因此,函数 Friend_Function 可以访问类 Friend_Class 的私有部分。函数在实际操作时,是通过它的第一个参数类 Friend_Class 的对象 class_member 进行对类的私有部分的访问。

注意,友元函数的定义与成员函数的定义是不一样的,它与普通函数的定义形式基本相同。在它的前面没有类名和作用域运算符::。

类的友元可以是一个函数,也可以是一个类。例如,下面的程序中将整个教师类看成是学生类的友元:

```
class Student;
class Teacher
{
  public:
    void assignGrades(Student& s);
    void adjustHours(Student& s);
    //…
  protected:
    int NoOfStudent;
    Student * pList[100];
};

class Student
{
  public:
    friend class Teacher;        //友元类
    //…
  protected:
    int semesterHours;
    float gpa;
};
```

上面程序中,友元类是 Teacher,C++中规定,友元类必须在它被定义之前声明,因此,上面的例子中,类 Teacher 的定义在类 Student 之前。一旦一个类被声明为另一个类的友元之后,该类的每一个成员函数都是另一个类的友元函数。一个类的友元的声明既可以在该类定义的公共部分声明,也可以在类的私有部分声明。两个类还可以相互定义为对方的友元,当两个类的联系较紧密时,把它们定义为相互的友元就更有意义。

尽管使用友元函数可以访问类中的私有数据,但为了确保数据的完整性及数据封装与隐藏的原则,建议尽量减少使用或不使用友元函数。

2.8　this 指针

　　this 指针是指向一个类的对象的地址。this 是一种隐含指针,它隐含于每个类的成员函数之中,也就是说,每个成员函数都有一个 this 指针变量,this 指针指向该成员函数所属的类的对象。当定义一个类的对象时,该对象的成员均含有由系统自动产生的指向当前对象的 this 指针。成员函数访问类中成员变量的格式可以写成:

this->成员变量;

　　当一个对象调用成员函数时,该成员函数的 this 指针便指向这个对象。如果不同的对象调用同一个成员函数,C++编译器将根据成员函数的 this 指针所指向的不同对象确定应引用哪一个对象的数据成员。也就是说,每个对象都有一个地址,而 this 指针所指的就是这个地址。

　　和其他数据类型一样,程序中也可以定义指向类对象的指针,在定义了指向类对象的指针后,还必须为其分配内存才能使用,指向类对象的指针定义及分配内存空间的一般格式为:

类名　*指针名=new 类名;

例如,下面的语句定义类 Student 的对象指针并为其分配内存。

Student *Student1=new Student;

　　当通过类对象的指针访问类的成员时,通常可以使用运算符"－＞",例如,下面的程序中,主函数通过指向类对象的指针调用类的成员函数。

```cpp
#include<iostream.h>
class Class1                              //定义类 Class1
{
int Value;                                //定义类的私有成员变量
    public:
Class1(int Val)                           //类 Class1 的构造函数
{
    Value=Val;                            //对成员变量初始化
}
int GetValue(void)                        //类 Class1 的成员函数
{
    return Value;                         //获取类的成员变量的值
}
};

void main()                               //主函数
{
    Class1 Object1(888),*p;               //定义类 Class1 的对象和一个对象指针
```

```
            p=&Object1;                        //使对象指针指向对象Object1
            cout<<"The value of Object1 is:"<<p->GetValue();   //用对象指针调用成员函数
            cout<<endl;
}
```

上面的程序执行结果如下：

```
The value of Object1 is:888
```

通过对象指针返回对象的成员变量或调用成员函数还可以通过点运算符"."来实现，不过应注意要在对象指针前加上星号*，例如，上面通过对象指针访问类的成员函数的方法可以改写为：

```
            cout<<"The value of Object1 is:"<<(*p).GetValue();
```

2.9 继承

类是C++中进行数据封装的逻辑单位，C++还提供了一种继承机制，利用这种机制，用户可以通过增加、修改或替换给定类中的方法来对这个类进行扩充，以适应不同的应用要求。

利用继承机制，程序员可以在已有类的基础上构造新类。这一性质实现类支持分类的概念。如果不使用分类，则对每一个对象都定义其所有的属性。使用分类后，可以只定义对象的特殊属性。每一层的对象只需定义属于它本身的属性，其他属性可以从上一层"继承"下来。

2.9.1 派生类

派生类(也称子类)是C++提供继承的基础，也是对原来的类进行扩充和利用的一种基本手段。C++派生类继承或修改原有类中的部分或全部成员，而且可以增加原来类中没有的新成员，以满足使用派生类的需要。

一个类可以继承另一个类的属性。其中被继承的类叫做基类(Base class)，继承后产生的类叫做派生类(Derived class)。有的时候，我们也把基类称为"父类"，而把派生类称为"子类"。

可以把派生类看作基类的扩展，它提供了一种简单、灵活且有效的机制对基类进行利用和扩展。派生类从基类中继承所有的公共部分，并可以增加成员变量和成员函数。这使程序员可以根据基类与派生类的差异来建立特定对象的新类，对相同部分的代码不必重新定义。此外，还可以为多个不同的类提供公用界面，使程序设计人员更容易表达类型间的关系。从而减少程序设计的工作量。

任何类都可以作为基类，一个基类可以有一个或多个派生类，一个派生类还可以成为另一个类的基类。

定义派生类的一般格式如下：

```
            class 派生类名:[访问属性] 基类名
```

```
{
    ⋮
};
```

其中,

(1) class 是类定义的关键字,用于告诉编译器下面定义的是一个类。

(2) 派生类名是新定义的类名。

(3) 访问属性是访问说明符,可以是 private、public 和 protected 之一。此项的默认值为 private,派生类名和访问属性之间用冒号隔开。派生类的访问控制由访问属性来确定,它按下述方式来继承基类的访问属性:

① 如果访问属性为 public,则基类的 public 成员是派生类的 public 成员;基类的 private 成员对派生类是不可访问的(除非基类中声明的友元函数授权访问);基类的 protected 成员对派生类仍保持 protected 属性。

② 如果访问属性为 protected,则基类的 public 和 protected 成员均是派生类的 protected 成员;基类的 private 成员对派生类是不可访问的(除非基类中声明的友元函数授权访问)。具体说来,基类中声明为 protected 的数据只能被基类的成员函数或其派生类的成员函数访问;不能被派生类以外的成员函数访问。

③ 如果访问属性为 private,则基类的 public 和 protected 成员都是派生类的 private 成员;基类的 private 成员对派生类是不可访问的(除非基类中声明的友元函数授权访问)。也就是说,当访问属性为 private 时,派生类的对象不能访问基类中以任何方式定义的成员函数。

(4) 基类名可以有一个,也可以有多个。如果只有一个基类,则这种继承方式称为简单继承;如果基类名有多个,则这种继承方式称为多重继承,各个基类名之间用逗号隔开。

2.9.2 多重继承

多重继承的格式与简单继承的格式基本相同,其一般用法如下所示:

class 派生类名:[访问属性]基类名,[访问属性]基类名,[访问属性]基类名……

其中,基类名表是两个或两个以上的基类名,各基类名之间用逗号隔开,在每个基类名之前都应指明访问属性,默认的访问属性为 private。

例如,下面的程序中定义的类 MultiDerived 继承基类 Base1 和 Base2。它是实现多重继承的一个很好的例子。

```
#include<iostream.h>
class Base1                       //定义基类 Base1
{
protected:
    int m_B1;                     //定义基类 Base1 的保护成员变量 m_B1
public:
    void Setm_B1(int x)           //定义基类 Base1 的公共成员函数 Setm_B1
    {
```

```cpp
        m_B1=x;
    }
};

class Base2                         //定义基类 Base2
{
protected:
    int m_B2;                       //定义基类 Base2 的保护成员变量 m_B2
public:
    void Setm_B2(int x)             //定义基类 Base2 的公共成员函数 Setm_B2
    {
        m_B2=x;
    }
};

class MultiDerived:public Base1,public Base2
                                    //定义基类 Base1 和 Base2 的派生类 MultiDerived
{
public:
    void GetB1B2(void)              //访问继承自基类 Base1 和 Base2 中的成员变量
    {
        int Result;
        Result=m_B1+m_B2;
        cout<<"m_B1+m_B2=";
        cout<<Result<<endl;
    }
};
void main(void)                     //主函数
{
    MultiDerived M;                 //定义派生类 MultiDerived 的对象
    M.Setm_B1(15);                  //调用继承自基类 Base1 的成员函数 Setm_B1
    M.Setm_B2(35);                  //调用继承自基类 Base2 的成员函数 Setm_B2
    M.GetB1B2();                    //调用派生类中自定义的成员函数 GetB1B2
}
```

上面的程序的运行结果为：

m_B1+m_B2=50

上面的程序中，类 MultiDerived 继承自基类 Base1 和 Base2，因此继承了两个类的成员，可以访问基类 Base1 和 Base2 中定义为 protected 和 public 的成员。在主函数中，定义了类 MultiDerived 的对象 M，然后分别调用类 Base1 和 Base2 中的成员函数，完成初始化、计算和输出操作。

多重继承在给程序设计带来极大方便的同时，也给程序带来了以下负面的问题，从类库组织的角度看，多重继承必然会增加类库结构的复杂性，从而为程序的稳定性留下隐患。从程序设计的角度看,其负面影响是容易带来二义性。如果派生类的多个基类同时定义了同名的成员,编译器将不能准确地理解程序员的意图,从而导致错误,因此,使用多重继承时要谨慎。

2.10 多态性和虚拟函数

简单地讲,多态性就是一种实现"一种接口,多种方法"的技术,是面向对象程序设计的重要特性。

2.10.1 多态性

面向对象的语言多数都支持多态性。从本质上讲,多态性可以引用多个类的实例。利用多态性,程序员可以向一个对象发送消息来完成一系列操作,而不用关心软件系统是如何实现这些操作的。在系统设计阶段,当设计人员决定把某一类型的活动用于一个给定的对象时,并不关心这个对象如何解释和实现这个活动,而只关心这个活动对这个对象所产生的作用。C++允许程序员向不同但有关的对象发送同样的消息和完成同样的操作,而让软件系统决定如何让给定的对象完成所需要的工作。

利用多态性,可以在基类和派生类中使用同样的函数名而定义不同的操作,从而实现"一个接口,多个方法",这是一种在运行时出现的多态性,它通过派生类和虚拟函数来实现。虚拟函数是在基类中的成员函数前加上关键字 virtual,然后在派生类中定义该成员函数。当用指向派生类的对象的基类指针对函数进行访问时,系统将根据运行时指针所指向的实际对象来确定调用哪一个派生类的成员函数版本。当指针指向不同的对象时,执行的是虚拟函数的不同版本。

用多态性可以实现自上而下的设计方法。这是一种从全局出发,用类的层次结构来模拟客观世界的程序设计方法。通俗地说,多态性是指用一个名字定义不同的函数,这些函数执行过程不同,但是有相似的操作,即用同样的接口访问功能不同的函数。运算符重载和函数重载就是一种多态性,这是编译时的多态性,也称静态多态性。而运行时的多态性则称作动态多态性。

2.10.2 虚拟函数

当调用重载函数时,编译系统对函数原型进行比较,以决定调用哪一个函数。但是,当指针既指向派生类又指向基类时,就会产生潜在的二义性问题。

例如,下面的程序就会产生二义性问题。

```
#include<iostream.h>
class Base1                         //定义基类 Base1
{
protected:
    int m_B1;                       //定义基类的保护成员变量 m_B1
public:
```

```cpp
        void SetMember(int x)        //定义基类Base1的公共成员函数SetMember
        {
            m_B1=x;
        }
};

class Base2                          //定义基类Base2
{
protected:
    int m_B2;                        //定义基类Base2的保护成员变量m_B2
public:
        void SetMember(int x)        //定义基类Base2的公共成员函数SetMember
        {
            m_B2=x;
        }
};

class MultiDerived:public Base1,public Base2
                                     //定义了基类Base1和Base2的派生类MultiDerived
{
public:
        void GetB1B2(void)           //访问继承自基类Base1和Base2中的成员变量
        {
            int Result;
            Result=m_B1+m_B2;
            cout<<"m_B1+m_B2="<<cout<<Result<<endl;
        }
};
//主函数
void main(void)
{
    MultiDerived M;                  //定义派生类MultiDerived的对象
    M.SetMember(10);                 //调用继承自基类Base1的成员函数SetMember
    M.SetMember(20);                 //调用继承自基类Base2的成员函数SetMember
    M.GetB1B2();                     //调用派生类中自定义的成员函数GetB1B2
}
```

在继承机制下,编译程序有时难以决定调用哪一个重载函数,只有在运行时才能确定,这就是滞后绑定。利用滞后绑定可以实现多态性。C++通过虚拟函数来处理滞后绑定。虚拟函数必须在基类中用关键字virtual加以说明。关键字virtual在基类中只能使用一次,而在派生类中使用的是重载的函数名。

例如,下面的程序中通过使用虚拟函数来解决基类和派生类中同名函数的调用引起的二义性。

```cpp
#include<iostream.h>
class Base                              //定义基类 Base
{
public:
    virtual void VirtualFunc(void)      //虚拟函数 VirtualFunc 在基类中的定义
    {
        cout<<"Here is Base\n";
    }
};

class Derived:public Base               //派生类的定义
{
public:
    void VirtualFunc(void)              //虚拟函数 VirtualFunc 在派生类中的定义
    {
        cout<<"Here is Derived";
    }
};
//主函数
void main()
{
    Base * BasePtr,BaseObject;          //定义指向基类的指针和基类的对象
    Derived DerivedObject;              //定义派生类对象
    BasePtr=&BaseObject;                //指针 BasePtr 指向基类对象 BaseObject
    BasePtr->VirtualFunc();             //调用基类中定义的函数 VirtualFunc
    BasePtr=&DerivedObject;             //指针 BasePtr 指向派生类对象 DerivedObject
    BasePtr->VirtualFunc();             //调用派生类中的函数 VirtualFunc
    cout<<endl;
}
```

上面的程序执行结果如下：

Here is Base
Here is Derived

上面的程序中，通过定义指向基类的指针 BasePtr 来调用基类和派生类各自的函数 VirtualFunc。从运行结果可以看出，BasePtr 指针所指向的对象不同，所调用的程序也不同。也就是说，通过改变指针 BasePtr 所指向的对象，可以用一个指针变量调用不同的函数。从而实现的"一个接口，多种方法"，这就是多态性。

上面的程序中，如果去掉关键字 virtual，则上面的程序的运行结果为：

Here is Base
Here is Base

程序在基类中定义了虚拟函数 VirtualFunc,在派生类中也定义了函数 VirtualFunc,该函数在两个类中重载。虚拟函数的重载和普通函数的重载是有区别的。从上面的程序中可以看出,当向指向对象的指针发送消息时,使用了形如"对象—>消息"的记号。如果没有关键字 virtual,则系统在编译时采用早期绑定,它根据该指针对象的类型确定与这个消息有关的对象。

当一个函数的定义声明为 virtual 函数时,就要使用滞后绑定。在上面的例子中函数 VirtualFunc 被声明为虚拟函数,VirtualFunc 函数的地址生成一张表,而在运行时再指向一个具体的地址。每个对象都有一个内部指针,指向这张表。

可以看出,使用虚拟函数可以使类的使用更为灵活,但这种灵活性是有代价的。使用虚拟函数比普通函数需要更多的开销,其原因在为在 C++ 中,采用一种叫做"函数指针表"的技术来实现虚拟函数的操作。每个类都有一张虚拟函数表,简称 VFT(Virtual Function Table,VFT),在 VFT 中,类的每个虚函数有一个相应的指针。例如,下面的类:

```
class VirtualClass
{
public:
    char * ClassName;
    VirtualClass(char ch);
    virtual ~VirtualClass(void);
    virtual void GetClassName(void);
}
```

为了能调用虚拟函数,必须把指针定位到相应的 VFT 表,这个指针是隐藏的。当调用虚拟函数时,用这个指针来查找 VFT 表,利用该表的索引指向虚拟函数的入口点。

在多数情况下,这种额外开销不会对程序的效率产生明显的影响。但是,如果在程序运行期间有大量的循环,可能会降低效率。在这种情况下,一般不要使用虚拟函数。

在面向对象的程序设计中,多态性的重要性体现在:允许在基类中声明本类和派生类都共有的函数,同时允许在派生类中对其中的某些或全部函数进行特殊定义。用面向对象的术语来说,前者叫做"泛化"(或一般化,通用化),后者叫做"特化"(或具体化,特殊化),根据这一特性,我们可以设计一个抽象的基类,在该类中的函数是没有实现的,然后在各个派生类中定义这些函数。在基类中定义派生类所需要的通用接口(泛化),而在派生类中定义各自的具体实现(特化)。因此,利用基类和派生类形成一种从抽象到具体、从一般到特殊的层次关系,这是多态性应用的根本思想。基类提供了派生类可以直接使用的所有成员函数,而派生类必须定义这些函数的实现版本。由于基类定义了接口形式,所以它的任何派生类都使用同一接口。在 C++ 中,统一的接口是通过虚拟函数来实现的。这种方法更接近于人类的自然思维方法,所有派生类的对象都以同样的方式访问接口。此外接口和实现是分离的,这就为建立各种类库提供了方便。

2.10.3 虚拟析构函数

C++中不可以定义虚拟构造函数,但是可以定义虚拟析构函数。如果在基类和派生类中都定义了析构函数,而且希望程序能够根据需要执行基类中的析构函数或者派生类中的析构函数,那么必须把基类中的析构函数定义为虚拟析构函数,否则不能实现多态性。

虚拟析构函数定义时使用关键字 virtual 声明,那么基类中的析构函数及派生类的析构函数全部是虚拟析构函数,与一般的虚拟函数不同,基类中虚拟函数的名字与派生类析构函数的名字可以不一样。

虚拟析构函数的概念虽然十分简单,但它在面向对象程序设计中却是一种十分重要的技巧。一般的处理方法是,当在程序中定义了基类和派生类时,把基类中的析构函数设置为虚拟析构函数。

2.11 流

C++把数据之间的传输操作称作流。在 C++ 中,流可以表示数据从内存传送到某个载体或者设备中,这类流叫做输出流;也可以表示数据从某个载体或者设备传送到内存缓冲区中的变量中,这类流叫做输入流。数据在不同的设备之间传送后不一定会消失,广义地讲,也可以把与数据传送有关系的事物叫做流,例如,可以把文件变量叫做流,有时候,流还可以代表要进行传送的数据的结构、属性和特性,可以叫做流类;而用流代表输入设备和输出设备,叫做流的对象。

有关输入输出的操作并没有在 C++ 语言中定义,但它包含在 C++ 的实现中,并作为 C++ 的一个标准类库。在这里所讨论的 I/O 库指的是 iostream 库。任何一个使用 iostream 库的程序都必须包含头文件 iostream.h。

1. 流对象 cout 和 cin

C++把进行数据传送操作的设备也看做是对象。用 cout 代表输出设备,用 cin 代表输入设备。预定义输出流 cout 代表标准输出设备即显示器,预定义输入流 cin 代表标准输入设备即键盘。

2. 插入操作符<<

插入操作符<<的左操作数是代表输出设备的对象,如 cout,右操作数是要输出的内容。插入符<<重载的是左移位运算符。在遇到这个运算符时,C++编译器首先检查<<的左操作数和右操作数,以判别应该执行左移位还是执行插入操作,因此二者不会出现干扰。

3. 抽取操作符>>

抽取符的左操作数是代表输入设备的对象,例如 cin,右操作数是内存缓冲区中的变量。抽取操作符>>重载的是右移位运算符。在遇到这个运算符时,C++编译器首先检查>>的左操作数和右操作数,以判别应该执行右移位还是执行抽取操作,因此二者不会出现干扰。

2.12 小结

本章主要复习读者已经掌握的 C++ 的内容，其中包括 C++ 最基本的概念。从最基本的数据类型、变量等概念出发，逐步深入到类与对象的关系、类的方法等一系列概念，同时结合一些简单的例子复习这些内容。

第二篇

SDK 编程

第二篇

实验部分

第 3 章

Windows 应用程序

3.1 Windows 编程基础知识

Microsoft Windows 是一个应用于微型计算机的图形化用户界面的操作系统。它为应用程序提供了一个由一致的窗口和菜单结构构成的多任务环境。

目前的 Windows 应用软件开发平台大多是"可视(Visual)"的,它往往是一个集成了下列系统可用资源和开发工具的综合性开发平台:
- Windows 语言的源程序编辑器和编译器。
- 程序调试工具,包括源程序语法检查、可执行程序修改和运行监视等。
- 系统函数库和系统函数开发工具。
- 资源管理器,包括图形化窗口及组成元素的多种对象的编辑器。
- 可选择并构成具体语句或源程序结构的例程库及帮助文件。
- 应用程序帮助文件和安装开发工具包。
- 其他功能。

Windows 的程序设计语言,包括 Visual C++,Visual Basic,Visual C♯ 等,都被称为"面向对象(Object Oriented)"的程序设计语言。在 Windows 编程中"对象(Object)"是指 Windows 的规范部件,包括各种窗口、菜单、按钮、对话框及程序模块等等,这些多样化的"对象"能够充分满足构成应用软件操作界面的需要,因此编写 Windows 程序相当一部分工作是在创建对象和为对象属性赋值。对象在具有规范的形态的基础上还具有规范的操作模式,如能够对鼠标或键盘的规范操作产生规范的程序分支响应。用户可以采用传统的源程序代码编写方法编写程序,也可以采用 Windows 特色的交互式操作方法构造程序。采用交互式方法时,可视化开发平台给出了许多选用的对象,程序员可以选择所需要对象并为对象的属性设置参数值,由此搭建起应用程序的"大框架"。在这个"大框架"中,程序员根据需要进一步编写必要的细节代码段,最后构成完整的应用程序。

在 Windows 版本系列中,下列特点是始终保持并不断发展的:
- 图形化的窗口界面。
- 多任务方式的运行环境。
- 虚拟化的设备接口,如图形设备接口(Graphics Device Interface,GDI),它是与设备无关的图形化显示模式,使多样化的图形硬件和软件设备都能够运行于 Windows。
- 以虚拟内存为核心的内存管理。

- 网络功能及应用程序，包括 Microsoft 网络、通用基础网络协议等。
- 多媒体功能及应用程序，包括图形、图像、声音、动画和开发工具等。
- 功能丰富的用户管理工具和实用软件。

在用 Visual C++ 开发面向对象应用程序时，主要使用了两种方法，一种是使用 Windows 提供的 Windows API 函数，另一种方法是直接使用 Microsoft 提供的 MFC 类库。

API 是应用程序编程接口（Application Programming Interface）的缩写，Windows API 是 Windows 系统和 Windows 应用程序间的标准程序接口。API 为应用程序提供系统的各种特殊函数及数据结构定义，Windows 应用程序可以利用上千个标准 API 函数调用系统功能。

根据 Windows API 函数完成的功能，可将其分为三类。

(1) 窗口管理函数：实现窗口的创建、移动和修改等功能。

(2) 图形设备接口（GDI）函数：实现与设备无关的图形操作功能。

(3) 系统服务函数：实现与操作系统有关的多种功能。

MFC 类库集成了大量已经预先定义好的类，用户可以根据编程的需要调用相应的类，或根据需要自定义有关的类。本书将重点讲述 API 函数及 MFC 类库的应用，并通过一些实例来加深对它们的理解。

利用 Windows API 函数和 MFC 类库编写 Windows 应用程序必须首先了解以下内容：

(1) 窗口的概念。

(2) 事件驱动的概念。

(3) 消息及其在编程中的应用。

(4) 对象与句柄。

3.1.1 窗口

窗口是 Windows 应用程序基本的操作单元，是应用程序与用户之间交互的接口环境，也是系统管理应用程序的基本单位。一个基本的 Windows 应用程序窗口的组成如图 3-1 所示。编写一个 Windows 应用程序首先应创建一个或多个窗口，应用程序的运行过程即是窗口内部、窗口与窗口之间、窗口与系统之间进行数据处理与数据交换的过程。

3.1.2 事件驱动

Windows 程序设计根据事件或消息产生驱动运行处理函数（过程）。所谓消息是描述事件发生的信息。例如按下鼠标键时，系统就会生产一条特定的消息，该消息标识鼠标按键事件的发生。Windows 程序的执行顺序取决于事件发生的顺序，程序的执行顺序是由顺序产生的消息驱动的，但是消息的产生往往并不要求有次序之分。程序员可以针对消息类型编写程序以处理接收的消息，或者发出其他消息以驱动其他程序，但是不必预先确定消息产生的次序。

事件驱动编程方法对于编写交互式程序很有用处，用这一方法编写的程序使程序避

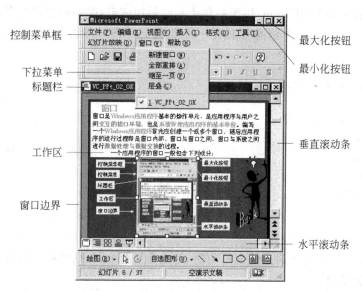

图 3-1 Windows 应用程序窗口的组成

免了死板的操作模式,从而使用户能够按照自己的意愿采用灵活多变的操作形式。

3.1.3 句柄和 Windows 消息

1. 句柄

句柄(handle)是整个 Windows 编程的基础,一个句柄是指 Windows 使用的一个唯一的 PVOID 型的数据,是一个 4 字节长的数值,用于标识应用程序中不同的对象和同类对象中不同的实例,诸如一个窗口、按钮、图标、滚动条、输出设备、控制或者文件等。应用程序通过句柄能够访问相应的对象信息。

在 Windows 应用程序中,句柄的使用是很频繁的,表 3-1 是部分常用句柄类型及其说明。

表 3-1 常用句柄类型及其说明

句柄类型	说明	句柄类型	说明
HWND	标识窗口句柄	HDC	标识设备环境句柄
HINSTANCE	标识当前实例句柄	HBITMAP	标识位图句柄
HCURSOR	标识光标句柄	HICON	标识图标句柄
HFONT	标识字体句柄	HMENU	标识菜单句柄
HPEN	标识画笔句柄	HFILE	标识文件句柄
HBRUSH	标识画刷句柄		

Windows 应用程序利用 Windows 消息(Message)与其他的 Windows 应用程序及 Windows 系统进行信息交换。由于 Windows 应用程序是消息或事件驱动的,因此, Windows 消息的工作机制就显得很重要。Windows 中消息由三部分组成:消息号、字参数和长字参数(有时也简称为长参数)。消息号由事先定义好的消息名标识;字参数

(wParam)和长字参数(lParam)用于提供消息的附加信息,附加信息的含义与具体消息号的值有关。在 Windows 中消息往往用一个结构体 MSG 来表示,结构体 MSG 的定义如下:

```
typedef struct tagMSG
{   HWND hwnd;
    UINT message;
    WPARAM wParam;
    LPARAM lParam;
    DWORD time;
    POINT pt;
} MSG;
```

其中,

- hwnd 是用以检索消息的窗口句柄,若此参数为 null,则可检索所有驻留在消息队列中的消息。
- message 是代表一个消息的消息值,每个 Windows 消息都有一个消息值,该值由 windows.h 头文件中的宏定义来标识。
- wParam 和 lParam 是包含有关消息的附加信息,它随不同的消息而有所不同。
- time 指定消息送至队列的时间。
- pt 指定消息发送时屏幕光标的位置。pt 的数据类型 POINT 也是一个结构体,POINT 的定义如下:

```
typedef struct tagPOINT
{
    LONG x;
    LONG y;                    //x 和 y 分别表示屏幕的横坐标和纵坐标
}POINT;
```

2. 消息

Visual C++ 2008 中存在几种系统定义的消息分类,不同的前缀符号经常用于消息宏识别消息附属的分类,系统定义的消息宏前缀如下:

- BM 表示按钮控件消息。
- CB 表示组合框控件消息。
- DM 表示默认下压式按钮控件消息。
- EM 表示编辑控件消息。
- LB 表示列表框控件消息。
- SBM 表示滚动条控件消息。
- WM 表示窗口消息。

Windows 编程中常用的消息有:窗口管理消息、初始化消息、输入消息、系统消息、剪贴板消息、控件处理消息、控件通知消息、非用户区消息、MDI(多文档界面)消息、DDE(动态数据交换)消息以及应用程序自定义的消息等。

应用程序自定义的消息可以供内部应用程序和系统内其他进程通信使用。不同类型的 Windows 消息的取值范围如表 3-2 所示。

表 3-2 不同 Windows 消息类型的取值范围

消息类型	取值范围	消息类型	取值范围
系统定义消息（部分Ⅰ）	0x0000～0x03FF	系统定义消息（部分Ⅱ）	0x8000～0xBFFF
用户定义内部消息	0x0400～0x07FF	用户定义外部消息	0xC000～0xFFFF

3.2 Windows 应用程序常用消息

1. WM_LBUTTONDOWN

单击鼠标左键时产生此消息，其附加消息参数 wParam 标识鼠标键的单击状态。常用状态值及其说明如表 3-3 所示。长参数 lParam 的低字节包含当前光标的 X 坐标，高字节包含当前光标的 Y 坐标。

表 3-3 鼠标键状态参数及其说明

鼠标键状态参数	说 明	鼠标键状态参数	说 明
MK_LBUTTON	标识单击鼠标左键	MK_RBUTTON	标识单击鼠标右键
MK_MBUTTON	标识单击鼠标中键		

此外，相似的消息还有：
- WM_LBUTTONUP：放开鼠标左键时产生。
- WM_RBUTTONDOWN：单击鼠标右键时产生。
- WM_RBUTTONUP：放开鼠标右键时产生。
- WM_LBUTTONDBLCLK：双击鼠标左键时产生。
- WM_RBUTTONDBLCLK：双击鼠标右键时产生。

2. WM_KEYDOWN

这是在按下一个非系统键时产生的消息。系统键是指实现系统操作的组合键，例如 Alt 与某个功能键的组合以实现系统菜单操作等。其附加消息参数 wParam 为按下键的虚拟键码，虚拟键码用以标识按下或释放的键，例如功能键 F1 的虚拟键码在 windows.h 文件中定义为 VK_F1，lParam 记录了按键的重复次数、扫描码、转移代码、先前键的状态等信息。此外相似的消息还有 WM_KEYUP，它是放开非系统键时产生的。

3. WM_CHAR

这也是按下一个非系统键时产生的消息。附加信息参数 wParam 为按键的 ASCII 码，lParam 与 WM_KEYDOWN 中的 lParam 的意义相同。

4. WM_CREATE

此消息是由 CreateWindow 函数发出的消息。附加信息参数 wParam 未用，lParam 包含一个指向 CREATESTRUCT 数据结构的指针，该结构是传递给 CreateWindow 函数的参数的副本。

5. WM_CLOSE

关闭窗口时产生此消息。附加信息参数 wParam 和 lParam 均未用。

6. WM_DESTROY

消除窗口时由 DestroyWindow 函数发出此消息。附加信息参数 wParam 和 lParam 均未用。

7. WM_QUIT

这是退出应用程序时由 PostQuitMessage 函数发出的消息。附加信息参数 wParam 含有退出代码，退出代码标识应用程序退出运行时的有关信息；附加信息参数 lParam 未用。

8. WM_PAINT

当发生用户区移动或显示事件、用户窗口改变大小的事件、程序通过滚动条滚动窗口时，均产生一条 WM_PAINT 消息。此外，当下拉式菜单关闭并需要恢复被覆盖的部分以及 Windows 清除对话框或消息框等对象，并需要恢复被覆盖的部分时，将产生 WM_PAINT 消息。

3.3 Windows 中的事件驱动程序设计

基于 DOS 的应用程序主要使用顺序的、过程驱动的程序设计方法。顺序的、过程驱动的程序有一个明显的开始、明显的过程和一个明显的结束，因此，程序能直接控制程序事件或过程的顺序。

基于 Windows 的应用程序设计方法与 DOS 程序设计方法的不同在于 Windows 程序是事件驱动的。事件驱动的程序不是由程序的顺序来控制，而是由事件的发生来控制。

假设有这样一个应用程序，该程序的功能是计算一个学期中进行了三次测验后一个班的平均成绩。在一个顺序的、过程驱动的程序中，可以设想用下面的步骤来实现该应用程序要求实现的功能。

- 输入学生姓名。
- 输入第一次测验成绩。
- 输入第二次测验成绩。
- 输入第三次测验成绩。
- 计算并显示平均成绩。

其逻辑流程图可以用图 3-2 来表示。

这种设计是基于过程驱动的，用户只能按照程序规定好的步骤进行操作。尽管在顺序的、过程驱动的程序中也有许多处理异常的方法，但是这些异常处理也是顺序的、过程驱动的结构。

事件驱动程序设计是围绕着消息的产生与处理而展开的。一条消息是关于发生的事件的信息。作为一个 Windows 程序员，其工作就是对正开发的应用程序所要发出或要接收的消息进行排序和管理。由于 Windows 消息是事件驱动的，消息是不会以任何预定义顺序出现的。图 3-3 是基于事件驱动的计算学生平均成绩的程序流程示意图。

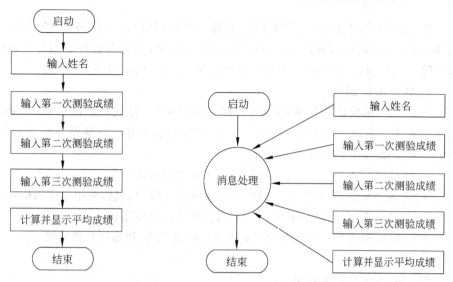

图 3-2　用过程驱动的方法来计算平均成绩　　图 3-3　用事件驱动的方法来计算平均成绩

按图 3-3 中的流程所设计的基于事件驱动的程序所实现的功能和用图 3-2 中的流程所设计的基于过程的程序所实现的功能是相同的。但是，用户可以在不同的窗口中来回切换，并不需要按顺序按步骤地进行数据的输入。例如，可以直接进入输入第三次测验成绩的窗口输入第三次测验成绩，而不必先输入第一、二次测验成绩。

事件驱动程序方法提供了许多便利，对于那些需要大范围用户干预的应用程序来说，更显其优越性。

3.4　Windows 应用程序的基本结构

3.4.1　Windows 应用程序的组成

一个完整的 Windows 应用程序通常由表 3-4 所示的五种类型的文件组成。

表 3-4　Windows 应用程序五种文件的扩展名及类型

扩展名	文 件 类 型	备　　注
c 或 cpp	C 语言源程序文件	
h	头文件	头文件包含源程序文件需要的外部常量、变量、数据结构和函数定义和说明
def	模块定义文件	模块定义文件定义程序模块的属性
rc	资源描述文件	资源描述文件定义源程序使用的资源
vcproj	项目文件	各种源程序文件编译后生成项目文件，经进一步编译成为可执行文件

3.4.2 源程序组成结构

Windows 应用程序具有相对固定的基本结构,其中由入口函数 WinMain 和窗口函数 WndProc(有时也称窗口处理函数)构成基本框架,并包含各种数据类型、数据结构与函数等。入口函数 WinMain 和窗口函数是 Windows 应用程序的主体。

1. WinMain 函数

WinMain 函数是所有 Windows 应用程序的入口,类似于 C 语言中的 main 函数,其功能是完成一系列的定义和初始化工作,并产生消息循环。消息循环是整个程序运行的核心。WinMain 函数实现以下功能:

- 注册窗口类,建立窗口及执行其他必要的初始化工作。
- 进入消息循环,根据从应用程序消息队列接收的消息,调用相应的处理过程。
- 当消息循环检索到 WM_QUIT 消息时终止程序运行。

WinMain 函数有三个基本的组成部分:函数说明、初始化和消息循环。

1) 函数说明

WinMain 函数的说明如下:

```
int WINAPI WinMain
(
    HINSTANCE hThisInst,        //用程序当前实例句柄
    HINSTANCe hPrevInst,        //应用程序其他实例句柄
    LPSTR lpszCmdLine,          //指向程序命令行参数的指针
    Int nCmdShow                //应用程序开始执行时窗口显示方式的整数值标识
);
```

值得注意的是,Windows 应用程序可能并行地执行多次,因而可能出现同一个应用程序的多个窗口同时存在的情况,这也是 Windows 操作系统能进行多任务管理的特点。Windows 系统将应用程序的每一次执行称为该应用程序的一个实例(instance),并使用一个实例句柄来唯一地标识它。

2) 初始化

初始化包括窗口类的定义、注册、创建窗口实例和显示窗口 4 部分。

(1) 窗口类定义。

在 Windows 应用程序中,窗口类定义了窗口的形式与功能。窗口类定义通过给窗口类数据结构 WNDCLASS EX 赋值完成,该数据结构中包含窗口类的各种属性。窗口类定义常用以下函数:

- LoadIcon 函数。

LoadIcon 函数的作用是在应用程序中加载一个窗口图标。其原型为:

```
HICON LoadIcon
(
    HINSTANCE hInstance,        //图标资源所在的模块句柄,为 NULL 则使用系统预定义图标
    LPCTSTR lpIconName          //图标资源名或系统预定义图标标识名,使用 MAKEINTRESOURCE()
```

```
                            //宏可以将一个资源的 ID 转化为 LPTSTR 类型
);
```

- LoadCursor 函数。

LoadCursor 函数的作用是在应用程序中加载一个窗口光标。其原型为：

```
HCURSOR LoadCursor
(
  HINSTANCE hInstance,    //光标资源所在的模块句柄,为 NULL 则使用系统预定义光标
  LPCTSTR lpCursorName    //光标资源名或系统预定义光标标识名,此项通常也使用
                          //MAKEINTRESOURCE()宏加载系统预置的光标
);
```

- GetStockObject 函数。

应用程序还经常调用函数 GetStockObject 获取系统提供的背景刷,其原型为：

```
HBRUSH GetStockObject(int nBrush);      //nBrush 为系统提供的背景刷的标识名
```

(2) 注册窗口类。

Windows 系统本身提供部分预定义的窗口类,程序员也可以自定义窗口类,窗口类必须先注册后使用。窗口类的注册由函数 RegisterClassEx()实现。其形式为：

```
RegisterClassEx(&wndclassex);          //wndclassex 为窗口类结构
```

RegisterClassEx 函数的返回为布尔值,注册成功则返回值为真。

(3) 创建窗口。

创建一个窗口类的实例由函数 CreateWindow()实现,该函数的原型为：

```
HWND CreateWindow
(
    LPCTSTR lpszClassName,              //窗口类名
    LPCTSTR lpszTitle,                  //窗口标题名
    DWORD dwStyle,                      //创建窗口的样式,常用窗口样式如表 3-5 所示
    int X,                              //窗口左上角 x 轴坐标
    int y,                              //窗口左上角 y 轴坐标
    int nWidth,                         //窗口宽度
    int nHeight,                        //窗口高度
    HWND hwndParent,                    //该窗口的父窗口句柄
    HWENU hMenu,                        //窗口主菜单句柄
    HINSTANCE hInstance,                //创建窗口的应用程序当前句柄
    LPVOID lpParam                      //指向一个传递给窗口的参数值的指针
);
```

在实际的应用中,通过位或运算可将多个样式定义成组合式的窗口样式,例如下面的语句表示带有水平和垂直滚动条的弹出式窗口：

```
WS_HSCROLL|WS_VSCROLL|WS_POPUP
```

表 3-5 常用窗口样式

标　识	说　明
WS_BORDER	创建一带边框的窗口
WS_CAPTION	创建一带标题栏的窗口
WS_CHILD	创建一个子窗口，它不能与 WS_POPUP 样式一起用
WS_HSCROLL	创建一带水平滚动条的窗口
WS_MAXIMIZEBOX	创建一带有最大化按钮的窗口
WS_MAXIMIZE	创建一最大化的窗口
WS_MINIMIZEBOX	创建一带有最小化按钮的窗口
WS_MINIMIZE	创建一最小化的窗口
WS_OVERLAPPED	创建一带边框和标题的窗口
WS_OVERLAPPEDWINDOW	创建一带边框、标题栏、系统菜单及最大、最小化按钮的窗口
WS_POPUP	创建一弹出式窗口，它不能与 WS_CHILD 一起使用
WS_POPUPWINDOW	创建一带边框和系统菜单的弹出式窗口
WS_SYSMENU	创建一带系统菜单的窗口
WS_VSCROLL	创建一带垂直滚动条的菜单
WS_VISIBLE	创建一个初始化为"可见"的窗口，该样式可被函数 ShowWindow 或 SetWindowPos 打开或关闭

（4）显示窗口。

窗口类的显示由 ShowWindow 和 UpdateWindow 函数实现。应用程序调用 ShowWindow 函数在屏幕上显示窗口，其形式为：

```
BOOL ShowWindow(HWND hwnd,int nCmdShow);
```

其中，hwnd 为窗口句柄，nCmdShow 为窗口显示形式标识，表 3-6 列出了常用显示标识及其说明。

表 3-6 常用显示标识及其说明

标　识	说　明
SW_HIDE	隐藏窗口
SW_SHOW	按当前的位置和大小激活窗口
SW_SHOWNA	按当前的状态显示窗口
SW_SHOWNORMAL	显示并激活窗口

显示窗口后，应用程序常常调用 UpdateWindow 函数更新并绘制用户区，并发出 WM_PAINT 消息。其形式为：

```
UpdateWindow(HWND hwnd);
```

3) 消息循环

Windows 应用程序的运行以消息为核心。Windows 将产生的消息放入应用程序的消息队列中，应用程序的 WinMain 函数从消息循环提取队列中的消息，并将其传递给窗口函数的相应过程处理。

消息循环的常见格式如下：

```
MSG Msg;
…
while(GetMessage(&Msg,NULL,0,0))
{
    TranslateMessage(&Msg);
    DispatchMessage(&Msg);
}
```

其中函数 GetMessage 的作用是从消息队列中读取一条消息，并将消息放在一个 MSG 结构中。其形式为：

```
GetMessage
(
lpMSG,              //指向 MSG 结构的指针
hwnd,
nMsgFilterMin,      //用于消息过滤的最小消息号值
nMsgFilterMax       //用于消息过滤的最大消息号值
);
```

通过设置参数 nMsgFilterMin 和 nMsgFilterMax 可实现消息的过滤，即仅处理所确定的消息号范围内的消息。如果两个参数都为 0，则不过滤消息。

TranslateMessage 函数负责将消息的虚拟键转换为字符信息，其形式为：

```
TranslateMessage(lpMSG);
```

DispatchMessgae 函数将参数 lpMSG 指向的消息传送到指定的窗口函数，其形式为：

```
DispatchMessage(lpMSG);
```

当 GetMessage 函数返回零值，即检索到 WM_QUIT 消息时，程序将结束循环并退出。

2. 窗口函数

窗口函数定义了应用程序对接收到的不同消息的响应，其中包含了应用程序对各种可能接收到的消息的处理过程，是消息处理分支控制语句的集合。通常，窗口函数由一个或多个 switch 语句组成。每一条 case 语句对应一种消息，当应用程序接收到一个消息时，相应的 case 语句被激活并执行相应的响应程序模块。

窗口函数是应用程序处理接收到的消息的函数。其中包含了应用程序对各种可能接

收到的消息的处理过程。

窗口函数的一般形式如下：

```
LRESULT CALLBACK WndProc(HWND hwnd,UINT message,WPARAM wParam,LPARAM lParam)
{
    ⋮
    switch(message)                          //message 为标识消息的消息值
    {
        case …
            ⋮
            break;
        ⋮
        case WM_DESTROY:
            PostQuitMessage(0);
        default:
            return DefWindowProc(hwnd,message,wParam,lParam);
    }
return(0);
}
```

窗口函数的主体是消息处理语句，由一系列 case 语句组成。程序员只需根据窗口可能收到的消息在 case 语句中编写相应的处理程序段即可。

在 case 语句的消息处理程序段中一般都有对消息 WM_DESTROY 的处理。如前所述，该消息是关闭窗口时发出的。一般情况下，应用程序调用函数 PostQuitMessage 响应这条消息。PostQuitMessage 函数的原型如下：

```
void PostQuitMessage(int nExitCode);    //nExitCode 为应用程序退出代码
```

函数 PostQuitMessage 的作用是向应用程序发出 WM_QUIT 消息，请求退出。除此之外，应用程序通过在消息处理程序段中加入如下语句，为未定义处理过程的消息提供默认处理。

```
default: return DefWindowProc(hwnd,message,wParam,lParam);
```

函数 DefWindowProc 是系统默认的处理过程，以保证所有发送到该窗口的消息均得以处理。

3. 数据类型

Windows 应用程序的源程序中包含种类繁多的数据类型，windows.h 是用户调用系统功能的关键，文件中定义了 Windows 系统使用的数据类型，其中包括许多简单类型和结构。部分常用的 Windows 数据类型及其说明如表 3-7 所示。

在 Windows 编程中，Visual C++ 2008 支持 Unicode 编码，而且为了保持与以前的 ASCII 码及各国双字节码，在头文件 tchar.h 通过统一的形式，可以兼容地处理传统字符编码与 Unicode 编码，如表 3-8 所示。

表 3-7 常用的部分 Windows 数据类型及其说明

数 据 类 型	说　　明
LONG	32 位有符号整数
DWORD	32 位无符号整数
UINT	32 位无符号整数
BOOL	布尔值
LPTSTR	指向字符串的 32 位指针(用于 Unicode)
LPCTSTR	指向字符串常量的 32 位指针(用于 Unicode)
LPSTR	指向字符串的 32 位指针
LPCSTR	指向字符串常量的 32 位指针

表 3-8 Unicode 编码

编码类型	常量表达形式	变量表达形式	字符复制	字符连接	字符比较
SBCS/MBCS	"string"	char	strcpy	strcat	strcmp
Unicode	L"string"	wchar_t	wcscpy	wcscat	wcscmp
统一处理	_T("string")	TCHAR	_tcscpy	_tcscat	_tcscmp

4. 数据结构

Windows 程序为了处理基于事件驱动的图形化界面和多任务的特点引入了一些复杂的数据结构。常用的数据结构有：

1) MSG

数据结构 MSG 中包含一个消息的全部信息，既是消息发送的格式，也是 Windows 编程中最基本的数据结构之一。有关 MSG 结构的定义请参见 3.1.3 节的内容。

2) WNDCLASSEX

结构 WNDCLASSEX 包含一个窗口类的全部信息，也是 Windows 编程中使用的基本数据结构之一。应用程序通过定义一个窗口类确定一类窗口的属性。其定义如下：

```
typedef struct
{
    UINT cbSize;                //窗口类的结构的大小,通常取 sizeof(WNDCLASSEX)
    UINT style;                 //窗口类的样式,一般设置为 0
    WNDPROC lpfnWndProc;        //指向窗口函数的指针
    int cbClsExtra;             //分配在窗口类结构后的字节数
    int cbWndExtra;             //分配在窗口实例后的字节数
    HANDLE hInstance;           //定义窗口类的应用程序的实例句柄
    HICON hIcon;                //窗口类的图标
    HCURSOR hCursor;            //窗口类的光标
    HBRUSH hbrBackground;       //窗口类的背景刷
    LPCTSTR lpszMenuName;       //窗口类菜单资源名
    LPCTSTR lpszClassName;      //窗口类名
    HICON hIconSm;              //窗口类的小图标
}WNDCLASSEX;
```

3) POINT

POINT 结构定义了屏幕上或窗口中的一个点的 X 和 Y 坐标。POINT 结构也是应用程序中最常用的结构之一,有关 POINT 的定义请参见 3.1.3 节的内容。

4) RECT

RECT 结构定义了一个矩形区域,其中包含该矩形区域的左上角和右下角两个点的 X,Y 坐标。其定义如下:

```
typedef struct_RECT
{
    LONG left;                          //矩形框左上角 x 坐标
    LONG top;                           //矩形框左上角 y 坐标
    LONG right;                         //矩形框右上角 x 坐标
    LONG bottom;                        //矩形框右上角 y 坐标
}RECT;
```

3.4.3 应用程序举例

作为应用 Windows API 函数进行编程的入门,综合以上讲述的基本内容,下面就通过一个简单的窗口示例程序说明如何编写简单的 Windows 应用程序。

【例 3-1】 应用程序窗口示例。本例的目的在于说明创建 Windows 窗口的方法及过程。

程序代码如下:

```
//windows.h 文件中包含应用程序中所需的数据类型和数据结构的定义
#include <tchar.h>

LRESULT CALLBACK WndProc(HWND,UINT,WPARAM,LPARAM);     //窗口函数说明
//----------------以下是入口函数的代码----------------
int WINAPI WinMain(HINSTANCE hInstance,HINSTANCE hPrevInstance,LPSTR lpCmdLine,
int nCmdShow)
{
    WNDCLASSEX wcex;
    HWND hWnd;
    MSG msg;
    TCHAR szWindowClass[]=L"窗口示例";                  //窗口类名
    TCHAR szTitle[]=L"My Windows";                      //窗口标题名

    //----------------以下初始化窗口类----------------
    wcex.cbSize= sizeof(WNDCLASSEX);                    //窗口类的大小
    wcex.style =0;                                      //窗口类型为默认类型
    wcex.lpfnWndProc =WndProc;                          //窗口处理函数为 WndProc
    wcex.cbClsExtra =0;                                 //窗口类无扩展
    wcex.cbWndExtra =0;                                 //窗口实例无扩展
```

```
    wcex.hInstance =hInstance;                          //当前实例句柄
    wcex.hIcon =LoadIcon(hInstance,MAKEINTRESOURCE(IDI_APPLICATION));
                                                        //窗口的图标为默认图标
    wcex.hCursor =LoadCursor(NULL,IDC_ARROW);
                                                        //窗口采用箭头光标
    wcex.hbrBackground = (HBRUSH)GetStockObject(WHITE_BRUSH);    //窗口背景为白色
    wcex.lpszMenuName =NULL;                            //窗口中无菜单
    wcex.lpszClassName =szWindowClass;                  //窗口类名为"窗口示例"
    wcex.hIconSm =LoadIcon(wcex.hInstance,MAKEINTRESOURCE(IDI_APPLICATION));
                                                        //窗口的小图标为默认图标

//---------------以下进行窗口类的注册----------------
    if(!RegisterClassEx(&wcex))                         //如果注册失败则发出警告
    {
        MessageBox(NULL,_T("窗口类注册失败!"),_T("窗口注册"),NULL);
        return 1;
    }
//---------------以下创建窗口----------------
        hWnd=CreateWindow(
            szWindowClass,              //窗口类名
            szTitle,                    //窗口实例的标题名
            WS_OVERLAPPEDWINDOW,        //窗口的风格
            CW_USEDEFAULT,CW_USEDEFAULT,    //窗口左上角坐标为默认值
            CW_USEDEFAULT,CW_USEDEFAULT,    //窗口的高和宽为默认值
            NULL,                       //此窗口无父窗口
            NULL,                       //此窗口无主菜单
            hInstance,                  //创建此窗口应用程序的当前句柄
            NULL                        //不使用该值
        );
        if(!hWnd)                       //如果创建窗口失败则发出警告
        {
            MessageBox(NULL,L"创建窗口失败!",_T("创建窗口"),NULL);
            return 1;
        }
        ShowWindow(hWnd,nCmdShow);      //显示窗口
        UpdateWindow(hWnd);             //绘制用户区
        while(GetMessage(&msg,NULL,0,0))    //消息循环
        {
            TranslateMessage(&msg);
            DispatchMessage(&msg);
        }

        return(int) msg.wParam;         //程序终止时将信息返回系统
```

```
    }
//---------------以下是窗口函数的代码----------------
    LRESULT CALLBACK WndProc(HWND hWnd,UINT message,WPARAM wParam,LPARAM lParam)
    {
        switch(message)
        {
        case WM_DESTROY:
            PostQuitMessage(0);              //调用 PostQuitMessage 发出 WM_QUIT 消息
            break;
        default:
            return DefWindowProc(hWnd,message,wParam,lParam);
                                             //默认时采用系统消息默认处理函数
            break;
        }
        return 0;
    }
```

上述程序的运行结果如图 3-4 所示。

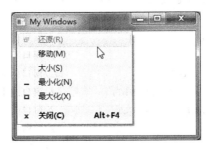

图 3-4 窗口示例程序的运行结果

3.5 小结

本章主要介绍 Windows 编程的基础知识,包括窗口的概念、事件驱动的基本概念等,同时详细介绍了 Windows 编程中经常用到的"消息"以及对"消息"的响应,在此基础上,进一步介绍了 Windows 程序的结构框架。为了加深读者对这些内容的理解,最后通过一个实例来加深对上述的知识点的理解及在实际编程中的应用。

3.6 练习

3-1 Windows 编程中窗口的含义是什么?
3-2 事件驱动的特点是什么?
3-3 Windows 应用程序中的消息传递是如何进行的?请举例说明。
3-4 句柄的作用是什么?请举例说明。

3-5 一个 Windows 应用程序的最基本构成应有哪些部分？
3-6 应用 Windows API 函数编程有什么特点？
3-7 Windows 编程中有哪些常用的数据类型？
3-8 使用 Unicode 比 MBCS(ASCII 和 DBCS 编码)有哪些好处？为什么引入 TCHAR 类型？
3-9 简述 WinMain 函数和窗口函数的结构及功能。

第 4 章

Windows 的图形设备接口及 Windows 绘图

Windows 图形设备接口(GDI,Graphics Device Interface)是为与设备无关的图形设计的。所谓设备的无关性,就是操作系统屏蔽了硬件设备的差异。因为计算机常与一系列不同的设备结合在一起,如打印机、绘图仪等输出设备以及显示设备等,因而设备无关性的图形能使用户编程时无需考虑特殊的硬件设置,这对 Windows 编程来说是非常重要的。

4.1 图形设备接口

Windows 应用程序使用图形设备接口和 Windows 设备驱动程序来支持与设备无关的图形。图形设备接口(GDI)是 Windows 系统的重要组成部分,负责系统与用户或绘图程序之间的信息交换,并控制在输出设备上显示图形或文字。

计算机输出设备和显示设备种类繁多,包括不同技术标准的显示器、打印机、绘图仪等等,每类设备又包含许多不同的型号。为了适应不同的设备,Windows 系统提供了应用程序与具体设备分离的功能。操作系统管理并协调一系列输出设备驱动程序,将应用程序的图形输出请求转换为打印机、绘图仪、显示器或其他输出设备上的输出。GDI 的设备无关性是 Windows 操作系统的特色之一。对于开发人员而言,所要做的工作仅仅是在系统的帮助下建立一个与某个实际输出设备的关联,以要求系统加载相应的设备驱动程序,其他的具体输出操作则由系统实现。由此可见,Windows 系统分担了应用程序的硬件设备适配器功能。

4.1.1 图形设备接口的一些基本概念

设备描述表(Device Context,DC)是定义了一系列图形对象及其属性的结构(表 4-1 列出了图形对象及其属性),包括图形模式及其输出。应用程序必须通知 GDI 来加载特定的设备驱动,一旦驱动得以加载,就可以准备应用设备进行相关的操作(如选择线型的宽度和颜色、画刷的样式和颜色等),这些任务都要通过创建和维护设备描述表(DC)来完成。当程序为设备描述表请求一个句柄时,就将创建一个设备描述表。创建的设备描述表包含了它所有的属性和默认值,应用程序可以修改这些属性。

目前的设备描述表有 4 种类型,分别是显示类型、打印类型、存储类型和消息类型。其中显示类型主要支持画图操作及视频显示;打印类型支持打印机和绘图仪的画图操作;存储类型主要支持绘制位图的操作;消息类型主要支持设备数据的恢复。本章主要介绍显示类型的设备描述表及其应用,其他内容读者可以通过本章内容的学习和参考相关资料举一反三。

表 4-1 图形对象及其属性

图形对象	相 关 属 性	图形对象	相 关 属 性
位图	位图的字节数、像素、颜色、缩放模式等	字体	字体名称、宽度、高度、磅数、所属字符集等
画刷	样式、颜色、起始点	画笔	样式、宽度和颜色
调色板	颜色和尺寸(或颜色号)	区域	位置和尺寸

应用程序每一次图形操作均参照设备描述表中的属性执行,设备描述表的各个属性的默认值及其相关操作函数如表 4-2 所示。因此可以将设备描述表看成图形的"输出模板"。依靠这块模板,当程序员调用 GDI 函数输出图形或文字时,不必关心诸如背景颜色、字体等问题。

表 4-2 设备描述表属性及相关函数

属 性	默 认 值	相 关 函 数
背景色	WHITE	GetBkColor SetBkColor
背景模式	OPAQUE	GetBkMode SetBkMode
位图	NONE	CreateBitMap CreateBitMapIndirect CreateCompatibleBitmap SelectObject
画刷	WHITE_BRUSH	CreateBrushIndirect CreateDIBPatternBrush CreateHatchBrush CreatePatternBrush CreateSolidBrush SelectObject
画刷起始位置	(0,0)	GetBrushOrg SetBrushOrg UnrealizeObject
剪截域	DISPLAY SURFACE	ExcludeClipRect IntersectClipRect OffsetClipRgn SelectClipPath SelectObject SelectClipRgn
颜色调色板	DEFAULT_PALETTE	CreatePalette RealizePalette SelectPalette
绘图方式	R2_COPYPEN	GetROP2 SetROP2

续表

属　　性	默　认　值	相　关　函　数
字体	SYSTEM_FONT	CreateFont CreateFontIndirect SelectObject
字符间距	0	GetTextCharacterExtra SetTextCharacterExtra
映射方式	MM_TEXT	GetMapMode SetMapMode
画笔	BLACK_PEN	CreatePen CreatePenIndirect SelectObject
多边形填充方式	ALTERNATE	GetPolyFillMode SetPolyFillMode
缩放模式	BLACKONWHITE	SetStretchBltMode GetStretchBltMode
文本颜色	BLACK	GetTextColor SetTextColor
视图范围	(1,1)	GetViewportExtEx SetViewportExtEx ScaleViewportExtEx
视图原点	(0,0)	GetViewportOrgEx SetViewportOrgEx
窗口范围	(1,1)	GetWindowExtEx SetWindowExtEx ScaleWindowExtEx
窗口原点	(0,0)	GetWindowOrgEx OffsetWindowOrgEx SetWindowOrgEx

4.1.2 图形刷新

图形刷新是绘图过程中必须考虑的问题，图形刷新包括刷新的请求、系统对刷新请求的响应以及具体的刷新方法。

1. 刷新请求

首先考虑这样一种实际情况：应用程序在窗口的用户区绘制了一个椭圆，然后显示一个颜色列表框，用户在列表框上选择填充椭圆内部的颜色。但是，显示的列表框覆盖了椭圆的一部分。现在的问题是，当用户结束颜色选择操作并关闭对话框后，应用程序将如何恢复椭圆被覆盖部分的颜色和形状。

Windows 应用程序大部分的用户操作都集中在用户区内，因此上述情况可能频繁出现。在窗口大小调整、窗口移动或其他对象覆盖后，都必须刷新窗口内用户区的内容，以恢复用户区内应有的显示形态。但是，Windows 系统并不总是记录窗口中需保存的内容，这样做既不现实又没有必要，系统只能在有限的几种情况下自动刷新。因此，应用程序必须具有及时处理刷新请求和刷新响应的功能。

Windows 系统通常通过发送 WM_PAINT 消息将刷新请求传递给应用程序。当用户区的内容需要刷新时，系统在应用程序的消息队列中加入该消息，以通知窗口函数执行刷新处理。

2. 系统对刷新请求的响应

一般情况下，当窗口需要刷新时，系统向应用程序消息队列发送 WM_PAINT 消息。刷新有三种可能，分别是窗口移动后的刷新、被覆盖区域的刷新以及对象穿越后的刷新。刷新请求的产生比较复杂，系统的响应也不尽相同。因此 Windows 系统对刷新请求的响应也相应分为以下三种情况：

1) 窗口移动后的刷新

窗口移动后的刷新可以理解为下列事件的发生，这时系统将向应用程序发送 WM_PAINT 消息：

- 用户区移动或显示。
- 用户窗口大小改变。
- 程序通过滚动条滚动窗口。

2) 被覆盖区域的刷新

当下面的事件发生时，Windows 系统将试图保存被覆盖的区域，以备以后刷新。此后如果系统不能有效刷新，则向应用程序发送 WM_PAINT 消息：

- 下拉式菜单关闭，并需要恢复被覆盖的部分。
- 因为清除对话框或消息框等对象而需要恢复被覆盖的部分。

对于这种情况，程序员必须有效地组织应用程序，使其能够在系统刷新失效时利用窗口处理函数刷新。

窗口被另一个窗口覆盖的区域称为无效区域。用户区中无效区域的产生可能导致系统向应用程序发送一条消息。

Windows 系统为每个窗口建立了一个 PAINTSTRUCT 结构，该结构中包含了包围无效区域的一个最小矩形的结构 RECT，这个矩形称为无效矩形。应用程序可以根据这个无效矩形执行刷新操作。

3) 对象穿越后的刷新

对于下面的对象穿越后的情况，Windows 系统自动完成刷新任务，应用程序不必考虑：

- 光标穿过用户区。
- 图标拖过用户区。

因此，为了执行有效的刷新，应用程序必须全面分析系统可能发送的刷新请求，并根据不同的情况分别处理。这是编写应用程序的一个难点。

3. 刷新方法

常用的 Windows 应用程序刷新窗口的方法如下：

- 在内存中保持一个显示输出的副本,当需要重绘窗口时,将副本拷贝到相应的窗口中。该方法适用于刷新位图等复杂图形。
- 记录曾经发生的事件,在窗口需要刷新时重新调用窗口执行这个事件。
- 重新绘制图形,一般对于简单图形常采用重新绘制图形方法执行刷新。在应用程序中,将图形绘制处理程序放在消息 WM_PAINT 响应模块中,一旦程序接收到刷新请求即可重绘图形。

4.1.3 获取设备环境的方法

获取设备环境是应用程序输出图形的先决条件,常用的三种获取设备环境的方法是调用函数 BeginPaint、GetDC 和 GetDCEx。

1. 调用 BeginPaint 函数

应用程序响应 WM_PAINT 消息进行图形刷新时,主要通过调用 BeginPaint 函数获取设备环境,其形式为:

```
hdc=BeginPaint(hwnd,&ps);      //ps 为 PAINTSTRUCT 类型结构,定义方式为: PAINTSTRUCT ps
```

PAINTSTRUCT 数据结构是 Windows 系统提供的标识无效区域的结构,其定义如下:

```
typedef struct tagPAINTSTRUCT
{
    HDC hdc;                   //设备环境句柄
    BOOL fErase;               // fErase 一般取真值,表示擦除无效矩形的背景
    RECT rcPaint;              //无效矩形标识
    BOOL fRestore;             //系统保留
    BOOL fIncUpdate;           //系统保留
    BYTE rgbReserved[32];      //系统保留
} PAINTSTRUCT;
```

rcPaint 为标准的 RECT 数据结构,其作用是标识无效矩形,该结构中包含了无效矩形的左上角和右下角的坐标。

系统调用 BeginPaint 函数获取设备环境的同时,填写 PAINTSTRUCT 结构,以标识需要刷新的无效矩形区,提供给后继过程进一步处理。

由 BeginPaint 函数获取的设备环境必须用 EndPaint 函数释放,其原型为:

```
BOOL EndPaint(HWND hwnd,PAINTSTRUCT &ps);
```

2. 调用 GetDC 函数

如果 Windows 应用程序的绘图工作并非由 WM_PAINT 消息驱动,则需调用 GetDC 函数获取设备环境。其形式为:

```
hdc=GetDC(hwnd);
```

由 GetDC 函数获取的设备环境必须用 ReleaseDC 函数释放,其原型为:

```
int ReleaseDC(HWND hwnd,HDC hDC);
```

3. 调用 GetDCEx 函数

GetDCEx 函数返回指向特定窗口的用户区或整个窗口的句柄,它是 GetDC 的扩展,但提供更灵活的操作。它的释放也是用 ReleaseDC 函数。

获取设备环境方法的区别如表 4-3 所示。

表 4-3　BeginPaint 与 GetDC 的区别

函数 项目	BeginPaint 函数	GetDC 函数
使用环境	只用于图形刷新时获取设备环境	使用较为广泛
操作区域	使用 BeginPaint 函数获取设备环境后,操作区域为无效区域	使用 GetDC 函数获取设备环境后,操作区域为特定窗口的客户区或整个窗口
释放设备环境所用函数	由 EndPaint 函数释放	由 ReleaseDC 函数释放

4.1.4　映射模式

映射模式是设备描述表的内容之一,其优点是程序员可不必考虑输出设备的坐标系情况,而在一个统一的逻辑坐标系中进行图形的绘制与操作,映射模式定义了将逻辑单位转化为设备的度量单位以及设备的 X 方向和 Y 方向。Windows 中的映射模式如表 4-4 所示。

表 4-4　Windows 中的映射模式

映射模式	将一个逻辑单位映射为	坐标系设定
MM_ANISOTROPIC	由 SetWindowExtEx 或 SetViewportExtEx 函数确定	可选
MM_ISOTROPIC	由 SetWindowExtEx 或 SetViewportExtEx 函数确定	可选,但 X 轴和 Y 轴的单位比例为 1∶1
MM_HIENGLISH	0.001 英寸	Y 向上,X 向右
MM_HIMETRIC	0.01 毫米	Y 向上,X 向右
MM_LOENGLISH	0.01 英寸	Y 向上,X 向右
MM_LOMETRIC	0.1 毫米	Y 向上,X 向右
MM_TEXT	一个像素	Y 向下,X 向右
MM_TWIPS	1/1440 英寸	Y 向上,X 向右

映射模式对应用程序是很重要的。上述的映射模式中,MM_TEXT 映射模式得到了普遍的应用,是默认的映射模式。

MM_ANISOTROPIC 和 MM_ISOTROPIC 这两种模式通过将图形从程序员定义的逻辑坐标窗口映射到物理设备的视口以实现坐标转换。窗口是对应逻辑坐标系上程序员设定的一个区域,视口对应于实际输出设备上程序员设定的一个区域。换言之,如果程序员设定的映射模式为 MM_ANISOTROPIC 和 MM_ISOTROPIC,则只需确定一个以逻辑坐标系为基础的窗口和一个以物理设备坐标系为基础的视口,Windows 系统即可按照窗口和视口的坐标比例自动调整图形。

这两种映射模式的不同是 MM_ISOTROPIC 模式要求将窗口中的对称图形映射到视口时仍为对称图形,这种要求可能导致系统强制变换视口。而 MM_ANISOTROPIC 模式则完全按照窗口和视口的坐标比例进行映射。

1. 坐标系统

在 Windows 应用程序中有好几种坐标系统,它们大致可以分为两大类即设备坐标系统和逻辑坐标系统。

在设备坐标系统中又有三种相互独立的坐标系统:屏幕坐标系统、窗口坐标系统和用户区坐标系统。这些设备坐标系均以像素点来表示度量的单位。X 轴的正方向为从左到右,Y 轴的正方向为从上向下。注意,改变像素点数只是改变相关的视频模式,而改变度量单位将改变相关的设备描述表。

屏幕坐标系统使用整个屏幕作为坐标区域,原点为屏幕原点。

窗口坐标系统使用了包括边界在内的应用程序的窗口作为坐标区域。窗口边界的左上角是坐标系的原点。

用户区坐标系统是最经常使用的坐标系统。用户区是窗口工作区,不包括窗口边界、菜单条及滚动条等。用户一般只操作应用程序的用户区,因此用户区坐标系统对大多数应用程序都是适用的。

其他的坐标系统都是逻辑坐标系统。其中映射模式规定了 GDI 函数中定义的逻辑单位如何转化为设备坐标。在画一个对象以前,Windows 操作系统会把这些逻辑单位翻译成相应的设备坐标系统中的单位。

2. 映射模式的设置

应用程序可获取设备环境的当前映射模式,并可根据需要设置映射模式。相关的函数为 SetMapMode 和 GetMapMode。调用设置映射模式函数 SetMapMode 可设置设备环境的映射模式,其形式为:

```
SetMapMode(hdc,nMapMode);            //nMapMode 为映射模式,如表 4-4 所示
```

调用 GetMapMode 函数可获取当前设备环境的映射模式,其形式为:

```
nMapMode=GetMapMode(hdc);
```

窗口区域的定义由 SetWindowExtEx 函数完成,其函数原型为:

```
BOOL SetWindowExtEx
(
    HDC hdc,
    int nHeight,          //nHeight 为以逻辑单位表示的新窗口区域高度
    int nWidth,           //nWidth 为以逻辑单位表示的新窗口区域宽度
    LPSIZE lpSize         //lpSize 为保存函数调用前窗口区域尺寸的 SIZE 结构地址,
```

```
                            //如果取 NULL,则表示忽略调用前的尺寸
);
```

视口区域的定义由 SetViewportExtEx 函数完成,其函数原型为:

```
BOOL SetViewportExtEx
(
    HDC hdc,
    int nHeight,           //nHeight 为以物理设备单位表示的新视口区域高度
    int nWidth,            //nWidth 为以物理设备单位表示的新视口区域宽度
    LPSIZE lpSize          //lpSize 为保存函数调用前视口区域尺寸的 SIZE 结构地址,
                           //如果取 NULL,则表示忽略调用前的尺寸
);
```

视口的默认原点和窗口的默认原点均为(0,0)。可通过调用函数 SetWindowOrgEx 和 SetViewportOrgEx 设定窗口与视口的原点。

SetWindowOrgEx 函数的原型为:

```
BOOL SetWindowOrgEx
(
    HDC hdc,
    int X,                 //X 和 Y 为以逻辑单位表示的新窗口原点坐标
    int Y,
    LPPOINT lpPoint        //lpPoint 为保存函数调用前原点坐标的 POINT 结构的地址,
                           //取 NULL,则忽略调用前的尺寸
);
```

SetViewportOrgEx 函数的原型为:

```
BOOL SetViewportOrgEx
(
    HDC hdc,
    int X,                 //X 和 Y 为以物理单位表示的新视口原点坐标
    int Y,
    LPPOINT lpPoint        //lpPoint 为保存函数调用前原点坐标的 POINT 结构的地址,
                           //取 NULL,则忽略调用前的尺寸
);
```

其中 SetWindowOrgEx 函数和 SetViewportOrgEx 函数只有在映射模式为 MM_ANISOTROPIC 和 MM_ISOTROPIC 时才有意义。

3. 获取用户区的尺寸

在绘图的过程中,当图形的位置确定以后,有时当窗口的尺寸发生改变时,图形在新窗口的位置很不美观,如果绘图时图形能随新的窗口的位置自动调整,这样图形就会随着窗口位置而变化。以下两个函数可以获取窗口的尺寸。

GetWindowRect 函数的原型为:

```
BOOL GetWindowRect(
    HWND hWnd,              //欲获取窗口的句柄
    LPRECT lpRect           //将结果存入一个用于表示矩形的结构体的地址中
);
```

这个函数将结果保存在 lpRect 的结构体指针中，表示矩形的 RECT 结构体有四个成员：left，top，right，bottom，分别用屏幕坐标表示窗口的左、上、右、下的位置。

GetClientRect 函数的原型为：

```
BOOL GetClientRect(
    HWND hWnd,              //欲获取窗口的句柄
    LPRECT lpRect           //将结果存入一个用于表示矩形的结构体的地址中
);
```

这个函数将用户区的尺寸保存在 lpRect 中，此时使用逻辑坐标来表示用户区的尺寸。

在建立了窗口、视口以及映射模式的概念后，就可以在窗口上绘制相应的图形了，在绘制图形之前，还必须选择绘图工具如画笔或画刷以及它们的颜色属性等。

4.2 绘图工具与颜色

Windows 绘图使用画笔和画刷进行，画笔的功能是画直线和曲线，画刷用于填充指定区域。

4.2.1 画笔

画笔的操作包括创建画笔，将画笔选入设备环境和删除画笔。

1. 画笔的创建

使用画笔之前必须事先定义一个画笔句柄。形式如下：

```
HPEN hP;
```

定义画笔句柄完成后，可直接调用函数 GetStockObject 获取 Windows 系统定义的 4 种画笔。这四种画笔分别是 WHITE_PEN，BLACK_PEN，DC_PEN 和 NULL_PEN。例如获取画笔 BLACK_PEN 的形式如下：

```
hP=(HPEN)GetStockObject(BLACK_PEN);
```

当然，如果系统提供的画笔不能满足应用的需要，也可创建新画笔。创建新的画笔的形式如下：

```
hP=CreatePen
(
    int nPenStyle,          //确定画笔样式,可选样式及说明如表 4-5 所示
    int nWidth,             //画笔宽度,取 0 表示一个像素宽
    COLORREF rgbColor       //画笔颜色
);
```

第 4 章 Windows 的图形设备接口及 Windows 绘图

表 4-5 画笔样式及说明

样　式	说　明	样　式	说　明
PS_DASH	虚线	PS_INSIDEFRAME	实线（边框线）
PS_DASHDOT	点划线	PS_NULL	无
PS_DASHDOTDOT	双点划线	PS_SOLID	实线
PS_DOT	点线		

2. 将画笔选入设备环境

创建画笔后，必须调用 SelectObject 函数将其选入设备环境。其形式如下：

```
hPenOld=SelectObject(hdc,hP);            //hP 为所创建或获取的画笔句柄
```

调用该函数后，应用程序将使用句柄 hP 所指的画笔绘图，直到选入另外的一种画笔为止。SelectObject 函数的返回值中保存上一次使用的画笔句柄 hPenOld。

3. 删除画笔

不再使用当前画笔时，需调用函数 DeleteObject 删除画笔，以免占用内存空间。在删除前应首先调用函数 SelectObject 恢复原来系统的画笔（如果必要的话），其形式为：

```
SelectObject(hdc, hPenOld);              //hPenOld 为系统原有的画笔
DeleteObject(hP);
```

4.2.2　画刷

画刷的创建与应用与画笔很相似，操作画刷也包括创建、选入设备环境和删除。

1. 画刷的创建

使用画刷需事先定义一个画刷句柄。形式如下：

```
HBRUSH hBr;                              //hBr 为画刷句柄
```

定义画刷句柄后，可直接调用函数 GetStockObject 获取 Windows 系统提供的 8 种画刷，调用画刷的形式如下：

```
hBr=(HBRUSH)GetStockObject(nBrushStyle); //nBrushStyle 为画刷样式，详见表 4-6
```

表 4-6 画刷的样式及其说明

样　式	说　明	样　式	说　明
BLACK_BRUSH	黑色画刷	LTGRAY_BRUSH	浅灰色画刷
DKGRAY_BRUSH	深灰色画刷	NULL_BRUSH	空画刷（同虚画刷）
GRAY_BRUSH	灰色画刷	WHITE_BRUSH	白色画刷
HOLLOW_BRUSH	虚画刷	DC_BRUSH	纯色画刷，可通过函数 SetDCBrushColor 设定

也可调用函数 CreateSolidBrush 和 CreateHatchBrush 创建画刷，调用函数 CreateSolidBrush 可创建一个具有指定颜色的单色画刷。调用形式如下：

```
hBr=CreateSolidBrush(COLORREF rgbColor);           //rgbColor 为画刷颜色
```

调用函数 CreateHatchBrush 可创建具有指定阴影图案和颜色的画刷,其调用形式如下:

```
hBr=CreateHatchBrush
   (
       int nHatchStyle,              //nHatchStyle 为阴影模式标识,详见表 4-7
       COLORREF rgbColor             //画刷颜色
   );
```

表 4-7 画刷的阴影模式

样 式	说 明	样 式	说 明
HS_BDIAGONAL	45 度从左上角到右下角的阴影线	HS_CROSS	垂直相交的阴影线
HS_DIAGCROSS	45 度叉线	HS_HORIZONTAL	水平阴影线
HS_FDIAGONAL	45 度从左下角到右上角的阴影线	HS_VERTICAL	垂直阴影线

2. 选入设备环境

创建画刷完成后,必须调用 SelectObject 函数将其选入设备环境中。其形式如下:

```
hBrOld=SelectObject(hdc,hBr);
```

SelectObject 函数的返回值中保存上一次使用的画刷句柄 hBrOld。

3. 删除画刷

不再使用创建的画刷时,可以调用函数 DeleteObject 删除画刷,以释放占用的内存空间。在删除前应调用函数 SelectObject 恢复系统原有的画刷(如果必要的话),其形式为:

```
SelectObject(hdc, hBrOld);
DeleteObject(hBr);
```

4.2.3 颜色

Windows 使用 32 位无符号整数表示颜色,如图 4-1 所示,32 位整数中的低三位字节分别表示红、绿、蓝三个颜色值,每一个颜色值的范围是 0~255。

31	...	24	23	...	16	15	...	8	7	...	0
24~31 位为 0			16~23 位表示红色			8~15 位表示绿色			0~7 位表示蓝色		

图 4-1 32 位无符号整数表示颜色

Windows 使用宏 RGB 定义绘图的颜色,其形式为:

```
RGB(nRed,nGreen,nBlue)
```

其中 nRed、nGreen 和 nBlue 分别表示红色值、绿色值和蓝色值,例如 RGB(255,0,0)表示红色,RGB(0,255,0)代表绿色,RGB(0,0,255)为蓝色。

在定义了画笔或画刷及其属性以后,就可以利用这些画笔或画刷通过调用相关的绘图函数进行绘图操作了。

4.3 常用绘图函数

Windows GDI 函数很多,下面就只介绍常用的几种,更多的函数可参阅有关手册。

(1) 设置画笔当前位置的函数 MoveToEx。

设置画笔当前位置的函数 MoveToEx 的原型如下:

```
BOOL MoveToEx
(
    HDC hdc,
    int X,                  //X、Y 分别为新位置的逻辑坐标
    int Y,
    LPPOINT lpPoint         //lpPoint 为存放原画笔位置的 POINT 结构地址
);
```

(2) 从当前位置向指定坐标点画直线的函数 LineTo。

从当前位置向指定坐标点画直线的函数 LineTo 的原型如下:

```
BOOL LineTo(HDC hdc,int X,int Y);    //其中 X 和 Y 为线段的终点坐标
```

(3) 从当前位置开始,依次用线段连接 lpPoints 中指定各点的函数 Polyline。如果绘制多边形,起点与终点的坐标应相同。

该函数的原型如下:

```
BOOL Polyline
(
    HDC hdc,
    LPPOINT lpPoints,       //lpPoints 为指向包含各点坐标的 POINT 结构数组的指针
    int nCount              //nCount 为 POINT 数组中点的个数
)
```

(4) 绘制椭圆弧线的函数 Arc。

绘制椭圆弧线的函数 Arc 的原型如下:

```
BOOL Arc
(
    HDC hdc,
    int X1,int Y1,          //指定边框矩形左上角的逻辑坐标
    int X2,int Y2,          //指定边框矩形右下角的逻辑坐标
    int X3,int Y3,          //椭圆弧起始径线的确定点坐标
    int X4,int Y4           //椭圆弧终止径线的确定点坐标
);
```

Arc 函数所画的椭圆弧线由给定边框矩形所形成的椭圆定义,这个矩形由左上角逻

辑坐标(X1,Y1)和右下角逻辑坐标(X2,Y2)确定。该弧的起点是(X3,Y3)和矩形中心的连线与椭圆的交点,终点为(X4,Y4)和矩形中心的连线与椭圆的交点。(X3,Y3)和(X4,Y4)的值未必一定在椭圆上,它们只起到角度定位的作用,而且该弧是从起点向终点逆时针画出,如图 4-2 所示。

(5) 使用当前画笔绘制一个饼图,并使用当前画刷进行填充的函数 Pie。

该函数的原型如下:

```
BOOL Pie
(
    HDC hdc,
    int X1,int Y1,           //指定边框矩形左上角的逻辑坐标
    int X2,int Y2,           //指定边框矩形右下角的逻辑坐标
    int X3,int Y3,           //椭圆弧起始径线的确定点坐标,X3,Y3 未必是在椭圆上,
                             //X3,Y3 只是表明起始径线的方向和角度
    int X4,int Y4            //椭圆弧终止径线的确定点坐标,X4,Y4 取值与 X3,Y3 同理
);
```

Pie 函数所画饼图为椭圆弧线和两条径线所围的区域,如图 4-3 所示。

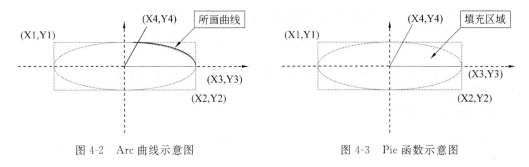

图 4-2　Arc 曲线示意图　　　　　　图 4-3　Pie 函数示意图

(6) 使用当前画笔绘制一个矩形,并使用当前画刷进行填充的函数 Rectangle。
该函数的原型如下:

```
BOOL Rectangle
(
    HDC hdc,
    int X1,int Y1,           //(X1,Y1)为矩形的左上角的逻辑坐标
    int X2,int Y2            //(X2,Y2)为矩形的右下角的逻辑坐标
);
```

(7) 使用当前画笔绘制一个圆角矩形,并使用当前画刷进行填充的函数 RoundRect。
该函数的原型为:

```
BOOL RoundRect
(
    HDC hdc,
    int X1,int Y1,           //(X1,Y1)为矩形左上角的逻辑坐标
```

```
    int X2,int Y2,            //(X2,Y2)为矩形右下角的逻辑坐标
    int nWidth,               //nWidth 为圆角的宽度
    int nHeight               //nHeight 为圆角的高度
);
```

(8) 使用当前画笔绘制一个椭圆,并使用当前画刷填充的函数 Ellipse。
该函数的原型为:

```
BOOL Ellipse
(
    HDC hdc,
    int X1,int Y1,            //(X1,Y1)为边界矩形左上角的逻辑坐标
    int X2,int Y2             //(X2,Y2)为边界矩形右下角的逻辑坐标
);
```

(9) 使用当前画笔绘制一个多边形,并使用当前画刷填充的函数 Polygon,该函数的参数 lpPoints 与 nCount 的要求与函数 PolyLine 相同。
该函数的原型如下:

```
BOOL Polygon
(
    HDC hdc,
    LPPOINT lpPoints,         // lpPoints 为包含各点坐标的 POINT 数组的地址
    int nCount                // nCount 为多边形点的个数
);
```

4.4 应用实例

【例 4-1】 利用绘图函数创建填充区。Windows 通过使用当前画笔画一个图形的边界,然后用当前的刷子填充这个图形来创建一个填充图形。共有三个填充图形,第一个是用深灰色画刷填充带圆角的矩形,第二个是采用亮灰色画刷填充一个椭圆形图,第三个是用虚画刷填充饼形图。使用虚画刷填充时,看不出填充效果。单击鼠标时,分别在六种不同的映射方式下进行切换显示,六种映射方式分别是:

(1) 映射方式采用 MM_TEXT;

(2) 映射方式采用 MM_ISOTROPIC:窗口坐标为 20×20,映射为视口尺寸为 10×10,图形缩小 1 倍;

(3) 映射方式采用 MM_ISOTROPIC:窗口坐标为 10×10,映射为视口尺寸为 20×20,图形放大 1 倍;

(4) 映射方式采用 MM_ANISOTROPIC:窗口坐标为 10×10,映射为视口尺寸为 20×10,图形横向放大 1 倍,纵向不变;

(5) 映射方式采用 MM_ANISOTROPIC:窗口坐标为 10×10,映射为视口尺寸为 20×5,图形横向放大 1 倍,纵向缩小 1 倍;

(6) 映射方式采用 MM_ISOTROPIC：窗口坐标为 10×10，映射为视口尺寸为 20×5，图形为了保持原纵横比，系统会调整映射比例。

下面是本例子的源程序代码：

```
#include <windows.h>
#include <tchar.h>
BOOLEAN InitWindowClass(HINSTANCE hInstance,int nCmdShow);
LRESULT CALLBACK WndProc(HWND,UINT,WPARAM,LPARAM);
int WINAPI WinMain(HINSTANCE hInstance,HINSTANCE hPrevInstance,LPSTR lpCmdLine,
int nCmdShow)
{
    MSG msg;
    if(!InitWindowClass(hInstance,nCmdShow))
    {
        MessageBox(NULL,L"创建窗口失败!",_T("创建窗口"),NULL);
        return 1;
    }
    while(GetMessage(&msg,NULL,0,0))
    {
        TranslateMessage(&msg);
        DispatchMessage(&msg);
    }

    return (int) msg.wParam;
}

LRESULT CALLBACK WndProc(HWND hWnd,UINT message,WPARAM wParam,LPARAM lParam)
{
    HDC hDC;
    PAINTSTRUCT PtStr;
    HBRUSH hBrush;
    HPEN hPen;
    static int dispMode=-1;
    LPCTSTR str;
    switch (message)
    {
    case WM_LBUTTONDOWN:
        InvalidateRect(hWnd,NULL,TRUE);
        break;
    case WM_PAINT:
        hDC=BeginPaint(hWnd,&PtStr);
        dispMode= (dispMode+1)%6;
        switch(dispMode)
        {
```

```cpp
case 0:
    str=_T("映射方式 MM_TEXT:缺省的映射方式");
    SetMapMode(hDC,MM_TEXT);                    //设置映射方式为缺省方式
    TextOut(hDC,0,0,str,_tcsclen(str));         //输出映射方式及映射比例
    break;
case 1:
    str=_T("映射方式 MM_ISOTROPIC:窗口坐标为 20×20,映射为视口尺寸为 10×10,图形缩小 1 倍");
    SetMapMode(hDC,MM_ISOTROPIC);               //设置映射方式
    SetWindowExtEx(hDC,20,20,NULL);             //窗口矩形为×20
    SetViewportExtEx(hDC,10,10,NULL);           //映射为视口的矩形为×10
    TextOut(hDC,0,0,str,_tcsclen(str));
    break;
case 2:
    str=_T("映射方式 MM_ISOTROPIC:窗口坐标为 10×10,映射为视口尺寸为 20×20,图形放大 1 倍");
    SetMapMode(hDC,MM_ISOTROPIC);
    SetWindowExtEx(hDC,10,10,NULL);             //窗口矩形为 10×10
    SetViewportExtEx(hDC,20,20,NULL);           //映射为视口的矩形为 20×20
    TextOut(hDC,0,0,str,_tcsclen(str));
    break;
case 3:
    str=_T("映射方式 MM_ANISOTROPIC:窗口坐标为 10×10,映射为视口尺寸为 20×10,图形横向放大 1 倍,纵向不变");
    SetMapMode(hDC,MM_ANISOTROPIC);
    SetWindowExtEx(hDC,10,10,NULL);             //窗口矩形为 10×10
    SetViewportExtEx(hDC,20,10,NULL);           //映射为视口的矩形为 20×10
    TextOut(hDC,0,0,str,_tcsclen(str));
    break;
case 4:
    str=_T("映射方式 MM_ANISOTROPIC:窗口坐标为 10×10,映射为视口尺寸为 20×5,图形横向放大 1 倍,纵向缩小 1 倍");
    SetMapMode(hDC,MM_ANISOTROPIC);
    SetWindowExtEx(hDC,10,10,NULL);             //窗口矩形为 10×10
    SetViewportExtEx(hDC,20,5,NULL);            //映射为视口的矩形为 20×5
    TextOut(hDC,0,0,str,_tcsclen(str));
    break;
case 5:
    str=_T("映射方式 MM_ISOTROPIC:窗口坐标为 10×10,映射为视口尺寸为 20×5,图形为了保持
原纵横比,系统会调整映射比例");
    SetMapMode(hDC,MM_ISOTROPIC);
    SetWindowExtEx(hDC,10,10,NULL);             //窗口矩形为 10×10
    SetViewportExtEx(hDC,20,5,NULL);            //映射为视口的矩形为 20×5
```

```
            TextOut(hDC,0,0,str,_tcsclen(str));
            break;
        }
        hPen= (HPEN)GetStockObject(BLACK_PEN);        //设置画笔为系统预定义的黑色画笔
        hBrush= (HBRUSH)GetStockObject(DKGRAY_BRUSH); //深灰色画刷
        SelectObject(hDC,hBrush);                     //选择画刷
        SelectObject(hDC,hPen);                       //选择画笔
        RoundRect(hDC,50,120,100,200,15,15);          //圆角矩形
        hBrush= (HBRUSH)GetStockObject(LTGRAY_BRUSH); //淡灰色画刷
        SelectObject(hDC,hBrush);                     //选择画刷
        Ellipse(hDC,150,50,200,150);                  //椭圆
        hBrush= (HBRUSH)GetStockObject(HOLLOW_BRUSH); //采用系统预定义的虚画刷
        SelectObject(hDC,hBrush);                     //选择画刷
        Pie(hDC,250,50,300,100,250,50,300,50);        //饼形
        EndPaint(hWnd,&PtStr);                        //结束绘图
        break;
    case WM_DESTROY:
        PostQuitMessage(0);
//调用 PostQuitMessage 发出 WM_QUIT 消息
        break;
    default:
        return DefWindowProc(hWnd,message,wParam,lParam);
                                                      //默认时采用系统消息默认处理函数
        break;
    }
    return 0;
}

BOOLEAN InitWindowClass(HINSTANCE hInstance,int nCmdShow)
{
    WNDCLASSEX wcex;
    HWND hWnd;
    TCHAR szWindowClass[]=L"窗口示例";
    TCHAR szTitle[]=L"映射模式及填充示例图";
    wcex.cbSize= sizeof(WNDCLASSEX);
    wcex.style           =0;
    wcex.lpfnWndProc     =WndProc;
    wcex.cbClsExtra      =0;
    wcex.cbWndExtra      =0;
    wcex.hInstance       =hInstance;
    wcex.hIcon           =LoadIcon(hInstance,MAKEINTRESOURCE(IDI_APPLICATION));
    wcex.hCursor         =LoadCursor(NULL,IDC_ARROW);
    wcex.hbrBackground= (HBRUSH)GetStockObject(WHITE_BRUSH);
    wcex.lpszMenuName    =NULL;
```

```
wcex.lpszClassName=szWindowClass;
wcex.hIconSm        =LoadIcon(wcex.hInstance,MAKEINTRESOURCE(IDI_APPLICATION));
if (!RegisterClassEx(&wcex))
    return FALSE;
hWnd=CreateWindow(
    szWindowClass,
    szTitle,
    WS_OVERLAPPEDWINDOW,
    CW_USEDEFAULT,CW_USEDEFAULT,
    CW_USEDEFAULT,CW_USEDEFAULT,
    NULL,
    NULL,
    hInstance,
    NULL
    );
if (!hWnd)
    return FALSE;
ShowWindow(hWnd,nCmdShow);
UpdateWindow(hWnd);
return TRUE;
}
```

该例子运行的结果如图 4-4 所示。

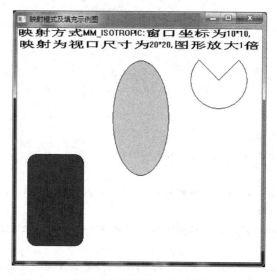

图 4-4 映射模式及图形的填充示例的运行结果

【例 4-2】 某公司四个季度的销售量分别为 75,50,60,90,将屏幕分为左右两部分,左边用柱形图表示,右边用饼图表示销售的比例,要求所绘图形随窗口的尺寸调整能自动调整显示比例。

本例实现的程序代码如下:

```cpp
#include <windows.h>
#include <tchar.h>
#include <math.h>
BOOLEAN InitWindowClass(HINSTANCE hInstance,int nCmdShow);
LRESULT CALLBACK WndProc(HWND,UINT,WPARAM,LPARAM);
int WINAPI WinMain(HINSTANCE hInstance,HINSTANCE hPrevInstance,LPSTR lpCmdLine,
int nCmdShow)
{
    MSG msg;
    if(!InitWindowClass(hInstance,nCmdShow))
    {
        MessageBox(NULL,L"创建窗口失败!",_T("创建窗口"),NULL);
        return 1;
    }
    while(GetMessage(&msg,NULL,0,0))
    {
        TranslateMessage(&msg);
        DispatchMessage(&msg);
    }
    return(int) msg.wParam;
}

LRESULT CALLBACK WndProc(HWND hWnd,UINT message,WPARAM wParam,LPARAM lParam)
{
    HDC hDC;
    PAINTSTRUCT ps;
    HBRUSH hBrush;
    HPEN hPen;
    RECT clientRect;
    static RECT oldClientRect={0,0,0,0};
    float sita=0;
    int a[4]={75,50,60,90},maxValue,i,xOrg,yOrg,deltaX,deltaY,xBegin,yBegin,
    xEnd,yEnd,s=0;
    int hatchBrushStyle[4]={HS_BDIAGONAL,HS_FDIAGONAL,HS_CROSS,HS_DIAGCROSS};
                                                              //四个阴影样式
    COLORREF colorIndex[4]={RGB(255,0,0),RGB(0,255,0),RGB(0,0,255),RGB(255,0,255)},
    bkColor;                                                  //四种颜色
    switch(message)
    {
    case WM_PAINT:
        maxValue=a[0];
        for(i=0;i<4;i++)
```

```
    {
        s+=a[i];
        if(a[i]>maxValue)
            maxValue=a[i];
    }                                              //计算所有数据总值和最大值
    hDC=BeginPaint(hWnd,&ps);
    GetClientRect(hWnd,&clientRect);       //获取用户区的尺寸
    if((clientRect.right-clientRect.left)<300||(clientRect.bottom-
    clientRect.top)<300)                           //判断屏幕尺寸
    {
        MessageBox(hWnd,L"屏幕尺寸太小,无法绘图!",L"错误信息",0);
        //EndPaint(hWnd,&ps);                //结束绘图
        break;
    }
    hPen=(HPEN)GetStockObject(BLACK_PEN);  //设置画笔为系统预定定义的黑色画笔
    SelectObject(hDC,hPen);                //选择画笔
    Rectangle(hDC,clientRect.left+10,clientRect.top+10,clientRect.right
    -10,clientRect.bottom-10);
    MoveToEx(hDC,(clientRect.left+clientRect.right)/2,clientRect.top+10,
    NULL);
    LineTo(hDC,(clientRect.left+clientRect.right)/2,clientRect.bottom-10);
                                        //从窗口的中间将窗口分为左右两部分
    //-----------以下是在左半部分用柱形图表示的数据分布图------------
    xOrg=clientRect.left+60;
    yOrg=clientRect.bottom-60;             //柱形图的坐标原点
    xEnd=(clientRect.left+clientRect.right)/2-50;   //坐标轴的最右边
    yEnd=yOrg;
    deltaX=(xEnd-xOrg-100)/4;              //计算垂直坐标的单位像素
    MoveToEx(hDC,xOrg,yOrg,NULL);
    LineTo(hDC,xEnd,yEnd);                 //画水平坐标轴
    xEnd=xOrg;
    yEnd=clientRect.top+60;                //坐标轴的最上边
    MoveToEx(hDC,xOrg,yOrg,NULL);
    LineTo(hDC,xEnd,yEnd);                 //画垂直坐标轴
    deltaY=(yOrg-yEnd-100)/maxValue;       //计算垂直坐标的单位像素
    hPen=CreatePen(PS_SOLID,1,RGB(127,127,127));    //用灰色作为画笔
    SelectObject(hDC,hPen);                         //选择画笔
    for(i=0;i<4;i++)
    {
        hBrush=CreateHatchBrush(hatchBrushStyle[i],colorIndex[i]);
                                                //创建带阴影的画刷
        SelectObject(hDC,hBrush);                   //选择画刷
        xBegin=xOrg+deltaX*i;
```

```
            yBegin=yOrg;
            xEnd=xBegin+deltaX;
            yEnd=yOrg-a[i]*deltaY;
            Rectangle(hDC,xBegin,yBegin,xEnd,yEnd);          //每一部分的柱形图
        }
        //------------以下是在右半部分用饼图表示的数据分布图------------
        xOrg=clientRect.left+(clientRect.right-clientRect.left)*3/4+10;
        yOrg=clientRect.top+(clientRect.bottom-clientRect.top)/2+10;
                                                //xOrg,yOrg 为右半部分的中心点坐标
        deltaX=deltaY=min((clientRect.right-clientRect.left)/4,
        (clientRect.bottom-clientRect.top)/2)-50;
        xBegin=xOrg+10;
        yBegin=yOrg;
        for(i=0;i<4;i++)
        {
            hBrush=CreateSolidBrush(colorIndex[i]);     //创建单色的画刷
            SelectObject(hDC,hBrush);                   //选择画刷
            sita=sita-2*3.1415*a[i]/s;
            xEnd=xOrg+10*cos(sita);
            yEnd=yOrg+10*sin(sita);                     //计算饼图终点的坐标
            Pie(hDC,xOrg-deltaX,yOrg-deltaY,xOrg+deltaX,yOrg+deltaY,xBegin,
            yBegin,xEnd,yEnd);                          //各部分饼图
            xBegin=xEnd;
            yBegin=yEnd;                                //下次饼图起点的坐标
        }
        DeleteObject(hPen);
        DeleteObject(hBrush);
        EndPaint(hWnd,&ps);                             //结束绘图
        break;
    case WM_SIZE:                               //窗口尺寸发生改变时,应刷新窗口
        InvalidateRect(hWnd,NULL,true);
        break;
    case WM_DESTROY:
        PostQuitMessage(0);             //调用 PostQuitMessage 发出 WM_QUIT 消息
        break;
    default:
        return DefWindowProc(hWnd,message,wParam,lParam);
                                        //默认时采用系统消息默认处理函数
        break;
    }
    return 0;
}
BOOLEAN InitWindowClass(HINSTANCE hInstance,int nCmdShow)
```

```
{
    WNDCLASSEX wcex;
    HWND hWnd;
    TCHAR szWindowClass[]=L"窗口示例";
    TCHAR szTitle[]=L"柱形图及饼图显示数据统计";
    wcex.cbSize=sizeof(WNDCLASSEX);
    wcex.style          =0;
    wcex.lpfnWndProc    =WndProc;
    wcex.cbClsExtra     =0;
    wcex.cbWndExtra     =0;
    wcex.hInstance      =hInstance;
    wcex.hIcon          =LoadIcon(hInstance,MAKEINTRESOURCE(IDI_APPLICATION));
    wcex.hCursor        =LoadCursor(NULL,IDC_ARROW);
    wcex.hbrBackground  =(HBRUSH)GetStockObject(WHITE_BRUSH);
    wcex.lpszMenuName   =NULL;
    wcex.lpszClassName  =szWindowClass;
    wcex.hIconSm        =LoadIcon(wcex.hInstance,MAKEINTRESOURCE(IDI_APPLICATION));
    if(!RegisterClassEx(&wcex))
        return FALSE;
    hWnd=CreateWindow(
        szWindowClass,
        szTitle,
        WS_OVERLAPPEDWINDOW,
        CW_USEDEFAULT,CW_USEDEFAULT,
        CW_USEDEFAULT,CW_USEDEFAULT,
        NULL,
        NULL,
        hInstance,
        NULL
        );
    if(!hWnd)
        return FALSE;
    ShowWindow(hWnd,nCmdShow);
    UpdateWindow(hWnd);
    return TRUE;
}
```

该程序的运行结果如图 4-5 所示。

【例 4-3】 绘制一个模拟时钟,要求表面为一个粉色的圆,并带有刻度,秒针、分针、时针与运行应与实际接近。

本例应设置一个 1 秒的计时器,处理计时器发生的消息时对屏幕进行重绘,重绘时对时间进行调整,并根据新的时间绘制表中的时针、分针和秒针。为了保持时间,可以将时

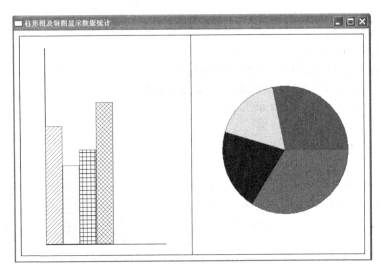

图 4-5 用柱形图及饼图显示数据的比例统计

间设为静态变量或全局变量。因表中的时间是动态的,所以将绘图的代码应放在响应 WM_PAINT 消息的代码中。

实现本例要求的代码如下:

```
#include <windows.h>
#include <tchar.h>
#include <math.h>
typedef struct Time
{
    int hour,min,sec;
}TimeStructure;
BOOLEAN InitWindowClass(HINSTANCE hInstance,int nCmdShow);
LRESULT CALLBACK WndProc(HWND,UINT,WPARAM,LPARAM);
void AdjustTime(TimeStructure * x);
int WINAPI WinMain(HINSTANCE hInstance,HINSTANCE hPrevInstance,LPSTR lpCmdLine,int nCmdShow)
{
    MSG msg;
    if(!InitWindowClass(hInstance,nCmdShow))
    {
        MessageBox(NULL,L"创建窗口失败!",_T("创建窗口"),NULL);
        return 1;
    }
    while(GetMessage(&msg,NULL,0,0))
    {
        TranslateMessage(&msg);
        DispatchMessage(&msg);
    }
```

```
        return(int) msg.wParam;
}
LRESULT CALLBACK WndProc(HWND hWnd,UINT message,WPARAM wParam,LPARAM lParam)
{
    HDC hDC;
    PAINTSTRUCT ps;
    HBRUSH hBrush;
    HPEN hPen;
    RECT clientRect;
    static TimeStructure x;
    float sita=0;
    int xOrg,yOrg,rSec,rMin,rHour,rClock,xBegin,xEnd,yBegin,yEnd;
    switch(message)
    {
    case WM_CREATE:                                 //创建窗口时,响应的消息
        SetTimer(hWnd,9999,1000,NULL);              //设置定时器
        break;
    case WM_PAINT:
        x.sec++;
        AdjustTime(&x);
        hDC=BeginPaint(hWnd,&ps);
        GetClientRect(hWnd,&clientRect);            //获取用户区的尺寸
        hPen=(HPEN)GetStockObject(BLACK_PEN);
                                                    //设置画笔为系统预定义的黑色画笔
        hBrush=CreateSolidBrush(RGB(255,220,220));  //创建粉红色的单色画刷
        SelectObject(hDC,hPen);                     //选择画笔
        SelectObject(hDC,hBrush);                   //选择画刷
        xOrg=(clientRect.left+clientRect.right)/2;
        yOrg=(clientRect.top+clientRect.bottom)/2;
                                                    //计算屏幕中心的坐标,它也是钟表的中心
        rClock=min(xOrg,yOrg)-50;                   //钟表的半径
        rSec=rClock*6/7;                            //秒针的半径
        rMin=rClock*5/6;                            //分针的半径
        rHour=rClock*2/3;                           //时针的半径
        Ellipse(hDC,xOrg-rClock,yOrg-rClock,xOrg+rClock,yOrg+rClock);
                                                    //绘制表面圆
        for(int i=0;i<60;i++)                       //绘制表面的刻度
        {
            if(i%5)                                 //绘制表面表面的整点刻度
            {
                hPen=CreatePen(PS_SOLID,2,RGB(255,0,0));
                SelectObject(hDC,hPen);
                xBegin=xOrg+rClock*sin(2*3.1415926*i/60);
                yBegin=yOrg+rClock*cos(2*3.1415926*i/60);
```

```
            MoveToEx(hDC,xBegin,yBegin,NULL);
            xEnd=xOrg+(rClock-20)*sin(2*3.1415926*i/60);
            yEnd=yOrg+(rClock-20)*cos(2*3.1415926*i/60);
        }
        else                                    //绘制表面表面的非整点刻度
        {
            hPen=CreatePen(PS_SOLID,5,RGB(255,0,0));
            SelectObject(hDC,hPen);
            xBegin=xOrg+rClock*sin(2*3.1415926*i/60);
            yBegin=yOrg+rClock*cos(2*3.1415926*i/60);
            MoveToEx(hDC,xBegin,yBegin,NULL);
            xEnd=xOrg+(rClock-25)*sin(2*3.1415926*i/60);
            yEnd=yOrg+(rClock-25)*cos(2*3.1415926*i/60);
        }
        LineTo(hDC,xEnd,yEnd);
        DeleteObject(hPen);
}
hPen=CreatePen(PS_SOLID,2,RGB(255,0,0));
SelectObject(hDC,hPen);
sita=2*3.1415926*x.sec/60;
xBegin=xOrg+(int)(rSec*sin(sita));
yBegin=yOrg-(int)(rSec*cos(sita));        //秒针的起点,它的位置在秒针的最末端
xEnd=xOrg+(int)(rClock*sin(sita+3.1415926)/8);
yEnd=yOrg-(int)(rClock*cos(sita+3.1415926)/8);
                    //秒针的终点,它的位置在秒针的反方向的长度为秒针的/8
MoveToEx(hDC,xBegin,yBegin,NULL);
LineTo(hDC,xEnd,yEnd);                    //绘制秒针
hPen=CreatePen(PS_SOLID,5,RGB(0,0,0));
SelectObject(hDC,hPen);
sita=2*3.1415926*x.min/60;
xBegin=xOrg+(int)(rMin*sin(sita));
yBegin=yOrg-(int)(rMin*cos(sita));        //分针的起点
xEnd=xOrg+(int)(rClock*sin(sita+3.1415926)/8);
yEnd=yOrg-(int)(rClock*cos(sita+3.1415926)/8);    //分针的终点
MoveToEx(hDC,xBegin,yBegin,NULL);
LineTo(hDC,xEnd,yEnd);                    //绘制分针
hPen=CreatePen(PS_SOLID,10,RGB(0,0,0));
SelectObject(hDC,hPen);
sita=2*3.1415926*x.hour/12;
xBegin=xOrg+(int)(rHour*sin(sita));
yBegin=yOrg-(int)(rHour*cos(sita));
xEnd=xOrg+(int)(rClock*sin(sita+3.1415926)/8);
yEnd=yOrg-(int)(rClock*cos(sita+3.1415926)/8);
```

```c
            MoveToEx(hDC,xBegin,yBegin,NULL);
            LineTo(hDC,xEnd,yEnd);                          //绘制时针
            DeleteObject(hPen);
            DeleteObject(hBrush);
            EndPaint(hWnd,&ps);                             //结束绘图
            break;
        case WM_TIMER:                                      //响应定时器发出的定时消息
            if(wParam==9999)                                //判断是否是设置的定时器发出的消息
                InvalidateRect(hWnd,NULL,true);             //刷新屏幕
            break;
        case WM_SIZE:                                       //窗口尺寸改变时,刷新窗口
            InvalidateRect(hWnd,NULL,true);
            break;
        case WM_DESTROY:
            PostQuitMessage(0);                             //调用 PostQuitMessage 发出 WM_QUIT 消息
            break;
        default:
            return DefWindowProc(hWnd,message,wParam,lParam);
                                                            //默认时采用系统消息默认处理函数
            break;
    }
    return 0;
}
void AdjustTime(TimeStructure * x)
{
    if(x->sec==60)
    {
        x->sec=0;
        x->min++;
        if(x->min==60)
        {
            x->min=0;
            x->hour++;
            if(x->hour==12)
                x->hour=0;
        }
    }
}
BOOLEAN InitWindowClass(HINSTANCE hInstance,int nCmdShow)
{
    WNDCLASSEX wcex;
    HWND hWnd;
    TCHAR szWindowClass[]=L"窗口示例";
    TCHAR szTitle[]=L"模拟时钟";
```

```
wcex.cbSize=sizeof(WNDCLASSEX);
wcex.style          =0;
wcex.lpfnWndProc    =WndProc;
wcex.cbClsExtra     =0;
wcex.cbWndExtra     =0;
wcex.hInstance      =hInstance;
wcex.hIcon          =LoadIcon(hInstance,MAKEINTRESOURCE(IDI_APPLICATION));
wcex.hCursor        =LoadCursor(NULL,IDC_ARROW);
wcex.hbrBackground  =(HBRUSH)GetStockObject(WHITE_BRUSH);
wcex.lpszMenuName   =NULL;
wcex.lpszClassName  =szWindowClass;
wcex.hIconSm        =LoadIcon(wcex.hInstance,MAKEINTRESOURCE(IDI_APPLICATION));
if(!RegisterClassEx(&wcex))
    return FALSE;
hWnd=CreateWindow(
    szWindowClass,
    szTitle,
    WS_OVERLAPPEDWINDOW,
    CW_USEDEFAULT,CW_USEDEFAULT,
    CW_USEDEFAULT,CW_USEDEFAULT,
    NULL,
    NULL,
    hInstance,
    NULL
    );
if(!hWnd)
    return FALSE;
ShowWindow(hWnd,nCmdShow);
UpdateWindow(hWnd);
return TRUE;
}
```

该程序的运行结果如图 4-6 所示。

读者可以结合前面例子的代码,体验如何进行图形刷新以及接收外部消息后如何进行刷新响应。

图 4-6 采用重新绘制图形完成窗口的刷新

4.5 小结

本章介绍了图形设备接口的基本概念以及 Windows 应用程序中绘图的主要步骤,同时详细介绍了绘图函数的应用。为加深对 Windows 应用程序中绘图函数应用的理解,本章通过一些实例以帮助读者对本章主要知识点的理解。通过本章内容的学习,希望读者能较好地掌握 Window 应用程序中有关图形的编程技术及其应用。

4.6 练习

4-1 什么是图形设备接口？
4-2 如何进行图形的刷新？
4-3 如何获取绘图工具的句柄？
4-4 如何定义映射模式？
4-5 请编写程序，要求如下：
(1) 定义一只红色的画笔，绘制一个等边五边形。
(2) 用不同颜色的线条连接互不相邻的两个点。
(3) 用不同颜色的画刷填充用上述方法所形成的图形中的每一个区域。
4-6 编写一个程序，在屏幕上出现一个圆心沿正弦曲线轨迹移动的实心圆，要求每隔四分之一周期，圆的填充色和圆的周边颜色都发生变化(颜色自己选取)，同时，圆的半径在四分之一周期之内由正弦曲线幅值的 0.2 倍至 0.6 倍线性增长。
4-7 分别调用系统定义的四种笔样式 PS_DOT，PS_DASHDOT，PS_DASHDOTDOT，PS_DASH 画出四个圆，看一看有什么差别。然后调用系统定义的 6 种实画刷画出原角矩形，调用系统定义的 6 种阴影画刷来画出圆角矩形。调用函数 Pie 画一个圆，红黄蓝各占三分之一。
4-8 在窗口中画一个旋转的风车，风车中有三个叶片，颜色分别为红、黄和蓝，叶片外侧有个外接圆。
4-9 在窗口中使用定时器，每隔 1 秒，交替的用红色、绿色和蓝色的画刷来填充整个窗口用户区。
4-10 在窗口中显示在不同的映射模式下，窗口上下左右的逻辑坐标大小。
4-11 将窗口分为 5 个区域，并用从白色到黑色线性变化的颜色填充此五个区域。画一条斜线穿过这 5 个区域。如图 4-7 所示。

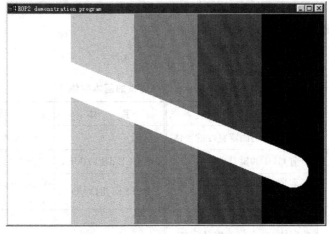

图 4-7 练习 4-11 示意图

第 5 章

文本的输出方法与字体的设置

Windows 经常使用 GDI 进行文本输出。事实上,在 Windows 中,图形和文本并没有明显的界限,很多时候,Windows 把文本也当作图形对待。在一定意义上,任何内容都可以看成图形实体,文本事实上也是按照所选用字体的格式画出来的。一个字体包含了字符集中每一个字母、数字和标点符号的形状和外表的特殊信息。使用定义好的与设备无关的字体集,Windows 就能维护它的设备无关性,提供"所见即所得"的好处,这就意味着屏幕上显示的文本与用打印机或绘图仪等输出设备输出的文本是完全一样的。

在 Windows 编程中,文本操作首先要获得文本句柄,此外,应用程序还要设置字体、字符大小、字符颜色等有关属性,并将这一些属性选入设备环境,然后输出到输出设备。

5.1 设置文本的设备环境

字体描述了所要显示的文本的大小、类型和外形,也就是说,字体包含了字符集中每个字符的一个特殊描述。在 Windows 中,字体一般又可以分成两大类型:逻辑字体和物理字体。逻辑字体定义的字符集是设备无关的,而物理字体则是为特殊设备设计的,因而是设备相关的。逻辑字体的开发相对设备字体来说更为困难,但是由于其与设备无关的特性使得逻辑字体更灵活,而且逻辑字体往往是可精确标度的,因此逻辑字体得到了广泛的应用。

5.1.1 字体句柄

Windows 系统提供了 7 种基本字体,如表 5-1 所示。

表 5-1 Windows 系统提供的基本字体

字 体	说 明	字 体	说 明
ANSI_FIXED	ANSI 标准的固定宽度的字体	ANSI_VAR	ANSI 标准的可变宽度的字体
DEFAULT_GUI	当前 GUI 的默认字体	DEVICE_DEFAULT	当前图形设备的字体
OEM_FIXED	标准原设备制造商(OEM)提供的字体	SYSTEM_FIXED	Windows 的标准固定宽度的字体
SYSTEM	Windows 提供的可变宽度的字体,它常作为默认字体		

常用的默认字体为 SYSTEM,Windows 使用该字体作为系统界面字体,选择系统字

体一般需要执行如下步骤：

（1）定义字体句柄变量，语法如下：

```
HFONT hF;                          //hF 为字体的句柄
```

（2）调函数 GetStockObject 获得系统字体句柄，它返回的是系统的默认字体，语法如下：

```
hF=GetStockObject();
```

（3）调用函数 SelectObject 将字体选入设备环境，语法如下：

```
SelectObject(hdc,hF);
```

5.1.2 创建自定义字体

系统提供的字体往往不能满足应用程序的需要，实际上，中文的字体是很丰富的。目前有 40 多种字体，程序员可调用函数 CreateFont 创建自定义字体。该函数的调用形式如下：

```
HFont=CreateFont
(
    int nHeight,                //字体高度，取 0 则采用系统默认值，使用逻辑单位
    int nWidth,                 //字体宽度，取 0 则由系统根据高宽比取最佳值，使用逻辑单位
    int nEscapement,            //每行文字相对于页底的角度，以十分之一度为单位
    int nOrientation,           //每个文字相对于页底的角度，以十分之一度为单位
    int nWeight,                //字体粗细度，取值范围为 0～1000，例如 400 为正常字体，700 为黑体
    DWORD fdwItalic,            //如果要求字体倾斜，则取非零
    DWORD fdwUnderLine,         //如果要求下划线，则取非零
    DWORD fdwStrikeOout,        //如果要求中划线，则取非零
    DWORD fdwCharSet,           //字体所属字符集
    DWORD fdwOutputPrecision,   //输出精度，一般取默认值 OUT_DEFAULT_PRECIS
    DWORD fdwClipPrecision,     //剪裁精度，一般取默认值 CLIP_DEFAULT_PRECIS
    DWORD fdwQuality,           //输出质量，一般取默认值 DEFAULT_QUALITY
    DWORD fdwPitchAndFamily,    //字体的间距及字体的系列，一般取默认值 DEFAULT_PITCH
    DWORD lpszFacename          //字体名
);
```

其中参数 fdwCharSet 定义的字符集有：ANSI_CHARSET，BALTIC_CHARSET，CHINESEBIG5_CHARSET，DEFAULT_CHARSET，EASTEUROPE_CHARSET，GB2312_CHARSET，GREEK_CHARSET，HANGUL_CHARSET，MAC_CHARSET，OEM_CHARSET，RUSSIAN_CHARSET，SHIFTJIS_CHARSET，SYMBOL_CHARSET，TURKISH_CHARSET，VIETNAMESE_CHARSET 等，此外还有朝鲜、中东和泰国等国家地区的字符集。

5.1.3 设置字体和背景颜色

了解了字体句柄及创建字体以后,在有关文本输出的编程中,还需要进一步了解字体的设置及背景颜色的设置,这样才能得到精美的输出效果。

应用程序通过调用函数 SetTextColor 设置字体颜色,其形式为:

```
SetTextColor(hdc,crColor);          //crColor 为设置的颜色
```

应用程序还可调用函数 SetBkColor 设置背景颜色,其形式为:

```
SetBkColor(hdc,crColor);
```

5.2 文本的输出过程

在定义了字体句柄、字体及字体颜色以后,就可以把设置的字体输出到相应的设备上。Windows 应用程序的文本输出过程比较复杂,因为程序员除了要确定输出内容外,还要管理输出的格式及位置,由应用程序完成窗口用户区管理,Windows 系统并不参与窗口用户区的管理。这样虽然为程序员管理用户区提供了编程的自由,但也加重了编写应用程序的负担。例如,在用户区内输出文本,应用程序必须管理换行、后续字符的位置等输出格式,Windows 系统并未提供管理输出文本格式的函数。

文本的输出过程中应用程序必须先确定文本在窗口中输出的位置。确定文本的位置通常用绝对定位和相对定位的方式。绝对定位就是用逻辑坐标来定位,它的缺点是已输出文本对后续位置有影响,这种影响无法从直接定位坐标中体现出来。而且当窗口的位置或输出字体发生变化时,文本不能随着窗口的尺寸和新的字体的变化而灵活调整。相对定位则根据已输出内容,通过获取字体信息,然后格式化文本,确定后续文本的输出的位置,调用函数在窗口中输出文本。

1. 获取字体信息

应用程序在输出文本之前必须获取当前使用字体的有关信息,如当前使用的字符高度等,以确定输出文本格式和下一行字符的输出位置。

Windows 程序中通过调用函数 GetTextMetrics 获取当前使用的字体信息。调用该函数时,系统将当前字体的信息拷贝到 tm 标识的 TEXTMETRIC 结构中。其形式为:

```
GetTextMetrics(hdc,&tm);           //tm 为 TEXTMETRIC 结构
```

系统定义的 TEXTMETRIC 的结构如下:

```
typedef struct tagTEXTMETRIC
{
    LONG tmHeight;                 //字符高度
    LONG tmAscent;                 //字符基线以上高度
    LONG tmDescent;                //字符基线以下高度
    LONG tmInternalLeading;        //tmHeight 制订的字符高度顶部的控件
    LONG tmExternalLeading;        //行与行之间的间隔
```

```
    LONG tmAveCharWidth;            //平均字符宽度
    LONG tmMaxCharWidth;            //最大字符宽度
    LONG tmWeight;                  //字符的粗细度
    LONG tmOverhang;                //合成字体间附加的宽度
    LONG tmDigitizedAspectX;        //为输出设备设计的 X 轴尺寸
    LONG tmDigitizedAspectY;        //为输出设备设计的 Y 轴尺寸
    BCHAR tmFirstChar;              //字体中第一个字符值
    BCHAR tmLastChar;               //字体中最后一个字符值
    BCHAR tmDefaultChar;            //代替不在字体中字符的字符
    BCHAR tmBreakChar;              //作为分割符的字符
    BYTE tmItalic;                  //非 0 则表示字体为斜体
    BYTE tmUnderlined;              //非 0 则表示字体有下划线
    BYTE tmStruckOut;               //非 0 则表示字符为删除字体
    BYTE tmPitchAndFamily;          //字体间距和字体族
    BYTE tmCharSet;                 //字符集
}TEXTMETRIC;
```

调用函数 GetTextMetrics 获取当前字体的 TEXTMETRIC 结构后，即可为其中的成员设置文本输出格式。

2. 格式化文本

格式化处理一般针对两种情况：一是在文本行中确定后续文本的坐标，二是在换行时确定下一行文本的坐标。

1）确定后续文本坐标

确定后续文本的坐标，应先获取当前的字符串的宽度，Windows 系统提供函数 GetTextExtentPoint32 完成这项任务，并把它存储于一个 SIZE 结构中。该函数的原型为：

```
BOOL GetTextExtentPoint32
(
    HDC hdc,
    LPCTSTR lpszString,     //lpszString 为指定的字符串
    int nLength,            //nLength 为字符串中的字符数
    LPSIZE lpSize           //lpSize 为返回字符串宽度及高度的 SIZE 数据结构的地址
);
```

SIZE 数据结构的定义如下。

```
typedef struct tagSIZE
{
    LONG cx;
    LONG cy;
} SIZE;
```

通过计算字符串的起始坐标与字符串宽度之和，即可得到后续文本的起始坐标。例如，X 轴起始坐标为 x0，如果当前字符串的信息存储在 size 指向的 SIZE 结构中，则后续

文本的起始坐标 x 为：

```
x=x0+size.cx;
```

2) 确定换行时文本坐标

通过计算当前行文本字符的高度与行间隔之和，即可得到换行时文本的起始坐标，而上述两个数值均可通过获取当前字体的信息得到。若当前行的坐标为 y0，则换行时 Y 轴上文本的坐标 y 为：

```
y=y0+tm.tmHeight+tm.tmExternalLeading;    //tm 的信息由函数 GetTextMetrics 获取
```

或：

```
y=y0+size.cy;                              //size 的信息由函数 GetTextExtentPoint32 获取
```

3. 文本输出

Windows 编程中最常用的文本输出函数是 TextOut，其函数原型如下：

```
BOOL TextOut
(
    HDC hdc,
    int X,int Y,              //(X,Y)为用户区中字符串的起始坐标
    LPCTSTR lpString,         //lpString 为显示的字符串
    int nCount                //nCount 为字符串中的字节数
);
```

程序员调用函数 TextOut，以坐标（X，Y）为起点，输出字节数为 nCount、名为 lpString 的字符串。

也可以使用 DrawText 函数将文本输出到一个矩形中，DrawText 函数的原型如下：

```
int DrawText(
    HDC hDC,                  //HDC 句柄
    LPCTSTR lpString,         //输出的文本内容
    int nCount,               //文本长度
    LPRECT lpRect,            //输出尺寸
    UINT uFormat              //输出选项
);
```

5.3 文本操作实例

【例 5-1】 在用户窗口上输出一个扇形，并在扇面竖向输出一首唐诗，本例使用绝对定位确定输出文字的位置，并采用多种自定义字体输出文字。本例的运行结果见图 5-1。

本例的源程序代码如下：

```
#include <windows.h>
#include <tchar.h>
```

```c
#include <math.h>
#define PI 3.1415926
BOOLEAN InitWindowClass(HINSTANCE hInstance,int nCmdShow);
LRESULT CALLBACK WndProc(HWND,UINT,WPARAM,LPARAM);
HFONT CreateMyFont(TCHAR * fontName,int height,int lean);   //创建自定义字体,
//三个参数分别是字体名称,字体大小,字体的倾斜度,倾斜度以/10为一个逻辑单位
int WINAPI WinMain(HINSTANCE hInstance,HINSTANCE hPrevInstance,LPSTR lpCmdLine,int nCmdShow)
{
    MSG msg;
    if(!InitWindowClass(hInstance,nCmdShow))
    {
        MessageBox(NULL,L"创建窗口失败!",_T("创建窗口"),NULL);
        return 1;
    }
    while(GetMessage(&msg,NULL,0,0))
    {
        TranslateMessage(&msg);
        DispatchMessage(&msg);
    }
    return(int) msg.wParam;
}
LRESULT CALLBACK WndProc(HWND hWnd,UINT message,WPARAM wParam,LPARAM lParam)
{
    HDC hDC;
    PAINTSTRUCT ps;
    HFONT font;
    HPEN hPen;
    LPWSTR title=L"登高唐.杜甫",poem[8]={L"风急天高猿啸哀",L"渚清沙白鸟飞回",L"无边落木萧萧下",L"不尽长江滚滚来",L"万里悲秋常作客",L"百年多病独登台",L"艰难苦恨繁霜鬓",L"潦倒新停浊酒杯"};
    int r,r0,i,j=-1,fontSize,fontSize0,color;
    RECT clientDimension;                       //存放客户区的尺寸
    POINT begin,end,org;                        //保存点的信息,org表示圆心坐标
    double sita;                                //表示文字倾斜及画图时的角度
    switch(message)
    {
    case WM_SIZE:
        InvalidateRect(hWnd,NULL,true);
        break;
    case WM_PAINT:
        hDC=BeginPaint(hWnd,&ps);
        hPen=CreatePen(PS_DASH,1,RGB(127,127,127));
        SelectObject(hDC,hPen);
```

```
        GetClientRect(hWnd,&clientDimension);    //获取客户区的尺寸
    if((clientDimension.right-clientDimension.left)<400||(clientDimension.
    bottom-clientDimension.top)<300)              //判断屏幕尺寸
        {
            MessageBox(hWnd,L"屏幕尺寸太小,无法绘图!",L"错误信息",0);
            break;
        }
        r=(clientDimension.bottom-clientDimension.top)*8/10;
                                                  //用屏幕高度的/5作为扇形的半径
        org.x=(clientDimension.right-clientDimension.left)/2;
        org.y=(clientDimension.bottom-clientDimension.top)*9/10;
                                                  //将圆心坐标定在屏幕中间向下的/10处
        Arc(hDC,org.x-r,org.y-r,org.x+r,org.y+r,org.x+(int)(r*sin(PI/3)),
            org.y-(int)(r*cos(PI/3)),org.x-(int)(r*sin(2*PI/3)),
            org.y+(int)(r*cos(2*PI/3)));          //画外围圆弧
        for(sita=PI/6;sita<=PI*5/6;sita+=PI*2/27)
        {
            begin.x=org.x-(int)(r*cos(sita));
            begin.y=org.y-(int)(r*sin(sita));
            MoveToEx(hDC,begin.x,begin.y,NULL);
            end.x=org.x;
            end.y=org.y;
            LineTo(hDC,end.x,end.y);
        }                                         //画折线
        r0=r*2/5;
    Arc(hDC,org.x-r0,org.y-r0,org.x+r0,org.y+r0,org.x+(int)(r0*sin(PI/3)),
    org.y-(int)(r0*cos(PI/3)),org.x-(int)(r0*sin(2*PI/3)),org.y+(int)
    (r0*cos(2*PI/3)));                            //画内侧圆弧
        sita=PI/6+PI*4/15/5;                      //右侧第一列角度
        fontSize0=fontSize=(r-r0)/7;              //字体的大小
        r0=r-20;                                  //半径逐步减小
        for(i=0;i<7;i++)
        {
            LPCWSTR outInfo=&title[i];            //逐步取诗的标题字
            fontSize-=3;
            font=CreateMyFont(L"楷体_GB2312",fontSize-5,-(sita+PI/15)*1800/
            PI);                                  //创建字体
            SelectObject(hDC,font);               //将创建的字体句柄选入设备环境
            begin.x=org.x+(int)(r0*cos(sita));
            begin.y=org.y-(int)(r0*sin(sita));    //计算输出文字的坐标
            TextOut(hDC,begin.x,begin.y,outInfo,1); //输出文字
            r0-=fontSize;                         //文字位置由外向内移动
            DeleteObject(font);
        }
```

```
                for(sita=PI/6+PI*4/27-PI/40;sita<PI*5/6;sita+=PI*2/27)
                                //角度从右向左,角度与以下计算位置及字体倾斜相配合
                {
                    fontSize=fontSize0;
                    r0=r-20;
                    j++;
                    color=0;
                    for(i=0;i<7;i++)
                    {
                        color+=255/7;
                        SetTextColor(hDC,RGB(255-color,0,color));
                        LPCWSTR outInfo=&poem[j][i];
                        fontSize-=3;
                        font=CreateMyFont(L"华文行楷",fontSize,(int)(((sita-PI/2)*
                        1800/PI))%3600);
                        SelectObject(hDC,font);
                        begin.x=org.x+(int)(r0*cos(sita));
                        begin.y=org.y-(int)(r0*sin(sita));
                        TextOut(hDC,begin.x,begin.y,outInfo,1);
                        r0-=fontSize;
                        DeleteObject(font);
                        Sleep(10);              //输出一个文字暂停1秒
                    }
                }
                EndPaint(hWnd,&ps);             //结束绘图
                break;
        case WM_DESTROY:
                PostQuitMessage(0);
        //调用 PostQuitMessage 发出 WM_QUIT 消息
                break;
        default:
                return DefWindowProc(hWnd,message,wParam,lParam);
                                //默认时采用系统消息默认处理函数
                break;
    }
    return 0;
}
HFONT CreateMyFont(TCHAR * fontName,int height,int lean)
{
    return CreateFont(              //创建自定义字体
        height,                     //字体的高度
        0,                          //由系统根据高宽比选取字体最佳宽度值
        lean,                       //文本的倾斜度为0,表示水平
        0,                          //字体的倾斜度为0
        FW_HEAVY,                   //字体的粗度,FW_HEAVY 为最粗
```

```
        0,                              //非斜体字
        0,                              //无下划线
        0,                              //无删除线
        GB2312_CHARSET,                 //表示所用的字符集为 ANSI_CHARSET
        OUT_DEFAULT_PRECIS,             //输出精度为默认精度
        CLIP_DEFAULT_PRECIS,            //剪裁精度为默认精度
        DEFAULT_QUALITY,                //输出质量为默认值
        DEFAULT_PITCH|FF_DONTCARE,      //字间距和字体系列使用默认值
        fontName                        //字体名称
    );
}
BOOLEAN InitWindowClass(HINSTANCE hInstance,int nCmdShow)
{
    WNDCLASSEX wcex;
    HWND hWnd;
    TCHAR szWindowClass[]=L"窗口示例";
    TCHAR szTitle[]=L"字体及位置示例";
    wcex.cbSize=sizeof(WNDCLASSEX);
    wcex.style           =0;
    wcex.lpfnWndProc     =WndProc;
    wcex.cbClsExtra      =0;
    wcex.cbWndExtra      =0;
    wcex.hInstance       =hInstance;
    wcex.hIcon           =LoadIcon(hInstance,MAKEINTRESOURCE(IDI_APPLICATION));
    wcex.hCursor         =LoadCursor(NULL,IDC_ARROW);
    wcex.hbrBackground   =(HBRUSH)GetStockObject(WHITE_BRUSH);
    wcex.lpszMenuName    =NULL;
    wcex.lpszClassName   =szWindowClass;
    wcex.hIconSm         =LoadIcon(wcex.hInstance,MAKEINTRESOURCE(IDI_APPLICATION));
    if(!RegisterClassEx(&wcex))
        return FALSE;
    hWnd=CreateWindow(
        szWindowClass,
        szTitle,
        WS_OVERLAPPEDWINDOW,
        CW_USEDEFAULT,CW_USEDEFAULT,
        CW_USEDEFAULT,CW_USEDEFAULT,
        NULL,
        NULL,
        hInstance,
        NULL
    );
    if(!hWnd)
        return FALSE;
```

```
ShowWindow(hWnd,nCmdShow);
UpdateWindow(hWnd);
return TRUE;
}
```

本例的运行结果如图 5-1 所示。

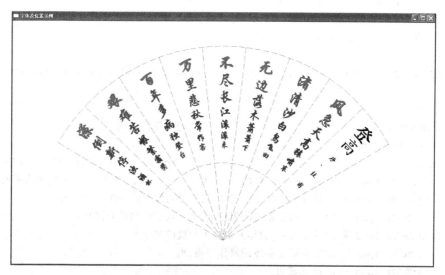

图 5-1 例 5-1 的运行结果

【例 5-2】 本程序通过在窗口中分 7 行分别显示 7 行文本，以说明在窗口的用户区中文本的格式及输出文本的方法。其中，第 1 行的文字是红色的；第 2 行是绿色的；第 3 行是蓝色的；第 4 行使用斜体文字，并带下划线；第 5 行的文字恢复为红色，但仍使用第 4 行字体的设置输出，其中最后一行实际上是两个字符串同行输出。第 7 行使用 DrawText 输出文本，并使显示效果具有卡拉 OK 的效果，本程序的界面效果如图 5-2 所示。

本例题的源代码如下：

```
#include <windows.h>
#include <tchar.h>
BOOLEAN InitWindowClass(HINSTANCE hInstance,int nCmdShow);
LRESULT CALLBACK WndProc(HWND,UINT,WPARAM,LPARAM);
int WINAPI WinMain(HINSTANCE hInstance,HINSTANCE hPrevInstance,LPSTR lpCmdLine,int nCmdShow)
{
    MSG msg;
    if(!InitWindowClass(hInstance,nCmdShow))
    {
        MessageBox(NULL,
            L"创建窗口失败!",
            _T("创建窗口"),
            NULL);
```

```
            return 1;
        }
        while(GetMessage(&msg,NULL,0,0))
        {
            TranslateMessage(&msg);
            DispatchMessage(&msg);
        }
        return(int) msg.wParam;
}
LRESULT CALLBACK WndProc(HWND hWnd,UINT message,WPARAM wParam,LPARAM lParam)
{
    HDC hdc;
    HFONT hF_black,hF_big;              //定义两种字体句柄
    PAINTSTRUCT ps;
    TEXTMETRIC tm;                       //定义一个 TEXTMETRIC 结构,用以记录字体信息
    LPCWSTR lpsz_1=L"这是一行红色的、字体为 SYSTEM_FONT 的文字,红色代表未来";
    LPCWSTR lpsz_2=L"现在显示的是自定义绿色字体,绿色代表生机勃勃";
    LPCWSTR lpsz_3=L"这一行是蓝色的粗体字,蓝色代表广阔的海洋和天空";
    LPCWSTR lpsz_4=L"这是大号、斜体并带有下划线的文字";
    LPCWSTR lpsz_5=L"您掌握了字体的操作了吗?";
    LPCWSTR lpsz_6=L"祝您成功!";
    LPCWSTR lpsz_7=L"VC2008 是一门计算机专业的重要课程!";
    int X=0,Y=0;
    static RECT rect={0,300,0,350};
    SIZE size;                           //定义一个 SIZE 类型的结构
    switch(message)
    {
    case WM_CREATE:
        SetTimer(hWnd,9999,50,NULL);     //设置定时器
        break;
    case WM_TIMER:
        if(wParam==9999)                 //定时刷新
            InvalidateRect(hWnd,NULL,true);
        break;
    case WM_PAINT:
        rect.right+=2;                   //矩形的右边界增 2
        hdc=BeginPaint(hWnd,&ps);
        SetTextColor(hdc,RGB(255,0,0));  //设置文本颜色为红色
        GetTextMetrics(hdc,&tm);         //获取默认字体,写入 tm 结构中
        TextOut(hdc,X,Y,lpsz_1,_tcsclen(lpsz_1));    //使用当前字体输出文本
        Y=Y+tm.tmHeight+tm.tmExternalLeading;  //计算换行时下一行文本的输出坐标
        hF_black=CreateFont              //创建自定义字体
            (
            20,                          //字体的高度
```

```
    0,                                      //由系统根据高宽比选取字体最佳宽度值
    0,                                      //文本的倾斜度为 0,表示水平
    0,                                      //字体的倾斜度为 0
    FW_HEAVY,                               //字体的粗度,FW_HEAVY 为最粗
    0,                                      //非斜体字
    0,                                      //无下划线
    0,                                      //无删除线
    GB2312_CHARSET,                         //表示所用的字符集为 ANSI_CHARSET
    OUT_DEFAULT_PRECIS,                     //输出精度为默认精度
    CLIP_DEFAULT_PRECIS,                    //剪裁精度为默认精度
    DEFAULT_QUALITY,                        //输出质量为默认值
    DEFAULT_PITCH|FF_DONTCARE,              //字间距和字体系列使用默认值
    L"粗体字"                                //字体名称
    );
SetTextColor(hdc,RGB(0,255,0));             //设置文本颜色为绿色
SelectObject(hdc,hF_black);                 //将自定义字体选入设备环境
GetTextMetrics(hdc,&tm);                    //获取字体的信息,并写入 tm 结构中
TextOut(hdc,X,Y,lpsz_2,_tcsclen(lpsz_2));   //使用当前字体输出文本
//换行继续输出文本,计算新行的起始 Y 坐标位置
Y=Y+tm.tmHeight+5* tm.tmExternalLeading;
GetTextExtentPoint32(hdc,lpsz_2,_tcsclen(lpsz_2),&size);
                                            //获取字符串的宽度
SetTextColor(hdc,RGB(0,0,255));             //设置文本颜色为蓝色
TextOut(hdc,X,Y,lpsz_3,_tcsclen(lpsz_3));   //用当前字体输出文本
Y=Y+tm.tmHeight+5* tm.tmExternalLeading;
hF_big=CreateFont                           //定义新字体
    (
    30,                                     //字体高度
    0,
    0,
    0,
    FW_NORMAL,
    1,                                      //定义斜体
    1,                                      //定义输出时带下划线
    0,
    GB2312_CHARSET,                         //所使用的字符集
    OUT_DEFAULT_PRECIS,
    CLIP_DEFAULT_PRECIS,
    DEFAULT_QUALITY,
    DEFAULT_PITCH|FF_DONTCARE,
    L"大号字"
    );
SelectObject(hdc,hF_big);                   //将第二种自定义字体选入设备环境
SetTextColor(hdc,RGB(155,155,155));         //设置文本颜色为灰色
```

```
        Y=Y+tm.tmHeight+5* tm.tmExternalLeading;
        TextOut(hdc,X,Y,lpsz_4,_tcsclen(lpsz_4));        //以当前字体输出文本
        SetTextColor(hdc,RGB(255,0,0));                  //设置文本颜色为红色
        Y=Y+tm.tmHeight+10* tm.tmExternalLeading;
        TextOut(hdc,X,Y,lpsz_5,_tcsclen(lpsz_5));        //输出文本
        //在该行继续输出文本
        GetTextExtentPoint32(hdc,lpsz_5,_tcsclen(lpsz_5),&size);
                                                         //获取字符串的宽度
        X=X+size.cx;
        TextOut(hdc,X+5,Y,lpsz_6,_tcsclen(lpsz_6));      //输出文本
        hF_big=CreateFont                                //定义新字体
            (
            48,                                          //字体高度
            0,
            0,
            0,
            FW_NORMAL,
            0,                                           //定义斜体
            0,                                           //定义输出时带下划线
            0,
            GB2312_CHARSET,                              //所使用的字符集
            OUT_DEFAULT_PRECIS,
            CLIP_DEFAULT_PRECIS,
            DEFAULT_QUALITY,
            DEFAULT_PITCH|FF_DONTCARE,
            L"楷体_GB2312"
            );
        SelectObject(hdc,hF_big);                        //获取起始坐标
        SetTextColor(hdc,RGB(0,0,0));
        SetBkColor(hdc,RGB(100,150,100));
        TextOut(hdc,0,300,lpsz_7,_tcsclen(lpsz_7));      //输出文本
        SetTextColor(hdc,RGB(0,255,0));
        SetBkColor(hdc,RGB(150,50,50));
        DrawText(hdc,lpsz_7,_tcsclen(lpsz_7),&rect,DT_LEFT);
        GetTextExtentPoint32(hdc,lpsz_7,_tcsclen(lpsz_7),&size);
        if(rect.right>=size.cx)rect.right=0;
        EndPaint(hWnd,&ps);
        DeleteObject(hF_black);                          //删除自定义字体句柄
        DeleteObject(hF_big);
        break;
    case WM_DESTROY:
        PostQuitMessage(0);              //调用 PostQuitMessage 发出 WM_QUIT 消息
        break;
    default:
```

```
            return DefWindowProc(hWnd,message,wParam,lParam);
                                        //默认时采用系统消息默认处理函数
        break;
    }
    return 0;
}
BOOLEAN InitWindowClass(HINSTANCE hInstance,int nCmdShow)
{
    WNDCLASSEX wcex;
    HWND hWnd;
    TCHAR szWindowClass[]=L"窗口示例";
    TCHAR szTitle[]=L"EXAMPLE FOR THE TEXT OUTPUT";
    wcex.cbSize=sizeof(WNDCLASSEX);
    wcex.style          =0;
    wcex.lpfnWndProc    =WndProc;
    wcex.cbClsExtra     =0;
    wcex.cbWndExtra     =0;
    wcex.hInstance      =hInstance;
    wcex.hIcon          =LoadIcon(hInstance,MAKEINTRESOURCE(IDI_APPLICATION));
    wcex.hCursor        =LoadCursor(NULL,IDC_ARROW);
    wcex.hbrBackground  =(HBRUSH)GetStockObject(WHITE_BRUSH);
    wcex.lpszMenuName   =NULL;
    wcex.lpszClassName  =szWindowClass;
    wcex.hIconSm        =LoadIcon(wcex.hInstance,MAKEINTRESOURCE(IDI_APPLICATION));
    if(!RegisterClassEx(&wcex))
        return FALSE;
    hWnd=CreateWindow(
        szWindowClass,
        szTitle,
        WS_OVERLAPPEDWINDOW,
        CW_USEDEFAULT,CW_USEDEFAULT,
        CW_USEDEFAULT,CW_USEDEFAULT,
        NULL,
        NULL,
        hInstance,
        NULL
        );
    if(!hWnd)
        return FALSE;
    ShowWindow(hWnd,nCmdShow);
    UpdateWindow(hWnd);
    return TRUE;
}
```

本例运行结果如图 5-2 所示:

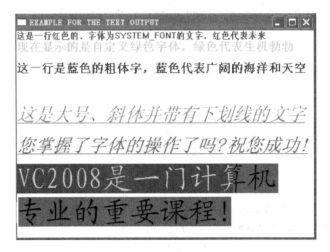

图 5-2　例 5-2 的执行结果

5.4　小结

本章介绍了 Windows 应用程序中经常接触到的有关文本与字体的概念，着重介绍了文本的输出以及字体的调用等过程及方法，为了让读者对文本的操作及字体的定义与调用有全面的了解，本章通过具体的实例向读者展示了上述知识点的应用。

5.5　练习

5-1　如何获取系统提供的基本字体的句柄？

5-2　如何创建自定义字体？

5-3　如何设置字体的颜色和背景色？

5-4　文本输出的主要过程有哪些？

5-5　设计一个窗口，在窗口中有五行文字，字体分别为楷体、宋体、仿宋体、黑体和幼圆，字号由 8 到 40 线性增长，每一行的文字相继出现后又消失，而且每一行文字的颜色由 RGB(0,0,0) 到 RGB(255,255,255) 线性增长。

5-6　编写程序，在某一个窗口上设计一行文字，如"欲穷千里目　更上一层楼"，这一行文字从窗口中向左滚动显示，而且每显示一轮，改变一次颜色，改变一次字体，一个周期为 4 种颜色，分别为红、绿、黄、蓝，四种字体分别为宋体、楷体、仿宋体和黑体。

5-7　在窗口中显示出 26 个英文字母，字母依次从左向右位置提高 10 个像素单位，并且颜色变为红色，然后回到正常位置；当到达最右端后改变方向从右向左依次变成红色并位置提高 10 个像素单位。然后恢复正常。在窗口的第二行显示 26 个字母，字体从正常到斜体，颜色从黑色到天蓝色不断变换。如图 5-3 所示。

5-8　输出如图 5-4 所示的艺术字体。

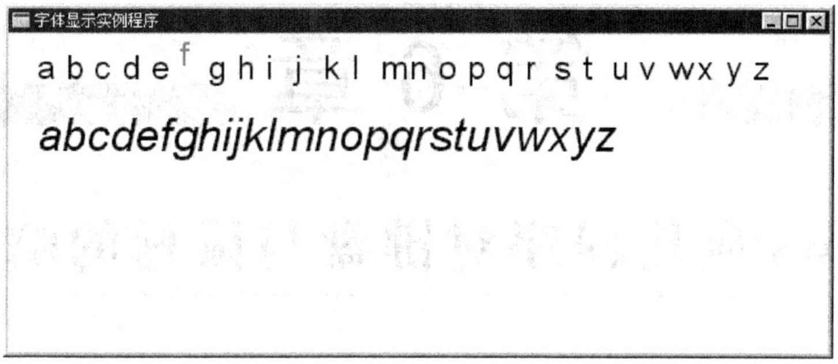

图 5-3 练习 5-7 结果示意图

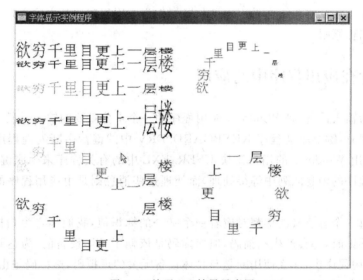

图 5-4 练习 5-8 结果示意图

5-9 编写一程序,在窗口中显示"VC 中显示字体与背景",字体颜色为红色,背景色为黄色。

第 6 章

Windows 应用程序对键盘与鼠标的响应

键盘和鼠标是 Windows 应用程序中非常重要的输入设备。键盘是一个基本的输入设备，鼠标在 Windows 提供的图形界面中的点击和拖放操作更是极大地方便了用户对应用软件的操作。本章将介绍在采用键盘和鼠标作为应用程序的基本输入设备时所涉及的基本概念和编程原则。

6.1 键盘在应用程序中的应用

键盘作为输入设备，是 Windows 应用程序的一个十分重要的输入手段。当用户按下或释放一个键时，键盘驱动程序 KEYBOARD.DRV 中的键盘中断处理程序对所按键进行编码，并调用 Windows 的用户模块 USER.EXE 中的有关程序来生成键盘消息，最终发送到应用程序的消息队列中等待处理，而处理这些消息则是由应用程序的窗口过程来具体完成的。

键盘上每一个有意义的键都对应着一个唯一的标识值，我们称之为扫描码。当用户按下或释放某键时，都会产生扫描码，但扫描码是依赖于具体设备的，为达到设备无关性的要求，在应用程序中，往往使用的是与具体设备无关的虚拟码，虚拟码是由 Windows 系统定义的与设备无关的键的标识。

设备驱动程序截取键的扫描码后，把它翻译成虚拟码，这样，由于键盘的输入，就产生了一条消息，它含有扫描码、虚拟码以及其他与按键有关的消息，设备驱动程序就把这些消息放到系统的消息队列中去，Windows 从系统消息队列中取出这条消息，再把它发送到相应的线程消息队列中去，最后，由窗口过程从线程消息队列中取出键盘消息队列，进行必要的后续处理。图 6-1 显示了这个过程。

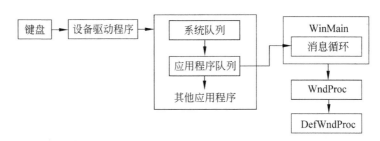

图 6-1 Windows 中处理键盘输入原理示意图

虚拟码是一种与设备无关的键盘编码，它的值存放在键盘消息的 wParam 参数中，用以标识哪一个键被按下或释放。最常用的虚拟码已经在 windows.h 中定义，常用的虚拟码如表 6-1 所示。

表 6-1 常用的虚拟码

符号常量名称	等价的键盘键	符号常量名称	等价的键盘键
VK_ENTER	Enter 键	VK_BACK_SPACE	Back Space 键
VK_SHIFT	Shift 键	VK_CONTROL	Ctrl 键
VK_ALT	Alt 键	VK_PAUSE	Pause 键
VK_CAPS_LOCK	Caps Lock 键	VK_ESCAPE	Esc 键
VK_PAGE_UP	Page Up 键	VK_PAGE_DOWN	Page Down 键
VK_END	End 键	VK_HOME	Home 键
VK_LEFT	左箭头键	VK_RIGHT	右箭头键
VK_UP	上箭头键	VK_DOWN	下箭头键
VK_0～VK_9	字符 0～9 键	VK_A～VK_Z	字符 A～Z 键
VK_TAB	Tab 键		

操作系统在接收到键盘输入后，还要决定哪一个应用程序将响应输入。Windows 操作系统把消息发送给有"输入焦点(input focus)"的窗口。由于某些应用程序有好几个窗口，键盘必须由该应用程序的众多窗口共享，但当按下某一个键时，却只有一个窗口过程能接收到该键盘消息，接收这个键盘消息的窗口就称为有"输入焦点"的窗口，该窗口应是活动窗口或者活动窗口的子窗口，有"输入焦点"的子窗口是所有输入消息的接收目标。窗口函数通过捕获 WM_SETFOCUS 和 WM_KILLFOCUS 消息以确定当前窗口是否具有输入焦点，WM_SETFOCUS 表明窗口具有输入焦点，而 WM_KILLFOCUS 表示窗口失去输入焦点。

键盘消息可以分成两类，即按键消息和字符消息。每当用户按下或释放一个键时，就产生了一个按键消息。当一个按键或组合产生了一个可以显示的字符时，就产生了一个字符消息。例如，用户如果按下键 H，则将产生两个消息：一个是按键消息，一个是释放键消息，当然还会产生一个附加的字符消息，因为这个按键消息组合是一个可显示的字符"H"。

按键消息一般又可以分成两类：系统按键消息和非系统按键消息。表 6-2 中列出了这些消息。系统按键消息对应于使用了 Alt 键与相关输入键的组合产生的消息，这些键一般由 Windows 系统内部直接处理，应用程序一般不必处理，如果应用程序处理了这些系统按键消息，就要调用 DefWindowProc 函数，以便不影响 Windows 对它们的处理，非系统按键消息则对应于那些不使用 Alt 键组合的按键消息。

表 6-2 按键消息

消 息	类 型	含 义
WM_KEYDOWN	非系统	按下非系统键消息
WM_KEYUP	非系统	释放非系统键消息
WM_SYSKEYDOWN	系统	按下系统键消息
WM_SYSKEYUP	系统	释放系统键消息

按键消息的两个变量 wParam 和 lParam 中包含了许多重要的信息。32 位的变量 lParam 根据其不同的位数表示的含义不同可以分为以下 7 个部分。

(1) 重复计数位(0~15 位):指定当前消息的重复次数。

(2) OEM 扫描码(16~23 位):OEM 扫描码是键盘发送的码值,由于此域是设备相关的,因而此值往往被忽略。

(3) 扩展键标志(24 位):扩展键标志在有 Alt 键(或 Ctrl 键)按下时为 1,否则为 0。

(4) 保留位(25~28 位):保留位是系统默认保留的,一般不用。

(5) 关联码(29 位):对于 WM_KEYDOWN 和 WM_KEYUP 消息,关联码的值总是 0。关联码主要用来记录某键与 Alt 键组合状态,若按下 Alt 键,当 WM_SYSKEYDOWN 消息送到某个激活的窗口时,其值为 1。否则为 0。

(6) 键的先前状态(位 30):键的先前状态用于记录先前某键的状态,对于 WM_SYSKEYUP 和 WM_KEYUP 消息,其值始终为 1,在发出 WM_KEYDOWN 和 WM_SYSKEYDOWN 消息之前如果键处于按下状态,其值为 1,否则为 0。

(7) 转换状态(31 位):转换状态的消息是始终按着某键所产生的消息,若某键原来是按下的,则其先前状态为 0。转换状态指示键被按下还是被释放。当键被按下时,对应于消息 WM_SYSKEYDOWN 和 WM_KEYDOWN,其值始终为 0;当键被释放时,其转换状态为 1;对应于 WM_SYSKEYUP 和 WM_KEYUP 消息,其值始终为 1。

按键消息的 wParam 参数包含了识别按下的键的虚拟码。键的扫描码是设备相关的,扫描码经过操作系统的转换后称为设备无关的虚拟码,这些虚拟码定义在 Windows 包含文件中。读者可以在相关的帮助文档中查到虚拟码及其对应按键的信息。

在 WinMain 函数的消息循环中包含了 TranslateMessage 函数,它的主要功能是把按键消息转化为字符消息,但只有当键盘驱动程序把键盘字符映射成 ASCII 码后才能产生 WM_CHAR 消息。同样,字符消息也可以分成两类即系统的和非系统的。表 6-3 中列出了所有的字符消息。

表 6-3 字符消息

消 息	类型	含 义	消 息	类型	含 义
WM_CHAR	非系统	非系统字符	WM_SYSCHAR	系统	系统字符
WM_DEADCHAR	非系统	非系统死字符	WM_SYSDEADCHAR	系统	系统死字符

注:死字符是指一般情况下不能显示的字符(如日耳曼语系中的一些字符),通常是标准字符与具有某些特征的字符的合成,如 ê。

值得注意的是,WM_KEYDOWN 和 WM_KEYUP 的按键消息只能产生 WM_CHAR 和 WM_DEADCHAR 字符消息,WM_SYSKEYDOWN 和 WM_SYSKEYUP 按键消息只能产生 WM_SYSCHAR 和 WM_SYSDEADCHAR 字符消息。

Windows 支持两类字符集:OEM 和 ANSI。OEM 是 IBM 字符集,在 Windows 中已经很少使用;现在大多使用的是 ANSI 字符集。为了保持程序的兼容性,Windows 提供了几个用于转换这两种字符集的函数,如下所示。

(1) CharToOem:将 ANSI 字符串转化为 OEM 字符串。

(2) CharToOemBuff：将缓冲区中的 ANSI 字符串转化为 OEM 字符串。
(3) OemToChar：将 OEM 字符串转化为 ANSI 字符串。
(4) OemToCharBuff：将缓冲区中的 OEM 字符串转化为 ANSI 字符串。
(5) ToAscii：将虚拟码转化为 ASCII 码。
(6) ToUnicode:将虚拟码转化为 UNICODE 码

在 Windows 操作系统中，使用光标（cursor）来指示鼠标当前的位置，用插字符（caret）指示当前正文位置。插字符是应用程序共享的系统资源，因此，Windows 桌面上只有一个插字符，并且只有拥有"输入焦点"的窗口才能拥有插字符。

有关插字符操作的函数：
(1) 创建位图插字符。

```
BOOL CreateCaret(HWND hWnd,HBITMAP hBitmap,int nWidth,int nHeight);
```

(2) 显示插字符。

```
BOOL ShowCaret(HWND hWnd);
```

(3) 设置插字符的位置。

```
BOOL SetCaretPos(int X,int Y);
```

(4) 获取插字符的位置。

```
BOOL GetCaretPos(LPPOINT lpPoint);
```

6.2 键盘操作应用举例

【例 6-1】 键盘输入示例，本例创建一个文字输入与编辑的程序，要求在窗口函数中处理各种键盘输入时所产生的消息序列，并在窗口的用户区显示对应的字符。

本例在用户窗口区输入字符，并将文字显示到用户区；若当前光标位置处于屏幕的起始位置，此时按下回退键（BackSpace），则出现"已至文件头"的错误提示信息，若插字符到最后一个字符后，此时按下了 Delete 键，则出现"已至文件尾"的错误提示信息；按下 End 键时，当前输入位置在本行的末尾，当按下 Home 键时，当前输入位置为本行起始位置。程序中还应处理箭头键对插字符的控制功能。

本例题的源程序代码如下：

```
#include <windows.h>
#include <tchar.h>
BOOLEAN InitWindowClass(HINSTANCE hInstance,int nCmdShow);
LRESULT CALLBACK WndProc(HWND,UINT,WPARAM,LPARAM);
int WINAPI WinMain(HINSTANCE hInstance,HINSTANCE hPrevInstance,LPSTR lpCmdLine,int
nCmdShow)
{
    MSG msg;
    if(!InitWindowClass(hInstance,nCmdShow))
```

```cpp
        {
            MessageBox(NULL,L"创建窗口失败!",_T("创建窗口"),NULL);
            return 1;
        }
        while(GetMessage(&msg,NULL,0,0))
        {
            TranslateMessage(&msg);
            DispatchMessage(&msg);
        }
        return(int) msg.wParam;
}
LRESULT CALLBACK WndProc(HWND hWnd,UINT message,WPARAM wParam,LPARAM lParam)
{
    #define MAXLINE 1000                              //最多行数
    #define MAXNUMCHAR 10                             //一行中最多的字符
    static TCHAR cCharInfo[MAXLINE][MAXNUMCHAR];//设置静态字符数组,存放输入的字符
    //static int nNumChar=0;                          //现有字符个数
    static int nNumLine=0;                            //现有的行数
    static int nArrayPos[MAXLINE];                    //最后一行最后一个字符的位置
    static int nX=0,nY=0;                             //插字符的位置
    static int nLnHeight=0;                           //行高
    static int nCharWidth;                            //字符的宽度
    static int nXCaret=0,nYCaret=0;                   //插字符的位置
    int x;
    HDC hDC;
    TEXTMETRIC tm;
    PAINTSTRUCT PtStr;                                //定义指向包含绘图信息的结构体变量
    switch(message)
    {
    case WM_CREATE:                                   //处理窗口创建消息
        {
            hDC=GetDC(hWnd);
            GetTextMetrics(hDC,&tm);                  //获取字体信息
            nLnHeight=tm.tmHeight+tm.tmExternalLeading;   //保存每行的高度与行间距
            nCharWidth=tm.tmAveCharWidth;                 //保存字符的平均宽度
            CreateCaret(hWnd,NULL,nCharWidth/10,tm.tmHeight);  //创建插字符
            ShowCaret(hWnd);                          //显示插字符
            ReleaseDC(hWnd,hDC);
        }
        break;
    case WM_CHAR:                                     //遇到非系统字符所作的处理
        {
            if(wParam==VK_BACK)                       //处理按下回退键的消息
            {
                if(nX==0)                             //如果已经在一行文字的开始处
                {
```

```
            if(nNumLine>0)                    //将插字符放至上行末尾
            {
                nY--;
                nX=nArrayPos[nY];
            }
            else                              //提示用户不能回退
            {
                nX=nY=nNumLine=nArrayPos[0]=0;
                MessageBox(hWnd,L"已到文件头,不能删除字符",NULL,MB_OK);
                break;
            }
        }
        else
        {
            nArrayPos[nY]=nArrayPos[nY]-1;
                                //每按一次回退键就回退一个字符的位置
            for(int i=nX;i<nArrayPos[nY];i++)
                cCharInfo[nY][i]=cCharInfo[nY][i-1];
                                //对现有字符重新进行调整
            nX--;                //调整插字符的位置
        }
        InvalidateRect(hWnd,NULL,TRUE); //刷新用户区,并发送 WM_PAINT 消息
        break;
    }
    else if(wParam==VK_RETURN)        //按回车键就要进行换行处理
    {
        nNumLine++;                   //总行数增加
        if(nNumLine>=MAXLINE)         //总行数超过最大行数的限制时提示用户
        {
            nY=nNumLine;
            MessageBox(hWnd,L"已超过最大行数,不能继续插入字符",NULL,MB_OK);
            break;
        }
        nArrayPos[nY]=nX;             //插字符的横坐标就是本行结束的位置
        for(int i=nNumLine;i>nY+1;i--)
                                //由下向上调整,使当前行的下方多出一个空行
        {
            _tcscpy(cCharInfo[i],cCharInfo[i-1]);
            nArrayPos[i]=nArrayPos[i-1];
        }
        _tcscpy(cCharInfo[nY+1],&cCharInfo[nY][nX]);
                                //将当前行其余部分复制到下一行
        cCharInfo[nY][nX]='\0';       //当前行的结束标志
        nY++;
        nX=0;                         //将插字符的位置调整到下一行行首
        nArrayPos[nY]=_tcsclen(cCharInfo[nY]);   //保存新行的字符总数
```

```
            }
            else                                        //其他字符
            {
                if(nArrayPos[nY]<MAXNUMCHAR-1)
                                    //如果当前行的字符总数没有超过限制,就插入新字符
                {
                    cCharInfo[nY][nArrayPos[nY]+1]='\0';   //当前行结束标志向右移位
                    for(x=nArrayPos[nY];x>nX;x=x-1)
                                    //后面的字符陆续向右移位,为插入的新字符让出位置
                    cCharInfo[nY][x]=cCharInfo[nY][x-1];
                    cCharInfo[nY][nX]=(TCHAR)wParam;//将新插入的字符放到当前位置
                    nArrayPos[nY]=nArrayPos[nY]+1;   //字符总数增
                    nX++;                            //调整插字符的位置
                }
                else         //当前行的字符总数超过限制,就做换行处理,代码意义同换行
                {
                    nNumLine++;
                    if(nNumLine>MAXLINE)
                    {
                        nY=nNumLine;
                        MessageBox(hWnd,L"已超过最大行数,不能继续插入字符",NULL,
                        MB_OK);
                        break;
                    }
                    for(int i=nNumLine;i>nY+1;i--)
                    {
                        _tcscpy(cCharInfo[i],cCharInfo[i-1]);
                        nArrayPos[i]=nArrayPos[i-1];
                    }
                    _tcscpy(cCharInfo[nY+1],&cCharInfo[nY][nX]);
                    cCharInfo[nY][nX]='\0';
                    nArrayPos[nY]=nX;
                    nY++;
                    nX=0;
                    nArrayPos[nY]=_tcsclen(cCharInfo[nY]);
                }
            }
            InvalidateRect(hWnd,NULL,TRUE);
        }
        break;
    case WM_KEYDOWN:                                 //处理按键消息
        {
            switch(wParam)
            {
            case VK_END:                              //处理按键为End时的消息
                nX=nArrayPos[nY];                    //输入位置从本行的末尾开始
```

```
        break;
case VK_HOME:                           //处理按键为 Home 时的消息
    nX=0;                               //输入位置为本行的起始位置
    break;
case VK_DELETE:                         //处理按键为 Delete 时的消息
    if(nArrayPos[nY]==nX)               //输入位置处于本行的末尾
        MessageBox(hWnd,L"本行当前位置以后已空,没有字符可供删除",
        NULL,MB_OK);
    else
    {
        for(x=nX;x<nArrayPos[nY];x=x+1)
            cCharInfo[nY][x]=cCharInfo[nY][x+1];
                                        //删除字符后,其余字符位置的调整
        nArrayPos[nY]=nArrayPos[nY]-1;  //每删除一个字符,总字符数减
    }
    break;
case VK_LEFT:                           //处理按左方向键时的消息
    if(nX>0)
        nX=nX-1;                        //当前输入位置往前移一个位置
    else                                //已经移到起始输入位置,不能再往前了
        MessageBox(hWnd,L"您已经移动到起始位置,不能再往左移动了",
        NULL,MB_OK);
    break;
case VK_RIGHT:                          //处理按右方向键时的消息
    if(nArrayPos[nY]>nX)                //若当前位置未到缓冲区的末尾,可向右移动
        nX++;
    else
        MessageBox(hWnd,L"您已经移动到行末位置,不能再向右移动了",
        NULL,MB_OK);
    break;
case VK_UP:                             //处理按左方向键时的消息
    if(nY>0)
    {
        nY--;                           //当前输入位置往前移一个位置
        if(nX>nArrayPos[nY])            //调整插字符的位置,使插字符到本行末
            nX=nArrayPos[nY];
    }
    else                                //已经移到起始输入位置,不能再往上移动,提示用户
        MessageBox(hWnd,L"您已经移动到第一行了,不能再往上移动了",
        NULL,MB_OK);
    break;
case VK_DOWN:                           //处理按右方向键时的消息
    if(nY<nNumLine)                     //若当前位置未到本行的末尾,可向右移动
    {
        nY++;
        if(nX>nArrayPos[nY])
```

```
                            nX=nArrayPos[nY];
                    }
                    else                    //不能移动提示用户
                        MessageBox(hWnd,L"已经到最后一行了,不能再向下移动了",NULL,MB_OK);
                    break;
                }
                InvalidateRect(hWnd,NULL,TRUE);   //用户区刷新
        }
    case WM_PAINT:
        hDC=BeginPaint(hWnd,&PtStr);
        for(int i=0;i<=nNumLine;i++)        //显示每行的文字
            TextOut(hDC,0,nLnHeight * i,cCharInfo[i],nArrayPos[i]);
        SIZE size;
        GetTextExtentPoint(hDC,cCharInfo[nY],nX,&size);
                                            //获取当前行插字符之前文字输出后的尺寸
        nXCaret=size.cx;                    //计算插字符的坐标
        nYCaret=nLnHeight * nY;
        SetCaretPos(nXCaret,nYCaret);       //设置插字符的位置
        EndPaint(hWnd,&PtStr);
        break;
    case WM_DESTROY:
        PostQuitMessage(0);
        break;
    default:
        return DefWindowProc(hWnd,message,wParam,lParam);
        break;
    }
    return 0;
}
BOOLEAN InitWindowClass(HINSTANCE hInstance,int nCmdShow)
{
    WNDCLASSEX wcex;
    HWND hWnd;
    TCHAR szWindowClass[]=L"窗口示例";
    TCHAR szTitle[]=L"应用程序对键盘消息响应";
    wcex.cbSize= sizeof(WNDCLASSEX);
    wcex.style          =0;
    wcex.lpfnWndProc    =WndProc;
    wcex.cbClsExtra     =0;
    wcex.cbWndExtra     =0;
    wcex.hInstance      =hInstance;
    wcex.hIcon          =LoadIcon(hInstance,MAKEINTRESOURCE(IDI_APPLICATION));
    wcex.hCursor        =LoadCursor(NULL,IDC_ARROW);
    wcex.hbrBackground  =(HBRUSH)GetStockObject(WHITE_BRUSH);
    wcex.lpszMenuName   =NULL;
    wcex.lpszClassName  =szWindowClass;
```

```
    wcex.hIconSm         =LoadIcon(wcex.hInstance,MAKEINTRESOURCE(IDI_APPLICATION));
    if(!RegisterClassEx(&wcex))
        return FALSE;
    hWnd=CreateWindow
    (
        szWindowClass,
        szTitle,
        WS_OVERLAPPEDWINDOW,
        CW_USEDEFAULT,CW_USEDEFAULT,
        CW_USEDEFAULT,CW_USEDEFAULT,
        NULL,
        NULL,
        hInstance,
        NULL
        );
    if(!hWnd)
        return FALSE;
    ShowWindow(hWnd,nCmdShow);
    UpdateWindow(hWnd);
    return TRUE;
}
```

本程序运行结果如图 6-2 所示。

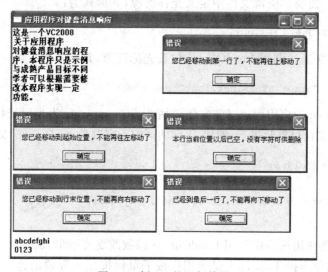

图 6-2　例 6-1 的运行结果

6.3　鼠标在应用程序中的应用

鼠标作为一种定位输入设备在 Windows 中得到了广泛的应用,通过鼠标的单击、双击功能和拖动功能,用户可以很容易地操作基于 Windows 图形界面的应用程序。

Windows 中通过光标来指示当前鼠标的位置，在 Windows 操作系统中预定义了几种光标，并在 windows.h 头文件中加以定义，这些系统预定义的光标如表 6-4 所示。

表 6-4 系统预定义的光标

代表预定义光标的常量	光标属性描述
IDC_APPSTARTING	标准箭头和小沙漏
IDC_ARROW	箭头光标
IDC_CROSS	十字光标
IDC_HAND	手形光标
IDC_HELP	箭头加问号
IDC_IBEAM	I 形文本光标
IDC_NO	单击鼠标左键后，光标变成圆圈中带一斜线
IDC_SIZEALL	带东西南北箭头的十字光标
IDC_SIZENESW	带有指向东北方和西南方箭头的光标
IDC_SIZENS	带有指向北方和南方箭头的光标
IDC_SIZENWSE	带有指向西北方和东南方箭头的光标
ISC_SIZEWE	带有指向东方和西方箭头的光标
IDC_UPARROW	垂直箭头光标
IDC_WAIT	沙漏光标

用户也可以通过图形编辑器自定义光标形式，将其保存为扩展名为 .cur 的文件，采用自定义光标时，需要在资源文件中定义光标资源，其形式为：

光标名 CURSOR 光标文件(.cur)

然后应用程序通过调用 LoadCursor 加载光标资源，其形式为：

HCURSOR LoadCursor(hThisInst,lpszCursorname)

其中，hThisInst 为应用程序当前实例句柄，lpszCursorname 为当前光标，应用程序加载光标资源常在定义窗口类时进行，例如，下面的语句为窗口类 wndclass 定义了光标资源。

WNDCLASSEX wndclass;
…
wndclass.hCursor=LoadCursor(hThislnst,IDC_WAIT);
…

此外，还可在应用程序中调用 LoadCursor 函数改变光标形式。

所谓鼠标的单击操作，实际上是指用户按下鼠标按钮并释放的这一全过程。此过程可以用来选择对象；所谓鼠标的双击操作，实际上是指用户在很短的时间内（根据不同计算机的设置不同而不同，操作系统的默认时间为 0.5 秒）进行两次单击鼠标的操作，此动作可以激活所选项的默认操作；所谓鼠标的拖动操作，实际上是指用户按下鼠标按钮并在不释放鼠标按钮的情况下移动鼠标，此动作一般可以用来选择菜单和移动有关内容。

Windows 操作系统通过鼠标设备驱动程序接收鼠标输入。鼠标驱动程序在启动 Windows 时装入，Windows 操作系统通过鼠标驱动程序能检测出鼠标是否存在。如果鼠标已经存在,则设备驱动程序将注意到 Windows 的任何鼠标事件。每当在窗口内有鼠标事件发生时,窗口就接收到一个鼠标事件(以消息的形式发送给应用程序的窗口)。注意,能接收鼠标事件的窗口并不一定要求是活动窗口或者是具有输入焦点的窗口。

当应用程序的用户区内产生一个鼠标事件时,就将产生一个用户区鼠标消息。表 6-5 中列出了所有的用户区鼠标消息。

表 6-5　用户区鼠标消息

消　息	含　义
WM_LBUTTONDOWN	用户区内单击鼠标左键
WM_LBUTTONUP	用户区内释放鼠标左键
WM_LBUTTONDBLCLK	用户区内双击鼠标左键
WM_MBUTTONDOWN	用户区内单击鼠标中键
WM_MBUTTONUP	用户区内释放鼠标中键
WM_MBUTTONDBLCLK	用户区内双击鼠标中键
WM_RBUTTONDOWN	用户区内单击鼠标右键
WM_RBUTTONUP	用户区内释放鼠标右键
WM_RBUTTONDBLCLK	用户区内双击鼠标右键
WM_MOUSEMOVE	鼠标在用户区内移动
WM_MOUSEWHEEL	鼠标滚轮转动
WM_MOUSEACTIVATE	鼠标指针在非激活窗口的时候单击鼠标按钮
WM_MOUSEHOVER	鼠标的光标在窗口的客户区盘旋时发出的消息

在鼠标消息中,参数 lParam 包含了鼠标光标位置,lParam 字的低位包含了鼠标光标位置的 x 坐标值,lParam 字的高位包含了鼠标光标位置的 y 坐标值。lParam 所表示的坐标是以窗口的左上角为原点;参数 wParam 内包含了一个指示各种虚键状态的值。wParam 参数是表 6-6 中所列值的组合。

表 6-6　wParam 的值

值	含　义	值	含　义
MK_CONTROL	按键盘上的 Ctrl 键	MK_SHIFT	按键盘上的 Shift 键
MK_LBUTTON	按鼠标左键	MK_XBUTTON1	按 Windows 第一徽标键
MK_MBUTTON	按鼠标中键	MK_XBUTTON2	按 Windows 第二徽标键
MK_RBUTTON	按鼠标右键		

通过用户区消息的 lParam 和 wParam 参数,程序员就可以确定鼠标的位置和鼠标键的状态。

对于鼠标消息的处理,一般又分为两种,一种是要对 Shift 和 Ctrl 等键进行监测,另一种则不监测。

(1) 监测 Shift 键和 Ctrl 键时一般用如下代码:

```
case WM_LBUTTONDOWN:                                 //单击鼠标左键
    if((wParam&MK_CONTROL)&&(wParam&MK_SHIFT))       //Shift 和 Ctrl 键都被按下
    …
```

```
        break;
    case WM_LBUTTONUP:                              //释放鼠标左键
        if(wParam&MK_MK_XBUTTON1)                   //windows 第一徽标键被按下
        ...
        break;
        ...
```

(2) 不监测 Shift 键和 Ctrl 键时一般用如下代码：

```
    case WM_LBUTTONDOWN:                            //单击鼠标左键
        ...
        break;
    case WM_LBUTTONUP:                              //释放鼠标左键
        ...
        break;
        ...
```

前面已经谈到，对于鼠标双击，一般设定的双击时间间隔为 0.5 秒，这是 Windows 系统默认的时间间隔。当然，应用程序也可以调用 SetDoubleClickTime() 函数来重新设定此值。此外，若要使窗口函数能接收双击鼠标产生的消息，则在注册窗口类时必须注明该窗口类具有 CS_DBLCLKS 属性，定义方式如下：

```
wndclass.style=CS_HREDRAW|CS_VREDRAW|CS_DBLCLKS;
```

若窗口不包含上述属性的定义，那么即使进行了双击操作（如双击左键），该窗口也只能接收到两条 WM_LBUTTONDOWN 消息或两条 WM_LBUTTONUP 消息。

每当在一个窗口的用户区以外的地方（例如在窗口的菜单、滚动条、工具条和标题条等处）产生了一个鼠标事件，就将产生一个非用户区鼠标消息，对于非用户区鼠标消息，往往不由应用程序进行具体处理，而是送往函数 DefWindowProc 进行处理。

通常情况下，只有当鼠标光标位于某一窗口的用户区或非用户区时，该窗口的窗口函数才能接收到鼠标消息，但是由于鼠标移动的随机性，难以保证光标始终不离开某一个窗口，如果要使某一个窗口能不间断地捕获鼠标消息，就必须对鼠标加以捕获，从而使 Windows 发送的所有鼠标消息均定向到某一个窗口，而不管鼠标的光标位于何处。

调用 SetCapture() 函数即可实现对鼠标的捕捉，如 SetCapture(hWnd)；就可以向句柄为 hWnd 的窗口发送所有的鼠标消息。一旦窗口捕获了鼠标，系统的键盘功能就暂时失效，其他窗口也无法得到鼠标消息，因此，当该窗口不再需要捕获所有的鼠标消息时，应及时调用 ReleaseCapture() 函数释放鼠标，以便其他窗口可以正常地接收鼠标信息。

6.4 鼠标应用程序实例

【例 6-2】 鼠标输入示范程序。本例介绍如何响应鼠标消息和改变光标形状。用户在窗口的不同区域移动鼠标时，光标将显示不同的形状，如"十"字形光标、"水平双箭头"光标、"垂直双箭头"光标、"沙漏光标"（如图 6-3 所示）等光标形状，详细的光标形状读者运行该程序就能进一步体会到。

本例的源程序代码如下:

```c
#include<windows.h>
#include<stdlib.h>
#include<string.h>
BOOL InitWindowsClass(HINSTANCE hInstance);
BOOL InitWindows(HINSTANCE hInstance,int nCmdShow);
int WINAPI WinMain(HINSTANCE hInstance,HINSTANCE hPrevInstance,LPSTR lpCmdLine,int nCmdShow)
{
    MSG Message;
    if(!InitWindowsClass(hInstance))
        return FALSE;
    if(!InitWindows(hInstance,nCmdShow))
        return FALSE;
    while(GetMessage(&Message,0,0,0))              //消息循环
    {
        TranslateMessage(&Message);
        DispatchMessage(&Message);
    }
    return Message.wParam;
}
LRESULT CALLBACK WndProc(HWND hWnd,UINT iMessage,UINT wParam,LONG lParam)
{
    WORD x,y;                                     //定义表示坐标的变量
    HCURSOR hCursor;                              //定义表示鼠标光标的变量
    switch(iMessage)                              //消息处理
    {
        case WM_MOUSEMOVE:                        //处理鼠标移动消息
            x=LOWORD(lParam);                     //取得鼠标光标所在位置的坐标值
            y=HIWORD(lParam);
            if(x>=50&&x<=400&&y>=50&&y<=300)      //在此矩形区域中改变光标的形状
            {
                if(x>=50&&x<=100&&y>=50&&y<=100)
                {
                    hCursor=LoadCursor(NULL,IDC_CROSS);   //定义一个十字形光标
                    SetCursor(hCursor);                   //设置当前光标
                }
                if(x>=100&&x<=150&&y>=50&&y<=100)
                {
                    hCursor=LoadCursor(NULL,IDC_SIZEALL);
                                                  //带东西南北箭头的十字光标
                    SetCursor(hCursor);
```

```
        }
        if(x>=150&&x<=200&&y>=50&&y<=100)
        {
            hCursor=LoadCursor(NULL,IDC_HELP);  //带有一个箭头带问号的光标
            SetCursor(hCursor);
        }
        if(x>=50&&x<=100&&y>=100&&y<=150)
        {
            hCursor=LoadCursor(NULL,IDC_SIZENESW);
                                                //带有东北-西南箭头的光标
            SetCursor(hCursor);
        }
        if(x>=100&&x<=250&&y>=100&&y<=150)
        {
            hCursor=LoadCursor(NULL,IDC_SIZENS);
                                                //带有南-北双向箭头的光标
            SetCursor(hCursor);
        }
        if(x>=250&&x<=400&&y>=100&&y<=150)
        {
            hCursor=LoadCursor(NULL,IDC_SIZENWSE);
                                                //带有西北-东南箭头的光标
            SetCursor(hCursor);
        }
        if(x>=50&&x<=100&&y>=150&&y<=300)
        {
            hCursor=LoadCursor(NULL,IDC_SIZEWE);
                                                //带有东-西双向箭头的光标
            SetCursor(hCursor);
        }
        if(x>=100&&x<=250&&y>=150&&y<=300)
        {
            hCursor=LoadCursor(NULL,IDC_UPARROW);   //带有向上箭头的光标
            SetCursor(hCursor);
        }
        if(x>=250&&x<=400&&y>=150&&y<=300)
        {
            hCursor=LoadCursor(NULL,IDC_WAIT);   //沙漏光标
            SetCursor(hCursor);
        }
    }
    else
    {
        hCursor=LoadCursor(NULL,IDC_ARROW);  //其他区域设置成普通的箭头光标
```

```
            SetCursor(hCursor);
        }
        return 0;
    case WM_DESTROY:                                    //处理结束应用程序消息
        PostQuitMessage(0);                             //结束应用程序
        return 0;
    default:                                            //其他消息处理程序
        return(DefWindowProc(hWnd,iMessage,wParam,lParam));
    }
}
BOOL InitWindowsClass(HINSTANCE hInstance)              //初始化窗口类
{
    WNDCLASS WndClass;
    WndClass.cbClsExtra=0;
    WndClass.cbWndExtra=0;
    WndClass.hbrBackground=(HBRUSH)(GetStockObject(WHITE_BRUSH));
    WndClass.hCursor=LoadCursor(NULL,IDC_ARROW);
    WndClass.hIcon=LoadIcon(NULL,"END");
    WndClass.hInstance=hInstance;
    WndClass.lpfnWndProc=WndProc;
    WndClass.lpszClassName="WinMouse";
    WndClass.lpszMenuName=NULL;
    WndClass.style=CS_HREDRAW|CS_VREDRAW;
    return RegisterClass(&WndClass);
}
BOOL InitWindows(HINSTANCE hInstance,int nCmdShow)      //初始化窗口
{
    HWND hWnd;
    hWnd=CreateWindow("WinMouse",                       //生成窗口
                "鼠标及光标形状设置示例",
                WS_OVERLAPPEDWINDOW,
                CW_USEDEFAULT,
                0,
                CW_USEDEFAULT,
                0,
                NULL,
                NULL,
                hInstance,
                NULL);
    if(!hWnd)
        return FALSE;
    ShowWindow(hWnd,nCmdShow);                          //显示窗口
    UpdateWindow(hWnd);
    return TRUE;
}
```

本程序的运行结果如图 6-3 所示。

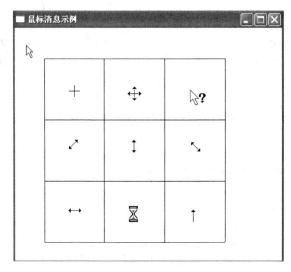

图 6-3　鼠标在应用程序中的应用

下面介绍一个鼠标与文本综合应用的例子。

【例 6-3】　编写一个应用程序，其中，要求鼠标的光标始终指向一个字符串的起始位置，随着鼠标的移动，字符串跟随移动，而且整个字符串的颜色实现渐变。运行结果如图 6-4 所示。

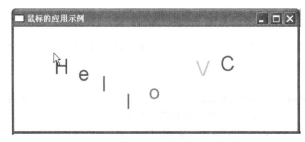

图 6-4　鼠标-文本综合应用样例

```
#include <windows.h>
#include <tchar.h>
BOOLEAN InitWindowClass(HINSTANCE hInstance,int nCmdShow);
LRESULT CALLBACK WndProc(HWND,UINT,WPARAM,LPARAM);
HFONT CreateFont(HDC hDC,int nCharHeight,BOOL bItalic);
int WINAPI WinMain(HINSTANCE hInstance,HINSTANCE hPrevInstance,LPSTR lpCmdLine,int nCmdShow)
{
    MSG msg;
    if(!InitWindowClass(hInstance,nCmdShow))
    {
        MessageBox(NULL,L"创建窗口失败!",_T("创建窗口"),NULL);
```

```
            return 1;
    }
    while(GetMessage(&msg,NULL,0,0))
    {
        TranslateMessage(&msg);
        DispatchMessage(&msg);
    }
    return(int) msg.wParam;
}
LRESULT CALLBACK WndProc(HWND hWnd,UINT message,WPARAM wParam,LPARAM lParam)
{
    HDC hDC;                                    //设备环境句柄
    HFONT hF;                                   //字体句柄
    PAINTSTRUCT ps;                             //包含绘图信息的结构体变量
    TEXTMETRIC tm;                              //包含字体信息的结构体变量
    TCHAR str[]=L" Hello VC ";                  //输出的字符串
    int i=0;
    static int x[11],y[11];
    static int color[11];
    POINT pt;
    switch(message)
    {
        case WM_CREATE:
            SetTimer(hWnd,1111,200,NULL);
                            //设置一个计时器 ID 为,每隔 200 毫秒发送一个 WM_TIMER 的消息
            GetCursorPos(&pt);                  //获取当前光标的位置
            ScreenToClient(hWnd,&pt);           //将屏幕坐标转换为窗口坐标
            for(i=0;i<11;i++)                   //初始化表示位置的数组和颜色
            {
                x[i]=pt.x+(i-1)*40;
                y[i]=pt.y;
                color[i]=25*(i-1);
            }
            break;
        case WM_PAINT:                          //处理绘图消息
            hDC=BeginPaint(hWnd,&ps);           //获得设备环境指针
            hF=CreateFont(hDC,40,0);            //创建字体
            SelectObject(hDC,hF);               //选入字体
            for(i=10;i>1;i--)
                            //调整每个字的位置,后一个字的位置调整到前一个字的位置
            {
                x[i]=x[i-1]+40;
                y[i]=y[i-1];
            }
```

```
                GetCursorPos(&pt);
                ScreenToClient(hWnd,&pt);
                x[1]=pt.x;
                y[1]=pt.y;
                        //第一个字位置是当前鼠标的位置,这样所有的字就会跟随鼠标不断移动
                for(i=1;i<11;i++)
                {
                    SetTextColor(hDC,RGB(255-color[i],color[i],255));  //设置字体的颜色
                    TextOut(hDC,x[i],y[i],&str[i],1);  //输出从第 1 个到第 11 个字符
                }
                color[1]=color[10];
                for(i=10;i>1;i--)                        //调整颜色,使颜色不断循环变化
                    color[i]=color[i-1];
                DeleteObject(hF);                        //删除字体句柄
                EndPaint(hWnd,&ps);                      //删除设备用户指针
                break;
            case WM_TIMER:                               //处理由标识为 1111 的计时器发出的消息
                if(wParam==1111)
                    InvalidateRect(hWnd,NULL,1);         //刷新用户区
                break;
            case WM_DESTROY:
                PostQuitMessage(0);
                break;
            default:
                return DefWindowProc(hWnd,message,wParam,lParam);
                break;
        }
    return 0;
}
BOOLEAN InitWindowClass(HINSTANCE hInstance,int nCmdShow)
{
    WNDCLASSEX wcex;
    HWND hWnd;
    TCHAR szWindowClass[]=L"窗口示例";
    TCHAR szTitle[]=L"鼠标的应用示例";
    wcex.cbSize=sizeof(WNDCLASSEX);
    wcex.style          =0;
    wcex.lpfnWndProc    =WndProc;
    wcex.cbClsExtra     =0;
    wcex.cbWndExtra     =0;
    wcex.hInstance      =hInstance;
    wcex.hIcon          =LoadIcon(hInstance,MAKEINTRESOURCE(IDI_APPLICATION));
    wcex.hCursor        =LoadCursor(NULL,IDC_ARROW);
    wcex.hbrBackground  =(HBRUSH)GetStockObject(WHITE_BRUSH);
```

```
    wcex.lpszMenuName   = NULL;
    wcex.lpszClassName  = szWindowClass;
    wcex.hIconSm        = LoadIcon(wcex.hInstance,MAKEINTRESOURCE(IDI_APPLICATION));
    if(!RegisterClassEx(&wcex))
        return FALSE;
    hWnd=CreateWindow
        (
        szWindowClass,
        szTitle,
        WS_OVERLAPPEDWINDOW,
        CW_USEDEFAULT,CW_USEDEFAULT,
        CW_USEDEFAULT,CW_USEDEFAULT,
        NULL,
        NULL,
        hInstance,
        NULL
        );
    if(!hWnd)
        return FALSE;
    ShowWindow(hWnd,nCmdShow);
    UpdateWindow(hWnd);
    return TRUE;
}
HFONT CreateFont(HDC hDC,int nCharHeight,BOOL bItalic)
{
    HFONT hFont;
    hFont=CreateFont(                       //定义字体句柄
            nCharHeight,                    //字体高度
            0,                              //系统根据高宽比选取字体最佳宽度值
            0,                              //文本倾斜度,表示水平
            0,                              //字体倾斜度为 0
            400,                            //字体粗度,为正常
            bItalic,                        //是斜体字
            0,                              //无下划线
            0,                              //无删除线
            ANSI_CHARSET,                   //ANSI_CHARSET 字符集
            OUT_DEFAULT_PRECIS,             //删除精度为默认值
            CLIP_DEFAULT_PRECIS,            //裁剪精度为默认值
            DEFAULT_QUALITY,                //输出质量为默认值
            DEFAULT_PITCH|FF_DONTCARE,      //字间距
            L"Arial");                      //字体名称
    if(hFont==NULL) return NULL;
    else
        return hFont;
}
```

代码中已经给出详细注释,读者通过阅读代码注释很容易理解程序的思想。

6.5 小结

本章介绍了 Windows 应用程序中常见的键盘及鼠标的操作及其编程方法和对鼠标操作的响应,本章是 Windows 编程非常重要的组成部分。本章详细介绍了鼠标的响应方法。在用户与计算机的交互过程中,除鼠标之外,键盘的操作也是非常重要的,大量的信息是通过键盘输入的,因此,本章也详细介绍了键盘的响应及其编程。为了让读者对鼠标及键盘的响应能有较全面的了解,本章还给出具体的例子,力图使读者能较好地理解鼠标及键盘的消息及其响应。

6.6 练习

6-1 应用程序如何响应键盘消息?

6-2 应用程序如何响应鼠标消息?

6-3 设计一个窗口,在该窗口中练习键盘的响应,要求如下:
(1) 按键盘上的向上箭头时,窗口中显示"You had hitted the up key";
(2) 按 Shift 键时,窗口中显示"You had hitted the SHIFT key";
(3) 按 Ctrl 键时,窗口中显示"You had hitted the CTRL key";
(4) 按 Ctrl+A 键时,窗口中显示"You had hitted the CTRL A key";
(5) 按 Shift+B 键时,窗口中显示"You had hitted the SHIFT B key"。

6-4 设计一个鼠标应用程序,当单击鼠标左键时,窗口中显示"LEFT BUTTON",当单击鼠标右键时,窗口中显示"RIGHT BUTTON"。把窗口分成 5 个区域,这 5 个区域的颜色分别为白、绿、蓝、黄和红。要求当鼠标在这 5 个区域移动时,分别显示不同的鼠标样式。当鼠标在白色区域时,鼠标样式为默认的箭头;当鼠标在绿色区域时,样式为"十"字形;当鼠标在蓝色区域时,样式为"东北-西南"方向的双向箭头;当鼠标在黄色区域时,其样式为"南-北"方向的双向箭头;当鼠标在红色区域时,为"沙漏"形光标。

6-5 设计一个鼠标程序,在按 Ctrl 键的同时单击鼠标左键,在窗口中拖动鼠标,可画出一个圆;在按 Shift 键的同时单击鼠标左键,在窗口中拖动鼠标,画出一个矩形。

6-6 设计一个键盘程序,当按 Ctrl 键时,表明要画椭圆;当按 Shift 键时,表明要画矩形。然后按向右箭头键,椭圆或矩形的长度加 10;按向下箭头时,椭圆或矩形的高度加 10;按 Home 键时,整个圆形或矩形向左移动;按 End 键时,整个圆形或矩形向右移动;按 PageUp 键时,整个圆形或矩形向上移动;按 PageDown 键时,整个圆形或矩形向下移动。如图 6-5 所示,为画圆后依据上述操作把圆移动到中间位置的情形。

图 6-5 画圆后将圆移动到中间位置

6-7　编写一个键盘消息处理程序，按一个按键后，在窗口中依次显示出：按键消息；参数 wParam 的值；若为字符消息时，还显示出相应字母；重复记位数；OEM 扫描码；扩展键标志；Alt 键按下标志；按键的先前状态；转换状态。如图 6-6 所示，是依次按下 Ctrl、Alt、Shift、a、b、“向上箭头”键、“向下箭头”键、“向左箭头”键、“向右箭头”键和 Ctrl 键时的显示内容。

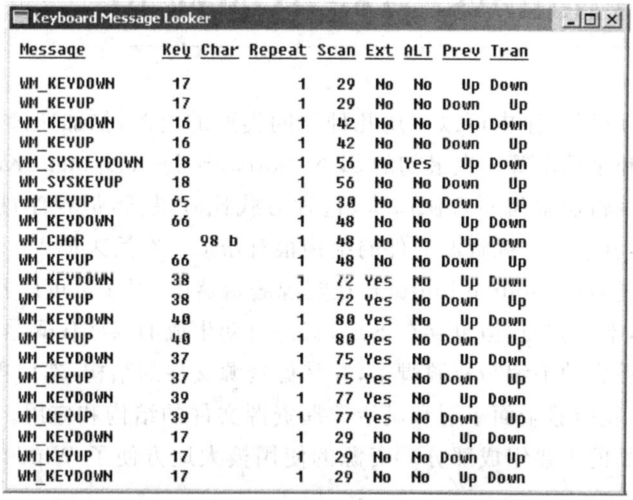
Keyboard Message Looker

Message	Key	Char	Repeat	Scan	Ext	ALT	Prev	Tran
WM_KEYDOWN	17		1	29	No	No	Up	Down
WM_KEYUP	17		1	29	No	No	Down	Up
WM_KEYDOWN	16		1	42	No	No	Up	Down
WM_KEYUP	16		1	42	No	No	Down	Up
WM_SYSKEYDOWN	18		1	56	No	Yes	Up	Down
WM_SYSKEYUP	18		1	56	No	No	Down	Up
WM_KEYUP	65		1	30	No	No	Down	Up
WM_KEYDOWN	66		1	48	No	No	Up	Down
WM_CHAR		98 b	1	48	No	No	Up	Down
WM_KEYUP	66		1	48	No	No	Down	Up
WM_KEYDOWN	38		1	72	Yes	No	Up	Down
WM_KEYUP	38		1	72	Yes	No	Down	Up
WM_KEYDOWN	40		1	80	Yes	No	Up	Down
WM_KEYUP	40		1	80	Yes	No	Down	Up
WM_KEYDOWN	37		1	75	Yes	No	Up	Down
WM_KEYUP	37		1	75	Yes	No	Down	Up
WM_KEYDOWN	39		1	77	Yes	No	Up	Down
WM_KEYUP	39		1	77	Yes	No	Down	Up
WM_KEYDOWN	17		1	29	No	No	Up	Down
WM_KEYUP	17		1	29	No	No	Down	Up
WM_KEYDOWN	17		1	29	No	No	Up	Down

图 6-6　练习 6-7 运行结果示意图

6-8　编写一个鼠标应用程序，当单击鼠标左键并在窗口中移动时，将窗口中鼠标所经历过的各点颜色设置为黑色，释放鼠标左键时，将上述各点两两之间连线。单击鼠标左键时，清空窗口。

6-9　编写一个鼠标应用程序，单击鼠标左键在窗口中移动时，不停地转换单击左键时所在点和当前点所形成的矩形的前景和背景色，此时光标为十字形。当释放鼠标左键时，将前面所绘制的矩形拉伸到整个窗口，拉伸过程中将光标设置为沙漏形。

第 7 章

资源在 Windows 编程中的应用

在 Windows 应用程序中可以使用几种不同类型的资源,如加速键、位图、光标、对话框、菜单、工具条和字符串等。在最初的 SDK(Software Development Kit)编程阶段,程序员可以使用文本编辑器来编写资源脚本,这种方式比较灵活,但程序员要编写较多的代码,不过这对初学者全面掌握资源文件的结构很有帮助。在后来的 Visual C++ 中提供了可视化的资源编辑器(Resource Editor),在资源编辑器中,程序员可以通过鼠标的拖拽来编辑可视化资源,十分方便,但也存在不足,就是自动生成的那些代码结构复杂,不容易读懂。如果读者能够先动手编写资源脚本,并掌握资源文件的结构,然后再利用自动生成工具生成资源文件,就能够全面了解和灵活掌握资源文件的结构和应用。资源是 Windows 应用程序用户界面的重要组成部分。资源的使用极大地方便了 Windows 应用程序的界面设计。

在 Windows 的可执行文件中,资源是独立于代码的,使用单独的 Resource Compiler 来进行编译,并嵌入到可执行文件中。在编程过程中,代码是可复用的,资源也是可复用的,通过资源的"导入"和"导出"功能来实现资源的可复用。另外,不同国家采用不同的语言,使用独立于程序的资源文件,有助于程序的国际化。

本章将通过 SDK 编程中资源文件的创建和应用,了解资源文件的格式,各种资源创建及加载方法,理解资源文件的代码结构。

7.1 菜单和加速键资源及其应用

菜单是 Windows 图形用户界面中窗口的重要组成部分。菜单可使用户直观地了解并方便地使用应用程序所提供的各项功能。使用加速键资源可使菜单的操作更灵活快捷,两种资源往往密不可分。

菜单由以下部分组成:
(1) 窗口主菜单栏(位于窗口的标题栏下方,其菜单项通常为下拉式菜单);
(2) 下拉式菜单框;
(3) 菜单项热键标识;
(4) 菜单项加速键标识;
(5) 菜单项分隔线。
此外,菜单项前常有选中标志以标识其被选中。

7.1.1 菜单的创建过程

创建菜单过程分为定义和加载两个步骤。

1. 定义菜单

菜单在资源描述文件中的定义形式为：

```
menuID MENU[,载入特性选项]
{
    菜单项列表
}
```

菜单的定义格式由四部分组成，它们分别是菜单资源名(menuID)、MENU 关键字、载入特性选项和菜单项。

(1) menuID：menuID 是菜单资源名，用以标识特定的菜单，应用程序通过菜单资源名加载指定菜单，它可以是一个字符串，也可以是 1~65 535 之间的任何一个整数。

(2) MENU 关键字，用来标识资源的性质。

(3) 载入特性选项：用以标识菜单所具有的载入特性，常用的载入特性选项及其说明如表 7-1 所示。

表 7-1 菜单的载入特性

选 项	说 明	选 项	说 明
DISCARDABLE	当不再需要菜单时可丢弃	MOVEABLE	菜单在内存中可移动
FIXED	将菜单保存在内存中的固定位置	PRELOAD	立即加载菜单
LOADONCALL	需要时加载菜单		

(4) 菜单项：菜单项是菜单的组成部分。应用程序在资源描述文件中使用关键字 POPUP 和 MENUITEM 定义菜单项。

① POPUP 语句。

POPUP 语句定义弹出式菜单，其形式为：

```
POPUP "菜单项名" [,选项];
```

程序员还可在菜单项名中加入符号"&"，以定义该菜单项的热键。例如定义弹出式菜单项"编辑"的形式如下：

```
POPUP "编辑(&E)";
```

该菜单项使用 Alt+E 键作为热键。

菜单项的常用选项及其说明见表 7-2。

表 7-2 菜单常用选项及其说明

选 项	说 明	选 项	说 明
MENUBARBREAK	菜单项纵向分隔标志	INACTIVE	禁止一个菜单项
CHECKED	显示选中标志	GRAYED	禁止一个菜单项并使其变灰显示

POPUP 定义的弹出式菜单项还可包含子菜单。

② MENUITEM 语句。

MENUITEM 语句用于定义菜单项,其形式为:

```
MENUITEM "菜单项名" 菜单项标识(ID)[,选项];
```

其中,ID 为菜单项标识,是 WM_COMMAND 消息中系统发送给应用程序的菜单标识值。WM_COMMAND 消息中字参数 wParam 中包含选中菜单项的标识。换言之,应用程序通过菜单项的标识值确认每一个菜单项消息。菜单项标识可为 0 到 65 535 之间的任意一个整数,应用程序可自由选择,但每个菜单项的标识必须唯一。标识值可在应用程序头文件中定义,也可以放在专门的头文件中,一般在 MFC 中定义在 Resource.h 的头文件中,然后在资源文件和应用程序中使用 include 宏命令包含此文件。此外,使用下面的语句可创建菜单中的水平分隔符:

```
MENUITEM SEPARATOR
```

例如应用程序需要在其名为"My_menu"的窗口菜单中创建一个"文件"弹出式菜单。该菜单含有名称为"新建"、"打开"、"关闭"、"保存"、"另存为"及"退出"等菜单项。要求应用程序运行时系统可根据需要调整该菜单在内存中的位置,以提高内存的利用率;菜单项均使用热键;并且"退出"项与其他菜单项之间用分隔线分开。该菜单在资源描述文件中的定义如下:

```
#include <windows.h>
#include "Menu.h"
//菜单定义
My_menu MENU MOVEABLE                  //Menu 为窗口菜单的名称
BEGIN
    POPUP "文件(&F)"                   //定义"文件"弹出式菜单
    BEGIN
        MENUITEM "新建(&N)",IDM_NEW
        MENUITEM "打开(&O)",IDM_OPEN
        MENUITEM "关闭(&C)",IDM_CLOSE
        MENUITEM "保存(&S)",IDM_SAVE
        MENUITEM "另存为(&A)",IDM_SAVEAS
        MENUITEM SEPARATOR             //分隔线
        MENUITEM "退出(&X)",IDM_EXIT
    END
END
```

Menu.h 文件中定义的菜单项标识所对应的数值:

```
...
#define IDM_NEW       10
#define IDM_OPEN      11
#define IDM_CLOSE     12
#define IDM_SAVE      13
```

```
#define IDM_SAVEAS    14
#define IDM_EXIT      15
...
```

2. 加载菜单资源

在 Windows 应用程序中加载菜单的方法有如下三种：
(1) 在窗口类中加载菜单。
在窗口类的定义中加载菜单资源通过下列语句实现：

```
...
WNDCLASSEX wndclass;
...
wndclass.lpszMenuName=lpszMenuName;
...
```

应用程序在窗口类中加载菜单后，该类窗口将使用此菜单作为缺省菜单。
(2) 在创建窗口时加载菜单。
应用程序也可在调用函数 CreateWindow 创建窗口时加载窗口菜单。这时，应用程序需首先调用函数 LoadMemu 加载菜单。该函数的原型为。

```
HMENU LoadMemu
(
    hInstance,            //hInstance 为当前程序的实例句柄
    lpszMenuName          //lpszMenuName 为窗口菜单名
);
```

例如，应用程序希望在创建的窗口中加载名称为 My_menu 的窗口菜单，其形式为：

```
...
HWND hwnd;
HMENU hmenu;
...
hmenu=LoadMenu(hInstance,"My_menu");
hwnd=CreateWindow(…,…,…,…,…,…,…,hmenu,…,…,);
```

如果创建的窗口希望使用所属窗口类的缺省菜单，则应设置函数 CreateWindow() 的菜单句柄参数为 NULL。
(3) 动态加载菜单。
应用程序调用函数 LoadMenu 获取菜单句柄后，还可通过调用函数 SetMenu 动态地加载菜单，以提高应用程序的灵活性。该函数的原型为：

```
BOOL SetMenu
(
    HWND hwnd,            // Hwnd 为窗口句柄
    HMENU hmenu           //hmenu 为菜单句柄
);
```

动态加载菜单可在同一个应用程序中实现多种不同的菜单操作界面。例如应用程序定义了两种菜单 Menu1 和 Menu2 及相应的两套菜单项的功能实现。通过调用函数 SetMenu()在两个菜单之间切换,该应用程序可实现两种界面的操作及相应的菜单项功能,程序段如下:

```
HMENU hmenu1,hmenu2;
…
hmenu1=LoadMenu(hInstance,L"Menu1");    //应用程序定义窗口时使用 Menu1 为窗口初始菜单
hwnd=CreateWindow(…,…,…,…,…,…,…,…,hmenu1,…,…,);
…
hmenu2=LoadMenu(hInstance, L"Menu2");//应用程序将窗口菜单切换为 Menu2
SetMenu(hwnd,hmenu2);
…
```

7.1.2 操作菜单项

创建菜单后,应用程序可调用 API 函数访问菜单项的属性,或编辑菜单项,实现对菜单的动态控制,包括禁止或激活菜单项,设置或取消选中标志,增加、删除或修改菜单项等操作。

1. 禁止或激活菜单项

应用程序创建菜单时,通过在资源描述文件中设定菜单项的选项以指定该菜单项的初始状态为禁止或激活,或调用函数 EnableMenuItem 改变其初始状态,该函数的原型为。

```
BOOL EnableMenuItem(HMENU hmenu,UINT wIDEnableItem,UINT dwEnable);
```

其中,wIDEnableItem 为被禁止或激活的菜单项标识,根据 dwEnable 的取值,可能为该菜单项的 ID 值,也可能为该菜单项在菜单中位置。

dwEnable 为菜单项操作标识,常用标识及其说明见表 7-3。

表 7-3 EnableMenuItem 函数 dwEnable 参数的操作标识及其说明

标 识	说 明	标 识	说 明
MF_BYCOMMAND	表明以 ID 值标识菜单项	MF_ENABLED	激活菜单项
MF_BYPOSITION	表明以位置标识菜单项	MF_GRAYED	禁止菜单项并使其变灰显示
MF_DISABLED	禁止菜单项		

例如,禁止弹出式菜单"文件"中的"打开"项的形式如下:

```
EnableMenuItem(hmenu,IDM_OPEN,MF_BYCOMMAND|MF_DISABLED);
```

2. 设置或取消选中标志

应用程序可在菜单旁显示一个选中标志,如打上"√"标记,以表明用户选择了该项。

除在资源描述文件中设置菜单项的为 CHECKED 外,应用程序还可通过调用函数 CheckMenuItem 设置或取消选中标志,该函数的原型为:

```
DWORD CheckMenuItem
(
    HMENU hmenu,
    UINT wIDCheckItem,      //wIDCheckItem 为设置或取消选中标志的菜单项标识
    UINT dwCheck            //dwCheck 为操作标识,常用标识及其说明见表 7-4
);
```

表 7-4 **CheckMenuItem 函数中 dwCheck 参数的常用标识及其说明**

标 识	说 明
MF_CHECKED	添加选中标志
MF_UNCHECKED	删除选中标志

3. 增加菜单项

程序员可在应用程序中通过两种形式动态地增加菜单项。

(1) 在菜单的尾部增加菜单项。

应用程序可调用函数 AppendMenu 在菜单的尾部增加菜单项,该函数的原型为:

```
BOOL AppendMenu
(
    HMENU hmenu,
    UINT dwFlags,           //新加入的菜单项类型标识或其他状态信息
    UINT dwIDNewItem,       //新加入菜单项的标识
    LPCTSTR lpNewItem       //新加入的菜单项内容,取决于 dwFlags 参数
);
```

值得注意的是,dwIDNewItem 一般情况下是插入项的 ID 值,如果加入的是一个弹出式菜单,则该参数为弹出式菜单的句柄。lpNewItem 取决于 dwFlags 参数,一般情况下为新加入菜单项的名称,如果 dwFlags 为 MF_BITMAP,则该参数包含一个位图句柄。

例如在弹出式菜单"文件"的末尾增加一项"关于"的形式如下:

```
AppendMenu (hmenu,MF_ENABLED,IDM_ABOUT, L"关于(&A)");
```

(2) 在菜单中插入菜单项。

应用程序可调用函数 InsertMenu 在菜单中插入新的菜单项,该函数的原型为:

```
BOOL InsertMenu
(
    HMENU hmenu,            //菜单句柄
    UINT wPosition,         //指定新菜单项插入的位置
    UINT dwFlag,            //新加入的菜单项的信息及对 wPosition 的解释
    UINT dwIDNewItem,       //新加入的菜单项的标识
    LPCTSTR lpNewItem       //新插入的菜单项的内容
);
```

对于上面的函数原型,wPosition 由参数 dwFlag 解释其意义,如果 dwFlag 为 MF_

BYCOMMAND,则该参数为插入位置的下一个菜单项的 ID 值；如果 dwFlag 为 MF_BYPOSITION,则该参数为插入的位置号,菜单的第一个菜单项的位置号为 0。dwIDNewItem 一般情况下是插入项的 ID 值,如果加入的是一个弹出式菜单,则该参数为弹出式菜单的句柄。lpNewItem 取决于 dwFlag 参数,一般情况下为新插入菜单项的名称,如果 dwFlag 为 MF_BITMAP,则该参数包含一个位图句柄。

例如,在弹出式菜单"文件"的"退出"(其标识为 IDM_EXIT)项之前加入新的菜单项"打印"(其标识为 IDM_PRINT)的语句如下:

```
InsertMenu(hmenu,IDM_EXIT,MF_BYCOMMAND|MF_ENABLED,IDM_PRINT,L"打印(&P)");
```

4. 删除菜单项

应用程序可调用函数 DeleteMenu 删除菜单项,该函数的原型为:

```
BOOL DeleteMenu
(
    HMENU hmenu,
    UINT wPosition,           //指定要删除的菜单项的位置
    UINT dwFlag               //对 wPosition 的解释
);
```

对于 wPosition,由参数 dwFlag 解释其意义。如果 dwFlag 为 MF_BYCOMMAND,则该参数为菜单项的 ID 值；如果 dwFlag 为 MF_BYPOSITION,则该参数为菜单项的位置号。

例如,删除弹出式"文件"菜单中的"另存为"项的形式如下。

```
DeleteMenu(hmenu,IDM_SAVEAS,MF_BYCOMMAND);
```

值得注意的是,如果菜单项含有弹出式菜单,则删除该菜单项时该弹出式菜单也同时被删除。

5. 修改菜单项

应用程序可调用函数 ModifyMenu 修改菜单中的某个项,该函数原型为。

```
BOOL ModifyMenu
(
    HMENU hmenu,
    UINT wPosition,           //指定需修改的菜单项位置
    UINT dwFlag,
    UINT dwIDNewItem,         //一般为修改后菜单项的标识
    LPCTSTR lpNewItem         //一般为修改后的菜单项名
);
```

对于 wPosition,如果 dwFlag 为 MF_BYCOMMAND,则该参数为菜单项的 ID 值；如果 dwFlag 为 MF_BYPOSITION,则该参数为菜单项的位置号。

例如修改弹出式菜单"文件"中"打开"项为"加载"项的语句如下:

```
ModifyMenu(hmenu,IDM_OPEN,MF_BYCOMMAND,IDM_LOAD,"加载(&L)");
```

应用文件除使用资源描述文件中定义的菜单外，还可以动态地创建菜单。

7.1.3 动态地创建菜单

动态地创建菜单可以更加节省系统资源，在应用程序中动态创建菜单分两个步骤。

(1) 调用函数 CreateMenu 创建空的弹出式菜单，CreateMenu 函数的原型如下。

`HMENU CreateMenu(void);`

(2) 调用函数 AppendMenu 或 InsertMenu 在该菜单中加入菜单项。

例如，在应用程序的窗口菜单中动态创建弹出式菜单"编辑"的过程如下：

```
...
HMENU hmenu,hPopupmenu;              //主窗口菜单句柄和新创建的菜单句柄
...
//将弹出式菜单"编辑"加入到菜单中
AppendMenu(hmenu,MF_POPUP,(UINT)hmenuPopup,L"编辑(&E)");
...
```

7.1.4 加速键资源

加速键资源是常伴随菜单使用的一种非常有用的资源，创建加速键资源的步骤如下：

1. 在资源描述文件中定义加速键资源

在资源描述文件中加速键资源的定义形式与菜单定义相似，加速键定义的格式为：

`加速键名 ACCELERATORS 加速键标识(ID),[类型][NOINVERT][ALT][SHIFT][CONTROL]`

- 加速键标识：与所表示的菜单项标识相同的标识值；
- 类型：标识该键为标准键还是虚拟键；
- NOINVERT：表示当使用加速键时，菜单项不高亮度显示；
- ALT,SHIFT,CONTROL：表示组合键的组合方式。

常用的加速键有两种形式。

(1) "^char",id。

与 Ctrl 键组合的加速键。例如"文件"菜单中"保存"项的加速键可定义为：

`"^S",IDM_SAVE`

(2) nCode，id VIRTKEY。

使用虚拟键作为加速键。虚拟键是系统提供与设备无关的键码，如键盘上的 F 功能键、方向键、Delete 键等等。如 VK_F1～VK_F12 分别代表 F1～F12 的功能键，VK_DELETE 代表删除键等。例如将 F1 键定义为"帮助"菜单项的加速键，其 ID 标识为 IDM_HELP，其形式如下：

`VK_F1,IDM_HELP,VIRTKEY`

下面是资源描述文件对名为"Menu"的窗口菜单项的加速键定义：

```
#include<windows.h>
#include "Menu.h"
…
//菜单定义
…
//加速键表定义
Menu ACCELERATORS                    //加速键表名为"Menu"
BEGIN
    "^N",IDM_NEW
    "^O",IDM_OPEN
    "^S",IDM_SAVE
END
```

2. 加载加速键资源

在应用程序定义加速键资源句柄后,即可通过调用函数 LoadAccelerators 加载加速键资源,其形式为:

```
…
HACCEL hAccel;
…
hAccel=LoadAccelerators
(
    hInstance,               //hInstance 为当前程序实例句柄
    lpAcceIName              //lpAccelName 为加速键表名
);
```

3. 翻译加速键

应用程序使用加速键的目的是快捷地切换到需要的菜单项,因此,应用程序必须完成加速键消息到菜单消息的翻译。该翻译操作经常在应用程序的消息循环中进行,其形式如下:

```
while(GetMessage(&Msg,NULL,0,0))
{
    if(!TranslateAccelerator(hwnd,hAccel,&Mag))
    {
        TranslateMessage(&Msg);
        DispatchMessage(&Msg);
    }
}
```

函数 TranslateAccelerator 是翻译操作的核心,该函数的原型为:

```
int TranslateAccelerator
(
HWND hWnd,                        //为窗口句柄
HACCELhAccel,                     //为加速键表句柄
```

```
   LPMSG lpMsg                        //为指向 MSG 结构的指针
);
```

函数 TranslateAccelerator 的作用是对照加速键表,将相关的按键消息 WM_KEYDOWN 和 WM_KEYUP 翻译成 WM_COMMAND 或 WM_SYSCOMMAND 消息。其特点是将翻译后的 WM_COMMAND 或 WM_SYSCOMMAND 消息直接发往窗口,而不在消息队列中等待。消息翻译完成后,函数返回非 0 值。

7.1.5 创建菜单资源实例

【例 7-1】 菜单资源及其创建。本例创建一个窗口菜单的构架,用户可通过选择"文件"弹出式菜单中的"创建统计计算菜单项"动态地创建主菜单中的"统计计算"菜单,菜单中包含"求和"、"方差"、"平均值"和"均方根"四个菜单项。当创建了"统计计算"菜单后,"文件"菜单中的"创建统计计算菜单项"变成不可操作,而原先不可操作的菜单项"删除统计计算菜单项"变成可操作,当执行"删除统计计算菜单项"菜单命令后,"统计计算"菜单被删除。

图 7-1 表示的是一个基本的菜单构架。

本程序的源代码如下:

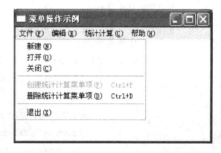

图 7-1 例 7-1 的运行界面

```
#include <windows.h>
#include <tchar.h>
#include "7_1.h"
HWND hwnd;
BOOLEAN InitWindowClass(HINSTANCE hInstance,int nCmdShow);
LRESULT CALLBACK WndProc(HWND,UINT,WPARAM,LPARAM);
int WINAPI WinMain(HINSTANCE hInstance,HINSTANCE hPrevInstance,LPSTR lpCmdLine,int
nCmdShow)
{
    MSG msg;
    if(!InitWindowClass(hInstance,nCmdShow))
    {
        MessageBox(NULL,
            L"创建窗口失败!",
            _T("创建窗口"),
            NULL);
        return 1;
    }
    HACCEL hAccel=LoadAccelerators(hInstance,L"MYMENUACCEL");  //加载加速键资源
    while(GetMessage(&msg,NULL,0,0))
    {
```

```cpp
            //在消息循环中截获加速键消息
            if(!TranslateAccelerator(hwnd,hAccel,&msg))
            {
                TranslateMessage(&msg);
                DispatchMessage(&msg);
            }
        }
    return(int) msg.wParam;
}
LRESULT CALLBACK WndProc(HWND hWnd,UINT message,WPARAM wParam,LPARAM lParam)
{
    HMENU hmenu,haddmenu;                                    //定义菜单句柄
    switch(message)
    {
        //处理菜单消息
        case WM_COMMAND:
            switch(LOWORD(wParam))
            {
                case IDM_ADDMENU:              //在主菜单中添加弹出式统计计算菜单
                    hmenu=GetMenu(hWnd);       //获取主菜单句柄
                    haddmenu=CreateMenu();     //动态创建菜单
                    //在创建的菜单中增加菜单项
                    AppendMenu(haddmenu,MF_ENABLED,IDM_qiuhe,L"求和");
                    AppendMenu(haddmenu,MF_ENABLED,IDM_fangcha,L"方差");
                    AppendMenu(haddmenu,MF_ENABLED,IDM_pinjunzhi,L"平均值");
                    AppendMenu(haddmenu,MF_ENABLED,IDM_junfanggen,L"均方根");
                    //将创建的弹出式菜单插入主菜单中
                    InsertMenu(hmenu,2,MF_POPUP|MF_BYPOSITION,(UINT)haddmenu,
                    L"统计计算(&C)");
                    //相应改变菜单中有关绘图统计计算菜单项的属性
                    EnableMenuItem(hmenu,IDM_ADDMENU,MF_GRAYED);
                    EnableMenuItem(hmenu,IDM_DELMENU,MF_ENABLED);
                    DrawMenuBar(hWnd);              //重新显示窗口菜单
                    break;
                case IDM_DELMENU:               //从主菜单中删除弹出式统计计算菜单
                    hmenu=GetMenu(hWnd);
                    DeleteMenu(hmenu,2,MF_BYPOSITION);       //删除统计计算菜单项
                    //相应改变"文件"菜单中有关统计计算菜单项的属性
                    EnableMenuItem(hmenu,IDM_ADDMENU,MF_ENABLED);
                    EnableMenuItem(hmenu,IDM_DELMENU,MF_GRAYED);
                    DrawMenuBar(hWnd);                         //重新显示窗口菜单
                    break;
                case IDM_EXIT:   //选择"退出"菜单项时,向应用程序发出 WM_DESTROY 消息
                    SendMessage(hWnd,WM_DESTROY,0,0);
```

```
                break;
            }
            break;
        case WM_DESTROY:
            PostQuitMessage(0);
            break;
        default:
            return DefWindowProc(hWnd,message,wParam,lParam);
            break;
    }
    return 0;
}

BOOLEAN InitWindowClass(HINSTANCE hInstance,int nCmdShow)
{
    WNDCLASSEX wcex;
    TCHAR szWindowClass[]=L"菜单操作示例";
    TCHAR szTitle[]=L"菜单操作示例";
    wcex.cbSize=sizeof(WNDCLASSEX);
    wcex.style          =0;
    wcex.lpfnWndProc    =WndProc;
    wcex.cbClsExtra     =0;
    wcex.cbWndExtra     =0;
    wcex.hInstance      =hInstance;
    wcex.hIcon          =LoadIcon(hInstance,MAKEINTRESOURCE(IDI_APPLICATION));
    wcex.hCursor        =LoadCursor(NULL,IDC_ARROW);
    wcex.hbrBackground  =(HBRUSH)GetStockObject(WHITE_BRUSH);
    wcex.lpszMenuName   =L"MYMENUNAME";
                        //将资源文件中名称为 MYMENUNAME 的菜单加载为窗口的菜单
    wcex.lpszClassName  =szWindowClass;
    wcex.hIconSm        =LoadIcon(wcex.hInstance,MAKEINTRESOURCE(IDI_APPLICATION));
    if(!RegisterClassEx(&wcex))
        return FALSE;
    hwnd=CreateWindow(
        szWindowClass,
        szTitle,
        WS_OVERLAPPEDWINDOW,
        CW_USEDEFAULT,CW_USEDEFAULT,
        CW_USEDEFAULT,CW_USEDEFAULT,
        NULL,
        NULL,
        hInstance,
        NULL
        );
```

```
        if(!hwnd)
            return FALSE;
        ShowWindow(hwnd,nCmdShow);
        UpdateWindow(hwnd);
        return TRUE;
}
```

本例程的头文件如下:

```
#define IDM_ADDMENU        15
#define IDM_DELMENU        16
#define IDM_EXIT           17
#define IDM_HELP           22
#define IDM_qiuhe          23
#define IDM_fangcha        24
#define IDM_pinjunzhi      25
#define IDM_junfanggen     26
```

本例程用到的资源文件源代码如下:

```
#include "7_1.h"
MYMENUNAME MENU
BEGIN
    POPUP "文件(&F)"
    BEGIN
        ENUITEM "创建统计计算菜单项(&P)\t Ctrl+ P",    IDM_ADDMENU
        MENUITEM "删除统计计算菜单项(&D)\t Ctrl+ D",   IDM_DELMENU,GRAYED
        MENUITEM SEPARATOR
        MENUITEM "退出(&X)",                          IDM_EXIT
    END
    MENUITEM "帮助(&H)",                              IDM_HELP
END
MYMENUACCEL ACCELERATORS
BEGIN
    "^P",    IDM_ADDMENU,      ASCII,NOINVERT
    "^D",    IDM_DELMENU,      ASCII,NOINVERT
    "^X",    IDM_EXIT,         ASCII,NOINVERT
END
```

该程序的实现步骤如下:

(1) 调用函数 GetMenu 获取窗口主菜单的句柄。该函数的原型如下:

`HMENU GetMenu(HWND hwnd);`

(2) 应用程序按照前述的过程建立新菜单、加入菜单项并插入到窗口的主菜单的指定位置。

在创建新的弹出式菜单后,应用程序还通过调用函数 EnableMenuItem 禁止"创建统计计算菜单项"并将其暗淡显示。

(3) 调用函数 DrawMenuBar 重新显示改变后的窗口主菜单。该函数的原型如下：

```
BOOL DrawMenuBar(HWND hwnd);
```

创建"统计计算"菜单项后，可通过选择"文件"下拉菜单中的"删除统计计算菜单项"删除所创建的"统计计算"菜单项。此时，应用程序调用函数 DeleteMenu 删除该菜单项，并调用函数 EnableMenuItem 恢复"创建统计计算菜单项"的属性。此外，该程序在响应"文件"弹出式菜单中的"退出"项时还使用了函数 SendMessage。函数 SendMessage 在应用程序中经常使用，其功能是向窗口发送消息。该函数的原型为：

```
LRESULT SendMessage(HWND hwnd,UINT Msg,WPARAM dwParam,LPARAM lParam);
```

其中，Msg 为发送的消息；dwParam 和 lParam 均为消息的附加信息。

7.2 位图资源及其应用

7.2.1 位图概念

位图是一种数字化的图形表示形式，是表示一个图像目标的系列数据。应用程序使用位图能很快地将预先定义好的物体显示到屏幕上。位图中的每个像素点由位图文件中的一位或多位数据表示。整个位图的信息被细化为每个像素点的属性值。

跟设备相关的位图是与特定的显示设备相联系的，这种位图的位和显示输出设备的像素之间关系较密切。跟设备无关的位图与特殊的显示设备之间的关系较松散，这种位图表示的是图像的外形而不是位图的位与输出设备像素之间的关系。

由于绘画或照片等的位图数据量一般较大，因此为了提高显示刷新速度，位图操作须在内存中进行。用于位图操作的系统设备环境为内存设备环境。应用程序首先要通过调用函数 CreateCompatibleDC 向系统申请获取内存设备环境，此内存设备环境与输出设备的设备环境 hdc 互相兼容。其形式为：

```
hdcmem=CreateCompatibleDC(hdc);
```

与设备环境相似，内存设备环境也有设备描述表。应用程序获取内存设备环境后，调用函数 SelectObject 将位图文件内容选入内存设备环境之后，即可直接在内存设备环境中操作位图，如绘制图形及编辑等。

需要说明的是，直接在内存设备环境中进行绘图前，需要对内存设备环境进行初始化，否则不能直接绘图。对内存设备环境初始化一般使用后面所讲的 BitBlt 函数将客户区复制到内存即可，或使用 CreateCompatibleBitmap 创建空位图，将其选入内存设备环境。等到绘图结束后，再使用 BitBlt 函数将内存设备环境复制到屏幕。这一系列操作就是双缓冲技术。

操作位图结束后，应用程序须调用 DeleteDC 释放内存设备环境，其形式为：

```
DeleteDC(hdcmem);            //hdcmem 为内存设备环境句柄
```

7.2.2 位图的操作过程

位图操作过程包括定义、加载或创建、选入内存设备环境和输出。

1. 定义

定义一个位图句柄,其形式为:

```
HBITMAP hBm;
```

2. 加载或创建位图

应用程序调用函数 LoadBitmap 加载位图并获得位图的句柄,其形式为:

```
hBm=LoadBitmap
(
    hInstance,                      //当前应用程序实例句柄
    MAKEINTRESOURCE(lpszName)       //位图名称
);
```

此外,应用程序还可通过调用函数 CreateCompatibleBitmap 创建位图。其形式为:

```
hBm=CreateCompatibleBitmap
(
    hdc,
    nWidth,                         //位图宽度
    nHeight                         //位图高度
);
```

内存设备环境的创建及初始化工作中,常由应用程序通过响应消息 WM_CREATE 完成加载或创建位图的操作,其一般形式为:

```
case WM_CREATE:
...
hdc=GetDC(hwnd);                            //获取设备环境
hdcmem=CreateCompatibleDC(hdc);             //获取内存设备环境
...                                         //进行一系列操作
ReleaseDC(hwnd,hdc);                        //释放设备环境
```

3. 选入内存设备环境

获取了内存设备环境句柄后,应用程序需调用 SelectObject 函数将位图选入内存设备环境中,其形式如下:

```
SelectObject(hdcmem,hBm);
```

将位图选入内存设备环境后,即可对其进行编辑。

4. 输出

最后,应用程序调用函数 BitBlt 在指定的设备上输出内存中的位图。函数 BitBlt 将位图从内存设备环境拷贝到设备环境中,其原型如下:

```
BOOL BitBlt
(
    HDC hdcDest,                  //目的设备环境句柄
    int XDest,int YDest,          //标识目的设备显示位图的基点(位图左上角坐标)
    int nWidth,int nHeitght,      //目的设备中用于显示位图的区域的高和宽
    HDC hdcSrc,                   //源设备环境句柄
    int nXSrc,int nYsrc,          //标识源设备中位图的左上角坐标
    DWORD dwRop                   //标识位图显示方式,操作码及其说明见表 7-5
);
```

表 7-5 **dwRop 操作码及说明**

操 作 码	说　　　明
BLACKNESS	输出全黑色位图
DSTINVERT	目标位图执行"取反"操作
MERGECOPY	将源位图和模板执行"与"操作
MERGEPAINT	将源位图和模板执行"或"操作
NOTSRCCOPY	在拷贝之前将源位图执行"取反"操作
NOTSRCERASE	将源位图和目标位图执行"或"操作,再执行"取反"操作
NOMIRRORBITMAP	禁止对位图的镜像操作
PATCOPY	将模板拷贝到目标位图上
PAINTVERT	将模板和目标位图执行"异或"操作
SRCCOPY	将源位图拷贝到目标位图(常用)
SRCAND	将源位图和目标位图执行"与"操作
SRCPAINT	将源位图和目标位图执行"或"操作
SRCERASE	将目标位图执行"取反"操作,再与源位图执行"与"操作
SRCINVERT	将源位图和目标位图执行"异或"操作
WHITENESS	输出全白色位图

另外,应用程序在输出位图之前,经常需要调用函数 GetObject 获取位图的尺寸。函数 GetObject 的作用是获取指定对象的信息并将其拷贝到指定的缓冲区内,该函数的原型为:

```
int GetObject
(
    HANDLE hObject,               //对象句柄
    int nCount,                   //拷贝到缓冲区的字节数
    LPVOID lpObject               //接收信息的缓冲区地址
);
```

应用程序调用该函数获取位图尺寸的形式为:

```
GetObject
(
    hBitmap,                      //为位图句柄
    sizeof(BITMAP),               //BITMAP 结构的大小
```

```
        (LPVOID)&bm                              //BITMAP 结构的地址
);
```

应用程序调用函数 GetObject 后，将指定位图的信息写入 BITMAP 结构中。数据结构 BITMAP 在位图操作中经常使用，其定义如下：

```
typedef struct tagBITMAP
{
    LONG bmType;                    //位图类型
    LONG bmWidth;                   //位图宽度
    LONG bmHeight;                  //位图高度
    LONG bmWidthBytes;              //每一光栅行的字节数
    WORD bmPlanes;                  //位图中位面的数目
    WORD bmBitsPixel;               //位图中每个像素的位数
    LPVOID bmBits;                  //位图位值的地址
}BITMAP;
```

如果要在输出时使图形的尺寸改变就可以使用输出函数 StretchBlt 输出位图，StretchBlt 函数的原型如下：

```
BOOL StretchBlt(
    HDC hdcDest,                                //目标 DC 的句柄
    int nXOriginDest,int nYOriginDest,          //目标设备的基点坐标
    int nWidthDest,int nHeightDest,             //目标设备的尺寸
    HDC hdcSrc,                                 //源 DC 的句柄
    int nXOriginSrc,int nYOriginSrc,            //源设备的基点坐标
    int nWidthSrc,int nHeightSrc,               //源设备的尺寸
    DWORD dwRop                                 //标识位图显示方式,操作码及其说明见表 7-5
);
```

对比 BitBlt 函数可以看出，StretchBlt 仅多了一个源设备的尺寸。实际上，源设备的尺寸，使用的是 BitBlt 函数中的目标设备的尺寸，而目标设备的尺寸使用的是实际输出设备上想显示的尺寸。

7.2.3 位图操作实例

【例 7-2】 位图操作示例。本例调用一幅 24 位真彩色的图片，并在用户窗口区上显示。单击鼠标左键，可以查看全窗口和原始的图像。

具体的源程序代码如下：

```
#include <windows.h>
#include <tchar.h>
#include "resource.h"
BOOLEAN InitWindowClass(HINSTANCE hInstance,int nCmdShow);
LRESULT CALLBACK WndProc(HWND,UINT,WPARAM,LPARAM);
HINSTANCE hInst;
```

```c
int WINAPI WinMain(HINSTANCE hInstance,HINSTANCE hPrevInstance,LPSTR lpCmdLine,int nCmdShow)
{
    MSG msg;
    hInst=hInstance;
    if(!InitWindowClass(hInstance,nCmdShow))
    {
        MessageBox(NULL,L"创建窗口失败!",_T("创建窗口"),NULL);
        return 1;
    }
    while(GetMessage(&msg,NULL,0,0))
    {
        TranslateMessage(&msg);
        DispatchMessage(&msg);
    }
    return(int) msg.wParam;
}
LRESULT CALLBACK WndProc(HWND hWnd,UINT message,WPARAM wParam,LPARAM lParam)
{
    HDC hDC;
    PAINTSTRUCT ps;
    static HDC hMemDC;
    static HBITMAP hBitmap;
    static BITMAP bitmap;
    static bool fullClient=false;
    RECT clientRect;
    switch(message)
    {
        case WM_CREATE:
            hDC=GetDC(hWnd);
            hMemDC=CreateCompatibleDC(hDC);
            hBitmap=LoadBitmap(hInst,MAKEINTRESOURCE(IDB_BITMAP1));
            SelectObject(hMemDC,hBitmap);
            GetObject(hBitmap,sizeof(BITMAP),&bitmap);
            ReleaseDC(hWnd,hDC);
            break;
        case WM_LBUTTONDOWN:
            fullClient=!fullClient;
            InvalidateRect(hWnd,NULL,true);
            break;
        case WM_PAINT:
            hDC=BeginPaint(hWnd,&ps);
            if(fullClient)
            {
```

```cpp
                GetClientRect(hWnd,&clientRect);
                StretchBlt(hDC,0,0,clientRect.right-clientRect.left,
                    clientRect.bottom-clientRect.top,hMemDC,0,0,bitmap.bmWidth,
                    bitmap.bmHeight,SRCCOPY);
            }
            else
                BitBlt(hDC,0,0,bitmap.bmWidth,bitmap.bmHeight,hMemDC,0,0,SRCCOPY);
            EndPaint(hWnd,&ps);
            break;
        case WM_DESTROY:
            DeleteObject(hBitmap);
            ReleaseDC(hWnd,hMemDC);
            PostQuitMessage(0);
            break;
        default:
            return DefWindowProc(hWnd,message,wParam,lParam);
            break;
    }
    return 0;
}
BOOLEAN InitWindowClass(HINSTANCE hInstance,int nCmdShow)
{
    WNDCLASSEX wcex;
    HWND hWnd;
    TCHAR szWindowClass[]=L"窗口示例";
    TCHAR szTitle[]=L"位图显示";
    wcex.cbSize=sizeof(WNDCLASSEX);
    wcex.style          =0;
    wcex.lpfnWndProc    =WndProc;
    wcex.cbClsExtra     =0;
    wcex.cbWndExtra     =0;
    wcex.hInstance      =hInstance;
    wcex.hIcon          =LoadIcon(hInstance,MAKEINTRESOURCE(IDI_APPLICATION));
    wcex.hCursor        =LoadCursor(NULL,IDC_ARROW);
    wcex.hbrBackground  =(HBRUSH)GetStockObject(WHITE_BRUSH);
    wcex.lpszMenuName   =NULL;
    wcex.lpszClassName  =szWindowClass;
    wcex.hIconSm        =LoadIcon(wcex.hInstance,MAKEINTRESOURCE(IDI_APPLICATION));
    if(!RegisterClassEx(&wcex))
        return FALSE;
    hWnd=CreateWindow(
        szWindowClass,
        szTitle,
        WS_OVERLAPPEDWINDOW,
        CW_USEDEFAULT,CW_USEDEFAULT,
```

```
            CW_USEDEFAULT,CW_USEDEFAULT,
            NULL,
            NULL,
            hInstance,
            NULL
            );
    if(!hWnd)
        return FALSE;
    ShowWindow(hWnd,nCmdShow);
    UpdateWindow(hWnd);
    return TRUE;
}
```

本例中的头文件 resource.h 内容如下：

```
#define IDB_BITMAP1            101
```

本例的资源文件如下：

```
#include "resource.h"
IDB_BITMAP1    BITMAP    "pic07_2.bmp"
```

程序的运行结果如图 7-2 所示。

图 7-2　位图在应用程序中的使用

7.3　对话框资源及其应用

　　对话框是一个弹出式窗口，它一般用于程序需要用户输入或者需要和用户进行交互活动的场合。一般来说，对话框消息的处理在独立的对话框函数内进行，对话框中包含了众多的控件如按钮、对话框、滚动条、列表框、编辑框等。对话框的主要形式有"模式对话框"和"非模式对话框"两类。

如果一个应用程序中包含有对话框,则应用程序必须包含一个对话框函数,这个函数与窗口函数类似,只不过窗口函数用于处理与窗口有关的消息,而对话框函数用于处理与对话框有关的消息。

对话框资源是一种非常有用的重要资源,Windows 应用程序通常采用对话框资源作为与用户之间的直接交互的工具。

对话框资源通常有如下功能:
- 发送消息如警告消息、提示框消息;
- 接收输入如用户输入的消息;
- 提供消息如常见的"关于"对话框。

模式对话框不允许用户在关闭对话框之前切换到应用程序的其他窗口。当一个模式对话框初始化时,对话框的消息循环将处理消息,但并不返回给 WinMain 函数。

非模式对话框允许用户在该对话框与应用程序其他窗口之间的切换,即对话框和其他应用程序的窗口之间进行来回切换。非模式对话框从 WinMain 函数的消息循环中接收输入。使用模式对话框还是使用非模式对话框取决于应用程序及其实现。

7.3.1 模式对话框的编程方法

模式对话框的编程要经历定义对话框资源、显示对话框、构造对话框消息处理函数以及关闭对话框等具体操作。

1. 定义对话框资源

创建对话框首先应在应用程序的资源描述文件中定义对话框,一般的形式为:

```
对话框名 DIALOGEX[载入特性选项]X,Y,Width,Height
[设置选项]
BEGIN
    对话框的控件定义
END
```

对话框的定义由以下部分组成:
- 对话框名:应用程序通过对话框名标识对话框资源,可以是一个字符串,也可以是 1~65 535 之间的任何整数。
- DIALOGEX:关键字。
- 载入特性选项:对话框资源可选的载入特性选项与菜单资源相同。
- 对话框位置及外形尺寸:其中 X,Y 为对话框在窗口中的左上角坐标;Width,Height 为对话框的宽度与高度。
- 设置选项:设置选项常用的有 CAPTION(标题)和 STYLE(样式)。

对话框的样式选项决定了对话框资源的外形特点,除一般的窗口样式外,Windows 系统还为对话框提供一些特有的样式。常用的对话框样式及其说明见表 7-6。

表 7-6 对话框常用样式及其说明

样 式	说 明	样 式	说 明
DS_3DLOOK	使用三维边框	DS_CENTERMOUSE	鼠标点作为对话框中心点
DS_FIXEDSYS	使用 SYSTEM_FIXED 字体	DS_CENTER	对话框居中
DS_MODALFRAME	使用细实线边框	DS_SETFOREGROUND	置对话框前台
DS_SYSMODAL	系统模式对话框		

对于窗口式对话框样式,经常用窗口样式和对话框样式的组合来定义其模式。下列语句定义了一个含标题栏的弹出式对话框:

```
STYLE DS_MODALFRAME|WS_POPUP|WS_CAPTION
```

- 控件定义:对话框中常用的控件及其说明见表 7-7。

表 7-7 对话框中常用控件及其说明

控 件	说 明	控 件	说 明
CHECKBOX	复选框	LISTBOX	列表框
COMBOBOX	组合框	LTEXT	文本左对齐的静态控件
CTEXT	文本居中的静态控件	PUSHBUTTON	按钮
DEFPUSHBUTTON	缺省按钮	RADIOBUTTON	单选按钮
EDIT	编辑框	RTEXT	文本右对齐的静态控件
GROUPBOX	组框	SCROLLBAR	滚动条
ICON	图标		

2. 调用函数 DialogBox 显示对话框

在资源描述文件中定义对话框资源后,应用程序可通过调用 DialogBox 函数在窗口中显示对话框,该函数的原型为:

```
INT_PTRint DialogBox
(
    HINSTANCE hInstance,      //当前应用程序的实例句柄
    LPCTSTR lpTemplate,       //对话框模板名或用 MAKEINTRESOURCE 加载资源的名称
    HWND hwndParent,          //拥有该对话框的窗口句柄
    DLGPROC lpDialogFunc      //对话框处理函数的地址
)
```

3. 构造对话框消息处理函数

对话框接收的消息都在相应的对话框消息处理函数中处理,对话框消息处理函数的一般形式为:

```
BOOL CALLBACK DlgProc(HWND hDlg,UINT message,WPARAM wParam,LPARAM lParam)
{
    switch(message)
    {
        case WM_INITDIALOG:
```

```
                return 1;
            case WM_COMMAND
                switch(LOWORD(wParam))
                    {
                        case…
                        …
                        break;
                        case…
                        …
                        break;
                        …
                    }
                    break;
            }
            return 0;
    }
    …
```

对话框消息处理函数具有与主窗口函数相似的参数,但两者存在以下三点不同:
- 函数的返回值不同:对话框消息处理函数返回 BOOL 值,而主窗口返回 LRESULT 值。
- 对话框消息处理函数不处理某些消息:对话框消息处理函数不需处理 WM_PAINT、WM_DESTROY 及 WM_CREATE 消息。
- 对未定义处理过程消息的处理不同:主窗口函数通过调用函数 DefwindowProc 完成对未定义处理过程消息的处理,而对话框消息处理函数如果接收到未定义处理过程的消息,则返回 FALSE(return 0)。

在对话框消息处理函数中主要处理以下两类消息。

(1) WM_INITDIALOG 消息。

对话框在响应 WM_INITDIALOG 消息时,完成初始化操作,在功能上与主窗口函数的 WM_CREATE 消息相似。

(2) WM_COMMAND 消息。

对话框在响应消息 WM_COMMAND 时,通过查看消息字参数(wParam)的低位字节,与控件标识(ID)相比较,以确定产生交互请求的控件并据此转入相应的处理过程进行处理。

4. 关闭对话框

在对话框窗口函数中调用函数 EndDialog 可以关闭对话框,关闭对话框函数的一般形式为:

```
BOOL EndDialog(HWND hdlg,INT_PTR nResult);
```

上式中,hdlg 为对话框句柄;nResult 为从对话框返回到 DialogBox 函数的值。

Windows 消息框是模式对话框的一种特殊形式,应用程序可通过调用函数

MessageBox 快捷地生成一些简单且又常用的 Windows 消息框。MessageBox 函数的原型为：

```
int MessageBox
(
    HWND hwnd,                  //拥有消息框的窗口
    LPCTSTR lpszText,           //消息框中显示的字符串
    LPCTSTR lpszCaption,        //作为标题的字符串
    DWORD dwType                //指定消息框的内容,其常用的标识及说明见表 7-8
);
```

表 7-8　dwType 常用标识及其说明

标　　识	说　　明
MB_CANCELTRYCONTINUE	含有 Cancel、Try Again 和 Continue 按钮的消息框
MB_ICONEXCLAMATION，MB_ICONWARNING	含有惊叹号图标的消息框
MB_ICONQUESTION	含有问号图标的消息框
MB_ICONSTOP，MB_ICONERROR，MB_ICONHAND	含有停止图标的消息框
MB_OK	含有一个 OK 按钮的消息框
MB_OKCANCEL	含有 OK 和 CANCEL 按钮的消息框
MB_RETRYCANCEL	含有 RETRY 和 CANCEL 按钮的消息框
MB_YESNO	含有 YES 和 NO 按钮的消息框
MB_YESNOCANCEL	含有 YES、NO 和 CANCEL 按钮的消息框

应用程序常使用上述标识的组合,如下面的标识组合表示含有 YES、NO、CANCLE 按钮及惊叹号图标的消息框：

```
MB_ICONEXCLAMATION|MB_YESNOCANCLE
```

该函数返回值中包含用户的交互信息,例如用户按下 OK 按钮,则函数返回标识值 IDOK。表 7-9 为消息框中用户操作与 MessageBox 返回值之间的对应关系。如果返回值为 0,则说明没有足够的内存来创建消息框。

表 7-9　用户操作与 MessageBox 返回值之间的对应关系

返　回　值	用　户　操　作	返　回　值	用　户　操　作
IDABORT	按下 Abort 按钮	IDOK	按下 Ok 按钮
IDCANCEL	按下 Cancel 按钮	IDRETRY	按下 Retry 按钮
IDIGNORE	按下 Ignore 按钮	IDYES	按下 Yes 按钮
IDNO	按下 No 按钮		

7.3.2　非模式对话框的编程方法

非模式对话框与模式对话框的编程比较类似,但在对话框的定义、对话框的创建及消息处理上略有差别。

非模式对话框编程方法如下：

1. 定义对话框样式

非模式对话框定义的一般形式如下：

```
STYLE WS_POPUP|WS_CAPTION|WS_VISIBLE
```

非模式对话框允许用户在该对话框与应用程序其他窗口之间切换，因此标识该对话框内容的标题一般不可省略。尤其值得注意的是非模式对话框样式中应包含 WS_VISIBLE，否则非模式对话框将无法在屏幕上显示。

2. 创建对话框函数

非模式对话框的创建由函数 CreateDialog 完成。该函数的原型如下：

```
HWND CreateDialog
(
    HINSTANCE hInstance,      //当前应用程序实例句柄
    LPCTSTR lpTemplate,       //对话框模板名或使用 MAKEINTRESOURCE 宏加载资源的名称
    HWND hwndParent,          //拥有该对话框的窗口句柄
    DLGPROC lpDialogFunc      //对话框处理函数地址
);
```

3. 消息循环部分的处理

由于非模式对话框并不禁止应用程序向其他窗口发送消息，因此，在 WinMain 函数的消息循环中必须包含截获发往非模式对话框的消息，并将其发往相应的对话框处理函数进行处理。其消息循环过程的一般形式为：

```
while(GetMessage(&Msg,NULL,0,0))
{
if(!IsDialogMessage(hdlg,&Msg))
    {
        TranslateMessage (&Msg);
        DispatchMessage (&Msg);
    }
}
```

应用程序调用函数 IsDialogMessage 判断消息是否发往非模式对话框，如果是，则将消息发送到对话框处理函数进行处理。其中，hdlg 为应用程序通过调用函数 CreateDialog 获取的非模式对话框句柄，该函数的原型为：

```
BOOL IsDialogMessage(HWND hdlg,LPMSG lpMsg);     //lpMsg 为指向 MSG 结构的指针
```

4. 关闭对话框的函数

非模式对话框调用函数 DestroyWindow 关闭由 CreateDialog 函数创建的对话框，该函数的原型为：

```
BOOL DestroyWindow(HWND hdlg);
```

7.3.3 对话框应用实例

【例 7-3】 本例中,在窗口菜单中,选择"模式对话框",应用程序将创建并显示模式对话框,在对话框中可以在编辑框中输入文字,单击"确定",就可以在主窗口中显示输入的信息。在模式对话框操作过程中,不能进行模式对话框以外区域的操作。若选择"非模式对话框",可在对话框以外的区域进行操作。

本例的源程序代码如下:

```
#include <windows.h>
#include <tchar.h>
#include "resource.h"
BOOLEAN InitWindowClass(HINSTANCE hInstance,int nCmdShow);
LRESULT CALLBACK WndProc(HWND hdlg,UINT message,WPARAM wParam,LPARAM lParam);
BOOL CALLBACK ModalessDlgProc(HWND hdlg,UINT message,WPARAM wParam,LPARAM lParam);
BOOL CALLBACK ModalDlgProc(HWND hdlg,UINT message,WPARAM wParam,LPARAM lParam);
HINSTANCE hInst;
TCHAR str[200];
HWND hdlg;
int WINAPI WinMain(HINSTANCE hInstance,HINSTANCE hPrevInstance,LPSTR lpCmdLine,int nCmdShow)
{
    MSG msg;
    if(!InitWindowClass(hInstance,nCmdShow))
    {
        MessageBox(NULL,L"创建窗口失败!",_T("创建窗口"),NULL);
        return 1;
    }
    hInst=hInstance;
    while(GetMessage(&msg,NULL,0,0))
    {
        if(!IsDialogMessage(hdlg,&msg))
        {
            TranslateMessage(&msg);
            DispatchMessage(&msg);
        }
    }
    return(int) msg.wParam;
}
LRESULT CALLBACK WndProc(HWND hWnd,UINT message,WPARAM wParam,LPARAM lParam)
{
    HDC hDC;
    PAINTSTRUCT ps;
    switch(message)
    {
        case WM_COMMAND:
```

```
            switch(LOWORD(wParam))
            {
                case IDM_OPEN:                              //打开文件操作
                    MessageBox(hWnd,L"文件已经打开!",L"文件打开",MB_OK);
                    break;
                case IDM_SAVE:                              //存储操作
                    //文件保存成功则显示消息框
                    MessageBox(hWnd,L"文件保存成功!",L"文件保存",MB_OK);
                    break;
                case IDM_EXIT:
                    SendMessage(hWnd,WM_DESTROY,0,0);
                    break;
                case IDM_MODAL:                             //创建并显示模式对话框
                    DialogBox(hInst,MAKEINTRESOURCE(IDD_DIALOG1),hWnd,(DLGPROC)
                    ModalDlgProc);
                    break;
                case IDM_MODALLESS:                         //创建并显示非模式对话框
                    hdlg=CreateDialog(hInst,MAKEINTRESOURCE(IDD_DIALOG1),hWnd,
                    (DLGPROC)ModalessDlgProc);
                    break;
                case IDM_HELP:
                    MessageBox(hWnd,L"按选择菜单中的各菜单项,测试菜单的功能及对话
                    框的操作特点",L"帮助",MB_OK);
                    break;
            }
            break;
        case WM_PAINT:
            hDC=BeginPaint(hWnd,&ps);
            TextOut(hDC,0,0,str,_tcslen(str));              //输出对话框返回的信息
            EndPaint(hWnd,&ps);
            break;
        case WM_DESTROY:
            PostQuitMessage(0);
            break;
        default:
            return DefWindowProc(hWnd,message,wParam,lParam);
            break;
        }
        return 0;
}
BOOL CALLBACK ModalDlgProc(HWND hdlg,UINT message,WPARAM wParam,LPARAM lParam)
{
    TCHAR mystr[200];
    switch(message)
    {
        case WM_INITDIALOG:                                 //初始化对话框
```

```cpp
                SetDlgItemText(hdlg,IDC_TITLE,L"模式对话框示例");
                return 1;
        case WM_COMMAND:                                            //处理对话框消息
            switch(LOWORD(wParam))
            {
                case IDOK:                                          //关闭对话框
                    GetDlgItemText(hdlg,IDC_EDIT1,mystr,200);
                                //根据编辑框的ID将信息保存到字符串mystr中
                    _tcscpy(str,L"这是模式窗口输入的信息:");
                    _tcscat(str,mystr);
                    InvalidateRect(GetParent(hdlg),NULL,true);      //刷新父级窗口
                    EndDialog( hdlg,0);                             //结束对话框
                    return 1;
                case IDCANCEL:
                    SetDlgItemText(hdlg,IDC_EDIT1,L"");             //清除编辑框的信息
                    return 1;
            }
            break;
        case WM_CLOSE:
            EndDialog(hdlg,0);
            return 1;
    }
    return 0;
}
BOOL CALLBACK ModalessDlgProc(HWND hdlg,UINT message,WPARAM wParam,LPARAM lParam)
{
    TCHAR mystr[200];
    switch(message)
    {
        case WM_INITDIALOG:                                         //初始化对话框
            SetDlgItemText(hdlg,IDC_TITLE,L"非模式对话框示例");
                                        //设置对话框的静态标签控件
            return 1;
        case WM_COMMAND:                                            //处理对话框消息
            switch(LOWORD(wParam))
            {
                case IDOK:                                          //关闭对话框
                    GetDlgItemText(hdlg,IDC_EDIT1,mystr,200);
                    _tcscpy(str,L"这是非模式对话框输入的信息:");
                    _tcscat(str,mystr);
                    InvalidateRect(GetParent(hdlg),NULL,true);
                    DestroyWindow( hdlg) ;                          //关闭对话框窗口
                    return 1;
                case IDCANCEL:
                    SetDlgItemText(hdlg,IDC_EDIT1,L"");
                    return 1;
```

```
            }
            break;
        case WM_CLOSE:
            DestroyWindow(hdlg);
            return 1;                                    //关闭对话框窗口
    }
    return 0;
}
BOOLEAN InitWindowClass(HINSTANCE hInstance,int nCmdShow)
{
    WNDCLASSEX wcex;
    HWND hWnd;
    TCHAR szWindowClass[]=L"窗口示例";
    TCHAR szTitle[]=L"对话框示例";
    wcex.cbSize=sizeof(WNDCLASSEX);
    wcex.style          =0;
    wcex.lpfnWndProc    =WndProc;
    wcex.cbClsExtra     =0;
    wcex.cbWndExtra     =0;
    wcex.hInstance      =hInstance;
    wcex.hIcon          =LoadIcon(hInstance,MAKEINTRESOURCE(IDI_APPLICATION));
    wcex.hCursor        =LoadCursor(NULL,IDC_ARROW);
    wcex.hbrBackground  =(HBRUSH)GetStockObject(WHITE_BRUSH);
    wcex.lpszMenuName   =L"MENU";
    wcex.lpszClassName  =szWindowClass;
    wcex.hIconSm        =LoadIcon(wcex.hInstance,MAKEINTRESOURCE(IDI_APPLICATION));
    if(!RegisterClassEx(&wcex))
        return FALSE;
    hWnd=CreateWindow
        (
        szWindowClass,
        szTitle,
        WS_OVERLAPPEDWINDOW,
        CW_USEDEFAULT,CW_USEDEFAULT,
        CW_USEDEFAULT,CW_USEDEFAULT,
        NULL,
        NULL,
        hInstance,
        NULL
        );
    if(!hWnd)
        return FALSE;
    ShowWindow(hWnd,nCmdShow);
    UpdateWindow(hWnd);
    return TRUE;
}
```

本例的头文件 resource.h 的代码如下：

```
#define IDM_OPEN            1001
#define IDD_DIALOG1         1008
#define IDM_SAVE            1002
#define IDM_EXIT            1003
#define IDM_MODAL           1004
#define IDM_MODALLESS       1005
#define IDC_EDIT1           1006
#define IDM_HELP            1007
#define IDC_TITLE           1010
#define IDC_STATIC          -1
```

本例的资源文件代码如下：

```
#include "resource.h"
#include "afxres.h"
MENU MENU
BEGIN
    POPUP "文件(&F)"
    BEGIN
        MENUITEM "打开(&O)\t Ctrl+O",       IDM_OPEN
        MENUITEM SEPARATOR
        MENUITEM "保存(&S)\t Ctrl+S",       IDM_SAVE
        MENUITEM SEPARATOR
        MENUITEM "退出(&X)",                IDM_EXIT
    END
    POPUP "对话框操作(&O)"
    BEGIN
        MENUITEM "显示模式对话框(&D)...",    IDM_MODAL
        MENUITEM "显示非模式对话框(&L)...",  IDM_MODALLESS
    END
    MENUITEM "帮助(&H)",IDM_HELP
END
MENU ACCELERATORS
BEGIN
    "^O",   IDM_OPEN,   ASCII
    "^S",   IDM_SAVE,   ASCII
END
IDD_DIALOG1 DIALOGEX 100,50,240,135
STYLE DS_SETFONT|DS_MODALFRAME|WS_POPUP|WS_CAPTION|WS_SYSMENU|WS_VISIBLE
CAPTION "Dialog"
FONT 16,"楷体_GB2312",400,0,0x86
BEGIN
```

```
    DEFPUSHBUTTON    "确定",IDOK,39,82,50,14
    PUSHBUTTON       "取消",IDCANCEL,147,82,50,14
    LTEXT            "Windows对话框",IDC_TITLE,80,14,76,18
    LTEXT "请在下列编辑框中输入在主窗口中要显示的内容",IDC_STATIC,33,35,170,10
    EDITTEXT         IDC_EDIT1,32,53,170,13,ES_AUTOHSCROLL
END
```

本程序运行结果如图 7-3 所示。

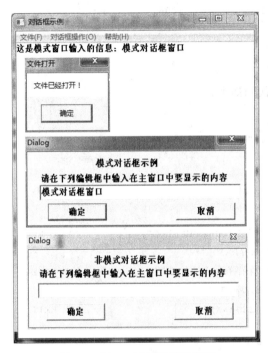

图 7-3　例 7-3 运行结果示意图

7.4　图标资源的应用

一个图标就是代表一个应用程序的特殊的最小位图。在图标上双击鼠标就可以执行该应用程序，图标资源可以由 Visual C++ 自带的图标资源编辑器来创建。

7.4.1　图标资源的操作

图标资源的操作类似于前面谈到的位图操作，也要经历图标的创建、在资源文件中的定义和图标的加载等过程。

1. 图标资源的创建

用户可以利用 Windows 系统提供的图标，也可以通过图形编辑器自定义图标形式，并保存在扩展名为 .ico 的文件中。Windows 系统提供的图标标识及形状如表 7-10 所示。

表 7-10 Windows 系统提供的图标标识及形状

标 识	形 状	标 识	形 状
IDI_APPLICATION	缺省图标	IDI_HAND	停止图标
IDI_ASTERISK	信息图标	IDI_QUESTION	问号图标
IDI_EXCLAMATION	惊叹号图标		

2. 在资源文件中定义图标资源

当采用自定义图标时,必须在资源文件中定义该图标,其形式如下:

图标名 ICON 图标文件名(.ico)

3. 在应用程序中加载图标

应用程序是通过调用函数 LoadIcon 进行图标资源的加载的,此过程经常是在定义窗口类时进行,其形式为:

```
WNDCLASSEX wndclass;
…
wndclass.hicon=LoadIcon(hThisInst,lpszIconName);
…
```

其中,hThisInst 为应用程序的当前实例句柄,lpszIconName 是图标名。

7.4.2 图标资源应用举例

【例 7-4】 下面的程序是在应用程序中使用图标资源的一个例子。程序所使用的图标文件名为 tree.ico,在为本例程序指定了这个图标后,在资源管理器中就可以看到在可执行文件的文件名(本例的可执行文件的文件名为 7_4.exe)上面有一个相应的图标(如一棵树),如图 7-4 所示。

这是例7-4编译后的图标

图 7-4 图标资源应用实例运行结果

本例源程序代码如下：

```cpp
#include <windows.h>
#include <tchar.h>
#include "resource.h"
BOOLEAN InitWindowClass(HINSTANCE hInstance,int nCmdShow);
LRESULT CALLBACK WndProc(HWND,UINT,WPARAM,LPARAM);
int WINAPI WinMain(HINSTANCE hInstance,HINSTANCE hPrevInstance,LPSTR lpCmdLine,int nCmdShow)
{
    MSG msg;
    if(!InitWindowClass(hInstance,nCmdShow))
    {
        MessageBox(NULL,L"创建窗口失败!",_T("创建窗口"),NULL);
        return 1;
    }
    while(GetMessage(&msg,NULL,0,0))
    {
        TranslateMessage(&msg);
        DispatchMessage(&msg);
    }
    return(int) msg.wParam;
}
LRESULT CALLBACK WndProc(HWND hWnd,UINT message,WPARAM wParam,LPARAM lParam)
{
    HDC hDC;
    PAINTSTRUCT ps;
    HBRUSH hBrush;
    HPEN hPen;
    switch(message)
    {
    case WM_DESTROY:
        PostQuitMessage(0);
        break;
    default:
        return DefWindowProc(hWnd,message,wParam,lParam);
        break;
    }
    return 0;
}
BOOLEAN InitWindowClass(HINSTANCE hInstance,int nCmdShow)
{
    WNDCLASSEX wcex;
    HWND hWnd;
```

```
    TCHAR szWindowClass[]=L"窗口示例";
    TCHAR szTitle[]=L"应用图标示例";
    wcex.cbSize=sizeof(WNDCLASSEX);
    wcex.style          =0;
    wcex.lpfnWndProc    =WndProc;
    wcex.cbClsExtra     =0;
    wcex.cbWndExtra     =0;
    wcex.hInstance      =hInstance;
    wcex.hIcon          =LoadIcon(hInstance,MAKEINTRESOURCE(IDI_MYICON));
    wcex.hCursor        =LoadCursor(NULL,IDC_ARROW);
    wcex.hbrBackground  =(HBRUSH)GetStockObject(WHITE_BRUSH);
    wcex.lpszMenuName   =NULL;
    wcex.lpszClassName  =szWindowClass;
    wcex.hIconSm        =LoadIcon(wcex.hInstance,MAKEINTRESOURCE(IDI_APPLICATION));
    if(!RegisterClassEx(&wcex))
        return FALSE;
    hWnd=CreateWindow
        (
        szWindowClass,
        szTitle,
        WS_OVERLAPPEDWINDOW,
        CW_USEDEFAULT,CW_USEDEFAULT,
        CW_USEDEFAULT,CW_USEDEFAULT,
        NULL,
        NULL,
        hInstance,
        NULL
        );
    if(!hWnd)
    {
        return FALSE;
    }
    ShowWindow(hWnd,nCmdShow);
    UpdateWindow(hWnd);
    return TRUE;
}
```

7.5 小结

本章通过 Windows API 介绍了资源的概念及其应用,并通过具体实例详细介绍了常用的资源如菜单、位图、对话框和图标在 Windows 编程中的应用。

之所以介绍使用 Windows API 方法编写资源文件,是希望让读者掌握资源文件的构架,后面的章节中还要介绍利用 Visual C++ 的资源编辑器编写资源文件,但由于资源编辑器生成的资源文件中包含了很多自动生成了其他代码,初学者可能不容易读懂,搞不清楚核心代码。如果能够通过 Windows API 自己编写资源代码,虽然编写代码工作量加大,但读者能够较系统地掌握资源文件的代码结构,这样再过渡到利用 Visual C++ 的资源编辑器使用可视化界面生成资源文件,这时就很容易读懂那些自动生成的代码了,并在其基础上对原始的资源文件进行修改,使之成为自己想要的代码和界面。

7.6 练习

7-1 简述菜单资源的创建过程。
7-2 在程序中如何操作菜单项?
7-3 如何利用位图资源?
7-4 如何应用对话框资源?
7-5 模式对话框与非模式对话框有何区别?在编程上有何不同?
7-6 如何利用图标资源?
7-7 创建一个菜单,包含三个菜单项,分别为"文件"、"计算"和"帮助"。其中,"文件"菜单项包含"打开"、"保存"、"另存为"、"退出"等选项;"计算"菜单项包含"计算总和"、"计算方差"、"计算均方差"等选项;"帮助"菜单项包含"计算总和帮助"、"计算方差帮助"、"计算均方差帮助"和"关于"等项。
7-8 在一个窗口中央加载一个任意位图,位图尺寸为窗口面积的四分之一,当单击鼠标左键或键盘上的向上箭头时,位图向上移动,当移动到窗口的上边界时,窗口显示"不能再向上移动了"字样,当单击鼠标右键或键盘上的向下箭头时,位图向下移动,当到达窗口的下边界时,屏幕显示"不能再向下移动了"字样。
7-9 编写一个窗口应用程序,其中有一个"文件"菜单项,该菜单下面有"显示"、"隐藏"和"退出"选项,当选择"显示"选项时,窗口中显示一个对话框,在对话框中显示"我们一起来学习 VC++",界面如图 7-5 所示,当选择"隐藏"选项时,对话框消失,选择"退出"选项时,退出应用程序的运行。

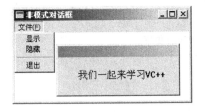

图 7-5 练习 7-9 结果示意图

7-10 编写一个程序,包含"画图"菜单,该菜单中包含"圆形"、"矩形"、"退出"菜单项。单击"圆形"菜单项时,系统在"画图"菜单后建立一个动态菜单"圆形","圆形"菜单中包括"绘制图形"、"移动图形"、"放大"、"缩小"、"重绘"等菜单项。当单击"矩形"菜单项时,系统调出一个定制好的"矩形"菜单,加在"画图"菜单后面。"矩形"菜单中包含"绘制图形"、"移动图形"、"放大"、"缩小"、"重绘"等菜单项。当单击"绘制图形"时,利用"右箭头"键可以将图形长度增大;单击"左箭头"键时,可以将图形长度减小;单击"下箭头"键,可以将图形的高度增大;单击"上箭头"键,可以将图形的高度减小。当选择"移动图形"时,单击箭头键,可以将图形向相应的方向移动。单击"放大"、"缩小"菜单项时,可将图形放大或缩小。单击"重绘"菜单项时,重新开始绘制图形。

7-11 创建一个对话框,其中有"文件"、"编辑"和"帮助"菜单,其中,在"文件"菜单中有"新建"、"打开"、"另存为"、"页面设置"、"打印"和"退出"等选项,选择"文件"菜单中的"打开"选项时,弹出"打开"通用对话框,选择"另存为"选项时,弹出"另存为"通用对话框;在"编辑"菜单中有"字体"和"颜色"选项,选择"字体"时,弹出"字体"通用对话框,选择"颜色"选项时,弹出"颜色"通用对话框。如图7-6是选择"字体"选项时弹出的"字体"通用对话框。

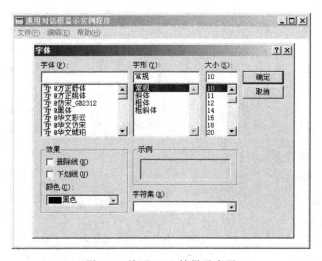

图 7-6 练习 7-11 结果示意图

7-12 在窗口中显示一个球,该球以与水平成 45 度夹角作直线运动,当遇到边界时,反弹回来,仍与水平成 45 度角继续运动。

第三篇

MFC 开发

第二编

美术史

第 8 章

MFC 基础知识

在 Visual C++ 的编程中,从前面的章节内容,大家可能已经看到,利用 Windows API 函数进行编程时,大量的代码需要用户自己编写,用户编程的工作量较大,从本章开始,我们在介绍 API 编程的过程之后将讨论 Visual C++ 的另一种编程方法,利用 MFC（Microsoft Foundation Class）和向导（Wizard）来编写 Windows 应用程序,即首先使用应用程序向导来生成 Windows 应用程序的基本框架,然后为应用程序添加类、消息处理、数据处理函数或定义控件的属性、事件和方法,最后把实现应用程序所要求的功能的代码添加到类中。

8.1 MFC 概述

MFC 是用来编写 Windows 应用程序的 C++ 类集,该类集以层次结构组织起来,其中封装了大部分 Windows API 函数和 Windows 控件,它所包含的功能涉及整个 Windows 操作系统。MFC 不仅为用户提供了 Windows 图形环境下应用程序的框架,而且还提供了创建应用程序的组件。使用 MFC 类库和 Visual C++ 提供的高度可视的应用程序开发工具,可使应用程序开发变得更简单,开发周期极大地缩短,提高代码的可靠性和可重用性。

代码重用是 C++ 长期寻求的目标。对于 C++ 程序员而言,重用通常是指从先前已有的基类派生新的 C++ 类的技术。MFC 提供了大量的基类供程序员根据不同的应用环境进行扩充。

MFC 提供的类库使程序设计高度抽象,使得程序员的主要精力不用放在程序设计的细节实现上,而放在程序的功能拓展上面,它同时允许在编程过程中自定义和扩展应用程序中的类,MFC 同时还允许使用 Windows API 所提供的所有功能,从而使应用程序能以最小的规模实现最丰富的功能,而且能提供高效率的运行代码。

MFC 是 C++ 语言中的一个安全子集,它大大地简化使用 C++ 开发基于 Windows 的应用程序的工作,MFC 精心设计的类库结构,以一种直观的软件包的形式把进行 Windows 应用开发这一过程所需的各种程序模块有机地组织起来,经验丰富的 C++ 开发人员可以使用 MFC 实现 C++ 中的高级功能。

MFC 被设计成可移植于众多的平台,允许其应用程序适用于多种不同平台。对于多种编译器,MFC 也是可以移植的,而且有许多软件开发公司已经把它作为一种基于 Windows 开发标准的应用程序构架。

MFC 之所以得名为微软基础类库,是因为它代表着正在不断带给 Windows 操纵系统开发人员以最好支持的基本类结构。它所包含的类分层结构和功能的可伸缩性,使得 MFC 始终能跟踪上软件发展的潮流,而且在功能扩展的同时,MFC 还很好地保持了程序的向下兼容性。

1992 年 4 月,第一个 MFC(Microsoft Foundation Class)版本即 MFC 1.0,伴随着 Microsoft C/C++ 7.0 版一起发布。当时的 MFC 1.0 中主要包括两种类型的类:一种是用于应用程序中非图形部分的类和用于应用程序的图形用户界面(Graphics Device Interface 缩写为 GDI)功能的 Windows 相关类。

1993 年 2 月,MFC 2.0 伴随着 Visual C++ 1.0 版一起发布。其被扩展后的核心功能在原有的基础上又增添了一些新的构造类,这些构造类有助于组织和构造应用程序,以及对 Windows 应用程序中部分界面元素进行高层抽象,这些高层抽象有助于程序员优化界面,使得应用程序更易操作。

1993 年 12 月,MFC 与 Visual C++ 1.5 一起发布。这一版本的 MFC 添加了与数据库进行连接的 ODBC(Open Database Connection)数据库类,ODBC 数据库类允许应用程序访问具有 ODBC 驱动程序的数据库中的数据,程序员可以通过 ODBC 对某些数据源进行存取,并且这一版本的 MFC 还全面支持 OLE 的众多性能,不过这一版本的 MFC 是基于 16 位的应用程序而开发的。

1994 年 9 月,MFC 3.0 作为 Visual C++ 2.0 的一部分公开发布,这个版本的 MFC 增添了对开发 32 位应用程序的支持,具有更丰富的用户界面风格,以及对 Win32 API 和 OLEControl 扩展的更多支持。MFC 3.0 将 MFC 的影响扩展到大多数基于 Win32 应用程序的核心底层结构。随后的两个版本中有添加了对 Windows 公共控件和 Sockets 等的支持。

1995 年 10 月推出的 MFC 4.0 中包含了在 Windows 95 和 Windows NT 操作系统中大多数新的 Windows 公共控件,它能进一步支持 OLE 的扩展功能,使得开发人员可以建立、使用并且可以和其他开发人员共享 OLE 控件。MFC 4.0 除了继续扩大对 ODBC 的支持外,还提供了一种新的数据存取对象(Data Access Object 简称 DAO)类,通过 DAO 类,程序员可以直接存取 Microsoft Jet 数据库引擎,它是一种和 Microsoft Access for Windows 98 和 Microsoft Visual Basic 中的引擎完全相同的引擎。DAO 类包含了 Jet 数据库引擎的 OLE COM 接口,开发人员不必亲自编写 SQL 程序就可以实现对数据库的操作,当使用 DAO 类时,程序员可以有计划地访问和操纵数据库内的数据,并管理数据库、数据库对象及数据库结构;MFC 中还引进了线程同步对象的概念,为了管理线程的同步操作,MFC 提供了一个新的基类——CSyncObject,以及代表公用同步技术的几个派生对象。MFC 还提供了对 Windows 的消息应用程序接口(Message Application Programming Interface 简称 MAPI)的支持,通过 MFC 的这一扩展,程序员可以很容易开发出用于建立、处理、转送以及存储邮件消息的应用程序。MFC 还进一步增强了对 Windows Sockets 的支持,通过 MFC 可以较容易地实现在 Windows 操作系统环境下的网络通信程序的。

MFC 5.0 增强了对数据库应用程序的支持和对 Internet 也提供了强有力的支持,可以使用 ODBC 类和 ODBC 驱动程序来访问提供 ODBC 支持的数据库中的数据;可以通过数据访问对象(DAO)类通过编程语言来访问和操纵数据库中的数据并管理数据库、数据库对象与结构。这些支持主要包括以下几个部分:
- Win32 Internet API 使 Internet 成为应用程序的一部分并简化了对 Internet 服务的访问。
- Activex 文档可以显示在整个 Web 浏览器或 OLE 容器的整个客户窗口中。
- Activex 控件可以用在 Internet 和桌面应用程序中。
- 可以使用 CHttpServer、CHttpFilter、ChttpServerContext 和 CHttpFilterContext 类来建立动态 DLL,以便为 Web 页面增添功能。

1998 年,为了更好地支持基于 Windows 的应用开发,Microsoft 在发布 VC 6.0 的同时,还发布了微软基础类库 6.0 版(Microsoft Foundation Class Library 6.0 简称 MFC 6.0)。MFC 6.0 中引进的功能大致包含以下方面:
- 提出了活动文档容器来管理不同类型的文档,并通过引入类 COleDocObjectItem 来加以实现。同时在应用程序向导中也加入了对这一新特性的支持。
- 加入了对动态 HTML 技术的支持,通过引入一个新类 CHtmlView,使程序员开发的应用程序可以浏览并显示用动态 HTML 技术开发的 HTML 文档。类 CHtmlView 中封装了许多浏览器的特征,包括浏览器在历史记录、书签和安全等方面的特征都被封装进了类 CHtmlView。
- 扩展了对公共控件的支持,如时间控件、IP 地址控件和日期控件等。

2002 年,微软发布了 MFC 7.0。在这个版本中,主要增加了如下功能:
- 引入了建立在 .NET 框架上的托管代码机制,.NET 的通用语言框架机制(Common Language Runtime,CLR),其目的是在同一个项目中支持不同的语言所开发的组件。所有 CLR 支持的代码都会被解释成为 CLR 可执行的机器代码然后运行。
- 增加了一门新的语言 C♯(读作 C Sharp,意为 C++++)。C♯是一门建立在 C++和 Java 基础上的现代语言,是编写.NET 框架的语言。

2003 年,微软对 MFC 7.0 进行了部分修订,以 Visual C++ 2003 的名义发布(内部版本号为 7.1)。Visio 作为使用统一建模语言(UML)架构应用程序框架的程序被引入,同时被引入的还包括移动设备支持和企业模版。.NET 框架也升级到了 1.1。

2005 年,微软发布了 Visual C++ 2005。在这个版本中主要增加了如下功能:
- 面向 .NET 2.0 的开发。
- 可以开发出跨平台的应用程序。

2008 年,Visual C++ 2008 发布了(MFC 9.0)。MFC 9.0 主要增加了如下功能:
- 增加了基于 DHTML 的 AJax 技术。
- 强化了对数据库的支持。
- 增加了基于工作流(Workflow)的编程模型。

8.2 MFC 类的组织结构及主要的类的简介

8.2.1 MFC 类的组织结构

目前的 MFC 版本中包含了 100 多个类,不同的类实现不同的功能,类之间既有区别又有联系。MFC 同时还是一个应用程序框架,它帮助定义应用程序的结构,并且为应用程序处理许多杂务,事实上,MFC 封装了程序操作的每一个方面。在 MFC 程序中,除了一些特殊需求外,程序员很少需要直接调用 Windows API 函数,而是通过定义 MFC 类的对象并通过调用对象的成员函数来实现相应的功能。

MFC 类库中类是以层次结构的方式组织起来的,几乎每个子层次结构都与一具体的 Windows 实体相对应,一些主要的接口类管理了难以掌握的 Windows 接口。这些接口包括窗口类、GDI 类、对象连接和嵌入类(OLE)、文件类、对象 I/O 类、异常处理类、集合类等。

MFC 库中的类按层次关系划分可分为如下若干类:

1. **根类:CObject**
2. **应用程序体系结构类**
 - 应用程序和线程支持类;
 - 命令相关类;
 - 文档类;
 - 视类(体系结构);
 - 框架窗口(体系结构);
 - 文档模板类。
3. **窗口、对话框和控件类**
 - 框架窗口类(窗口);
 - 视类(窗口);
 - 对话框类;
 - 控件类;
 - 控件条类。
4. **绘图和打印类**
 - 输出(设备相关)类;
 - 绘图工具类。
5. **简单数据类型类**
6. **数组、列表和映射类**
 - 数组类;
 - 列表类;
 - 映射类。
7. **文件和数据库类**
 - 文件 I/O 类;

- DAO 类；
- ODBC 类。

8. Internet 和网络工作类
- ISAPI 类；
- Windows Socket 类；
- Win32 Internet 类。

9. OLE 类
- OLE 容器类；
- OLE 服务器类；
- OLE 拖放和数据传输类；
- OLE 普通对话框类；
- OLE 动画类；
- OLE 控件类；
- 活动文档类；
- 其他文档类。

10. 调试和异常类
- 调试支持类；
- 异常类。

下面简单介绍 MFC 中一些主要的类和某些子层次结构。

8.2.2 根类

CObject 类是 MFC 的抽象基类，是 MFC 中多数类和用户自定义子类的根类，它为程序员提供了许多编程所需的公共操作。这些操作包括对象的建立和删除、串行化支持、对象诊断输出、运行时信息以及集合类的兼容等。

串行化是对象本身往返于存储介质的一个存储过程。串行化的结果是使数据"固定"在存储介质上。CObject 类定义了两个在串行化操作中起重要作用的成员函数：Serialize 和 IsSerializable。程序可以调用一个由 CObject 派生的对象的 IsSerializable 函数来确定该对象是否支持串行化操作。建立一个支持串行化的类的步骤之一是重载继承自 CObject 类的 Serialize 函数，并提供串行化数据成员的派生类的专用代码。

CObject 的派生类同时还支持运行时类型信息。运行时的类型信息机制允许程序检索对象的类名及其他信息。CObject 提供两个成员函数来支持运行时类型信息：IsKindOf 和 GetRuntimeClass。函数 IsKindOf 指示一个对象是否属于规定的类或者是从规定的类中派生出来的。CRuntimeClass 类对象中包含了一个类的运行时信息，包括这个类的类名、基类名等信息。通过它就可以很容易获得一个指定类的运行时刻信息。

8.2.3 应用程序体系结构类

该类用于构造应用程序框架的结构，它能提供多数应用程序公用的功能。编写程序的任务是填充框架,添加应用程序专用的功能。应用程序体系结构类主要有与命令相关的类、窗口应用程序类、文档/视类和线程基类等。

CWinApp 表示应用程序本身,几乎所有的基于 MFC 的应用程序都是从 CWinApp 派生一个类,并通过创建这个派生类的对象来创建一个应用程序对象。CWinApp 类的继承关系如图 8-1 所示。

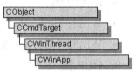

图 8-1 CWinApp 类在 MFC 中的继承关系

1. 命令相关类:CCmdTarget 类

该类是 CObject 的子类,它是 MFC 库中所有具有消息映射属性的基类。消息映射规定了当一对象接收到消息命令时,应调用哪一个函数对该消息进行处理。程序员很少需要从 CCmdTarget 类中直接去派生出新的类,一般使用它的派生类如窗口类(CWnd)、应用程序类(CWinApp)、文档模板类(CDocTemplate)、文档类(CDocument)、视类(CView)及框架窗口类(CFrameWnd)等就能满足一般应用程序的需要。

2. 线程基类:CWinThread 类

所有线程的基类,可直接使用。它封装操作系统的线程化功能。CWinThread 对象表示一个执行的线程,成员函数如 CreateThread、SetThreadPriority 和 SuspendThread 等,其为 MFC 程序提供用来创建和操作线程的工具。CWinApp 类就是从 CWinThread 类中派生出来的。

3. 窗口应用程序类:CWinApp 类

每个应用程序有且只有一个应用程序对象,在运行程序中该对象与其他对象相互协调,该对象从 CWinApp 类中派生出来。CWinApp 类封装了初始化、运行和终止应用程序的代码。

CWinApp 类中包含了若干个公有的数据成员,部分数据成员如表 8-1 所示。

表 8-1 CWinApp 类中定义的部分数据成员

数据成员名	功能描述
m_pszAppName	保存应用程序的名称
m_hInstance	标识当前的应用程序实例
m_lpCmdLine	指向应用程序的命令行参数的指针
m_nCmdShow	指定窗口初始显示的风格
m_bHelpMode	指定在用户按下 SHIFT+F1 键时是否作出相应的帮助响应
m_pActiveWnd	指向容器应用程序主窗口的指针
m_pszExeName	应用程序可指向文件模块的名称
m_pszHelpFilePath	应用程序的帮助文件的路径
m_pszProfileName	应用程序初始化(.ini)文件名
m_pszRegistryKey	决定应用程序的初始化文件的存放地点

CWinApp 类中包含了若干个公有的成员函数,部分公有函数如表 8-2 所示。

表 8-2 CWinApp 类中的公有成员函数

函 数 名	功 能 描 述
CWinApp	构造应用程序对象
LoadCursor	向应用程序中加载光标资源
LoadStandardCursor	向应用程序中加载系统缺省定义的标准光标
LoadIcon	向应用程序中加载图标资源
LoadStandardIcon	向应用程序中加载系统预定义的图标资源
ParseCommandLine	对命令行中的参数和标志进行分析
ProcessShellCommand	处理命令行中的参数和标志
GetProfileInt	从程序的 .ini 文件中获取一个整数值
WriteProfileInt	向程序的 .ini 文件中写入一个整数值
GetProfileString	从程序的 .ini 文件中获取一个字符串
WriteProfileString	向程序的 .ini 文件中写入一个字符串
AddDocTemplate	向应用程序的文档模板列表中加入一个文档模板
GetFirstDocTemplatePosition	获取文档模板列表中第一个文档模板的位置
GetNextDocTemplate	获取文档模板列表中下一个文档模板对象
OpenDocumentFile	打开一个文档对象
AddToRecentFileList	加入一项到文件历史记录列表
InitInstance	执行程序的初始化操作
Run	启动缺省的消息循环
OnIdle	应用程序闲置时的处理程序
ExitInstance	结束应用程序的操作
HideApplication	在关闭所有的文档对象前隐藏应用程序
CloseAllDocuments	关闭所有打开的文档对象
PreTranslateMessage	过滤消息
SaveAllModified	提示用户保存修改过的文档对象
DoMessageBox	弹出一个消息框
DoWaitCursor	使关闭变成等待形状
OnDDECommand	响应动态数据交换
WinHelp	调用 Windows API 中的 WinHelp 函数
LoadStdProfileSettings	加载标准的 .ini 文件设置
SetDialogBkColor	设置对话框的缺省背景色
SetRegistryKey	使应用程序的设置保存在注册表中,而不是保存在 .ini 文件中
OnFileNew	响应标识号为 ID_FILE_NEW 的命令
OnFileOpen	响应标识号为 ID_FILE_OPEN 的命令
OnFilePrintSetup	响应标识号为 ID_FILE_PRINT_SETUP 的命令
OnContextHelp	响应用户按下 SHIFT+F1 这一动作
OnHelp	响应用户按下 F1 这一动作
OnHelpIndex	响应标识号为 ID_HELP_INDEX 的命令
OnHelpFinder	响应标识号为 ID_DEFAULT_HELP 的命令
OnHelpUsing	响应标识号为 ID_HELP_USING 的命令

在 CWinApp 中定义的部分函数的功能有时也可以通过 MFC 提供的全局函数来实现，这些全局函数一般都以 Afx 为前缀。例如调用 AfxMessageBox 函数将弹出一个消息框，其功能与 CWinApp 中的 DoMessageBox 相同。AfxMessageBox 在 MFC 中定义的原型如下：

```
int AfxMessageBox(LPCTSTR lpszText,UINT nType=MB_OK,UINT nIDHelp=0);
```

调用该函数时，如果系统没有足够的内存空间生成消息框，则该函数的返回值为 0，否则将返回表 8-3 中所列值之一。

表 8-3　AfxMessageBox 函数的非 0 返回值

返回值	含　义	返回值	含　义
IDABORT	用户在消息框中单击了 Abort 按钮	IDOK	用户在消息框中单击了 Ok 按钮
IDCANCEL	用户在消息框中单击了 Cancel 按钮	IDRETRY	用户在消息框中单击了 Retry 按钮
IDIGNORE	用户在消息框中单击了 Ignore 按钮	IDYES	用户在消息框中单击了 Yes 按钮
IDNO	用户在消息框中单击了 No 按钮		

使用一些全局函数可以实现获取 CWinApp 对象及相关内容。如：
- AfxGetApp 可以获取一个指向 CWinApp 对象的指针；
- AfxGetInstanceHandle 获取当前运行实例的一个 HINSTANCE 句柄；
- AfxGetResourceHandle 获取一个应用程序资源的句柄；
- AfxGetAppName 获取一个指向应用程序名称的字符串指针。

4. 文档/视类

文档对象由文档模板对象创建，管理应用程序的数据。CDocument 支持标准的文档操作，这些操作包括文档的创建、下载和保存。一个应用程序可以操纵多个文档类型，每一种文档类型都有特定的文档模板（document template）。文档模板指定了该文档所需的资源，而且每一个文档对象都包含一个指向其相关的文档模板对象的指针。这些模板及基类有：

- CDocTemplate：文档模板基类。文档模板协调文档、视和框架窗口的创建；
- CSingleDocTemplate：单文档界面(SDI)的文档模板；
- CMultiDocTemplate：多文档界面(MDI)的文档模板；
- CDocument：应用程序专用文档的基类；
- CView：显示文档数据的应用程序专有视的基类。

Document 类为用户自定义的文档类提供了基本的功能支持，它在 MFC 中的层次关系如图 8-2 所示。用户通常用 File Open 命令打开一个文档，用 File Save 命令来保存文档，基于这些文档的共性，MFC 提供了一个 CDocument 类来对此进行封装。

用户通过和文档相关联的视图对象(CView object)与文档进行交互。一个视图显示文档中的信息，并把用户在框架窗口内的操作转换成对文档操作的相应命令。当用户打开一个文档时，应用程序实际上创建了一个视图并且把这个视图和相应的文档联系在一起。文档模板指定了视图的类型和显示每种文档的相对应的窗口。

视图(CView)类为用户自定义视图类提供了最基本功能的支持。CView 类在 MFC 中的层次关系如图 8-3 所示。一个视图充当了沟通用户和文档对象的中间桥梁。

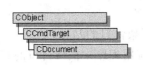

图 8-2　CDocument 类在 MFC 中的层次关系

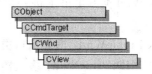

图 8-3　CView 类在 MFC 中的层次关系

在 MFC 类库中有一部分类是从 CView 类派生出来的,如表 8-4 所示。

表 8-4　CView 的派生类

派 生 类 名	功 能 简 介
CScrollView	带有滚动条的视图
CCtrlView	带有树状、列表框等控件的视图
CDaoRecordView	在一个对话框中显示数据库记录的视图(主要用于处理 DAO 的查询结果)
CEditView	一个提供多行文本编辑器的视图
CFormView	一个基于表单模板的视图
CListView	带有列表框控件的视图
CRecordView	在一个对话框中显示数据库记录的视图
CRichEditView	一个具有格式文本编辑功能的编辑控件的视图
CTreeView	一个具有树状控件的视图
CPreviewView	支持打印预览

当一个文档中的数据被修改时,每一个与此文档相关联的视图都必须反映出所作的更改。CDocument 类提供了一个 UpdateAllViews 成员函数来修改所有和该文档相联系的视图。视图在需要的时候可以重画它们自己。当用户关闭未曾保存的文件时,应用程序将弹出一个消息框提示用户保存对文档所作的修改。当应用程序中使用 CDocument 类时,必须实现以下步骤:

(1) 从 CDocument 为每一种文档类型派生一个子类。
(2) 添加成员变量以储存文档数据。
(3) 实现对文档数据进行读写,修改的成员函数。
(4) 在用户自定义的文档类中重载 CObject::Serialize 成员函数以实现从磁盘上对文档数据的读和写。

CDocument 类还支持通过电子邮件的方式发送文档数据。

8.2.4　可视对象类

1. 窗口类：CWnd 类

该类提供了 MFC 中所有窗口类的基本功能。CWnd 类和消息映射机制隐藏了窗口函数 WndProc。一个 Windows 消息通过消息映射发送到相应的 CWnd 类的 OnMessage 成员函数。程序员可以重载 OnMessage 成员函数以对特定的消息进行处理。CWnd 类是 CCmdTarget 类的子类，创建 Windows 窗口要分两步进行：首先引入构造函数，构造一个 CWnd 对象，然后调用 Create 建立 Windows 窗口并将它连到 CWnd 对象上。MFC 中还从 CWnd 类派生出了进一步的窗口类型以完成更具体的窗口创建工作，这些派生类有：

- CFrameWnd：框架窗口类，SDI 应用程序主框架窗口的基类。
- CMIDFrameWnd：多文档框架窗口类，MDI 应用程序主框架窗口的基类。
- CMDIChildWnd：多文档框架窗口类，MDI 应用程序文档框架窗口的基类。

2．菜单类：CMenu 类

该类是 CObject 类的子类，它提供一个面向对象的菜单界面。它是一个 Windows HMenu 的封装，提供了与窗口有关的菜单资源建立、修改、跟踪及删除的成员函数。

3．对话框类：CDialog 类

由于对话框是一个特殊的窗口，所以该类是从 CWnd 类中派生出来的。对话框子层次结构包括通用对话框类 CDialog 以及支持文件选择、颜色选择、字体选择、打印、替换文本的公共对话框子类。这些子类包括：

- CFileDialog：提供打开或保存一个文件的标准对话框。
- CColorDialog：提供选择一种颜色的标准对话框。
- CFontDialog：提供选择一种字体的标准对话框。
- CPrintDialog：提供打印一个文件的标准对话框。
- CFindReplaceDialog：提供一次查找并替换操作的标准对话框。
- CDialog：该类是用户自己建立模式对话框和非模式对话框的基类。

4．控件类

控件子层次结构包括若干类，使用这些类可建立静态文本、命令按钮、位图按钮、列表框、组合框、滚动条、编辑框等。这些直观控件为 Windows 应用程序提供了各种输入和显示界面。主要的控件类如下：

- CStatic：静态文本控件窗口。常用于标注、分隔对话框或窗口中的其他控件。
- CButton：按钮控件窗口。该类为对话框或窗口中的按钮、检查框或单选按钮提供一个总的接口。
- CEdit：编辑框控件。编辑框控件用于接收用户的文字输入。
- CRichEditCtrl：多信息编辑框控件。除了编辑框控件的功能外，还支持字符和图形格式，以及 OLE 对象。
- CScrollBar：滚动条控件。该类提供控件条的功能，用做对话框或窗口中的一个控件，用户可通过它在某一范围内定位。
- CProgressCtrl：进度指示控件。用于指示一个操作的进度。
- CSliderCtrl：游标控件。包括一个可移动的游标，用户可移动游标选择一个值或一个范围。
- CListBox：列表框控件。列表框用于显示一个组列表项，用户可以进行观察和选择。
- CComboBox：组合框控件。组合框由一个编辑框控件加一个列表框组成。

- CBitmapButton：带有位图而非文字标题的按钮。
- CSpinButtonCtrl：带有一个双向箭头的按钮,单击某个箭头按钮增大或减小值。
- CAnimateCrtl：动画显示控件,显示一个简单的 video。
- CToolTipCtrl：一个小的弹出式,显示一行文本,描述应用程序中一个工具的作用。
- CHotKeyCtrl：热键控件窗口,使用户可以创建一个"热键",快速地执行某项操作。

5. 控件条类：CControlBar 类

控件条子层次结构为工具条、状态条、对话条和分割窗口建立模型。该类是 CToolBar、CStatusBar、CDialogBar 的基类,负责管理工具条、状态条、对话条的一些成员函数。控件条指的是连接在主窗口框架的顶部或底部的小窗口,它具有如下基类：

- CStatusBar：状态条控件窗口的基类。
- CToolbgar：包含非基于 HWND 的位图式命令按钮的工具条控件窗口。
- CDialogBar：控件条形式的非模式对话框。

6. 绘画对象类：CGdiObject 类

图形绘画对象子层次结构以 CGidObject 类为根类,可用于建立绘画对象模型,如画笔、画刷、字体、位图、调色板等。这些子类有：

- CBitmap：封装一个 GDI 位图,提供一个操作位图的接口。
- CBrush：封装一个 GDI 画刷,可被选择为设备描述表的当前画刷。
- CFont：封装一种 GDI 字体,可被选择为设备描述表的当前字体。
- CPalette：封装一个 GDI 调色板,用作应用程序和一彩色输出设备如显示器之间的接口。
- CPen：封装一种 GDI 画笔,可被选择为设备描述表的当前画笔。
- CRgn：封装一 GDI 域,用于操作窗口内的椭圆域或多边形域。该类与 CDC 类的裁剪成员函数一起使用。

7. 设备描述表类：CDC 类

该类及其子类支持设备描述表对象,是 CObject 类的子类。CDC 类是一个较大的类,包括许多成员函数,如映射函数、绘画工具函数、区域函数等,通过 CDC 对象的成员函数可以完成所有的绘画工作,它具有如下的子类：

- CPaintDC：显示描述表,用于窗口的 OnPaint 成员函数和视的 OnDraw 成员函数中,自动调用 BeginPaint 进行构造,调用 EndPaint 进行析构,简化了对 WM_PAINT 消息的处理。
- CClientDC：窗口客户的显示描述表。例如,用于在快速响应鼠标事件时进行绘画。
- CWindowDC：整个窗口的显示描述表,包括客户区和框架区。
- CMetaFileDC：Windows 元文件的设备描述表。Windows 元文件包含一个图形设备接口(GDI)命令序列,该序列可被重新执行而创建一幅图像,该类提供了面向对象的 GDI 图元文件的封装。对 CMetaFileDC 的成员函数的调用记录在一个元文件中。

8. CGdiObject 类

CGdiObject 类作为对画笔、画刷和字体封装的基类，它提供了对这些绘图工具的基本支持。其派生类如 CPen、CBrush 和 CFont 就是绘图工具。在 MFC 中，定义一个 GDI 画笔就是一个创建 CPen 类对象的过程，然后所有画笔的操作都可以通过调用 CPen 类的成员函数来实现。一旦 CDC（或由 CDC 派生的）类的 SelectObject 把创建的画笔对象加入到当前的设备描述表中，画笔就可以用来绘画了。还可以由 CGdiObject 类派生出一些类如位图 CBitmap 类、逻辑调色板 CPalette 类以及封装屏幕上定义为矩形、多边行和椭圆形组合的不规则区域的 CRgn 类等。

8.2.5 通用类

通用类提供了许多通用服务，例如文件 I/O、诊断和异常处理等，此外还包括如数组和列表等存放数据集的类。

1. 文件类：CFile 类和 CArchive 类

如果想编写自己的输入/输出处理函数，可以使用 CFile 类和 CArchive 类，一般不必再从这些类中派生新类。如果使用程序框架，则只需提供关于文档如何将其内容串行化的详细信息，File 菜单上的 Open 和 Save 命令的缺省实现将会处理文件 I/O（使用类 CArchive），如下是部分文件类：

- CFile 类：提供访问二进制磁盘文件的总接口，CFile 对象通常通过 CArchive 对象被间接访问。
- CMemFile 类：提供访问驻内存文件的总接口。
- CStdioFile 类：提供访问缓存磁盘文件的总接口，通常采用文本方式。
- CArchive 类：与 CFile 对象一起通过串行化实现对象的永久存储。

2. 异常类：CException 类

该类是所有异常情况的基类，供 C++ 的 try/throw/catch 异常处理机制使用，它不能直接建立 CException 对象，程序员只能建立派生类的对象。可以使用派生类来捕获指定的异常情况，CException 的派生类如下。

- CNotSupportedException：不支持服务异常。
- CMemoryException：内存异常。
- CFileException：文件异常。
- CResourceException：资源异常。
- COleException：OLE 异常。
- CArchiveException：档案异常。
- CDaoException：基于 DAO 的数据库类异常。
- CDBException：数据库类异常。
- CUserException：终端用户操作异常。

产生异常的原因描述将储存在异常对象的 m_cause 数据成员中。例如 CArchiveException 类的 m_cause 数据成员的可能值如表 8-5 所示。

表 8-5　CArchiveException 类的 m_cause 数据成员的可能值

值	含　　义	值	含　　义
badClass	不能读错误对象类型中的内容	generic	不明异常
badIndex	无效文件格式	none	无异常
badSchema	无效对象版本	readOnly	试图向只读文件进行写操作
endOfFile	到达文件尾	writeOnly	试图向只写文件进行读操作

3. 模板收集类

这些类可以将多种对象存放到数组、列表和"映射"中。但这些收集类是模板，它们的参数确定了存放在集合中的对象类型。CArray、CMap 和 CList 类使用全局帮助函数，帮助函数通常必须定制。类型指针类是类库中其他类的包装类，利用这些包装类，应用程序可借助于编译器的类型检查以避免出错，下列是一部分模板收集类：

- CArray 类：将元素存储在数组中。
- CMap 类：将键映射到值。
- CList 类：将元素存储在一链表中。
- CTypedPtrList 类：将对象指针存储在一链表中的类型。
- CTypedPtrArray 类：将对象指针存储在一数组中的类型。
- CTypedPtrMap 类：将键映射到值的类型，键和值都为指针。

8.2.6　OLE 类

OLE 1.0 规范是 Microsoft 于 1991 年发布的，它是处理复合文档的一种方法，代表了对象连接和嵌入（Object Linking and Embedding，OLE）技术。所谓复合文档，就是在一个文档中同时保存了如文本、图像和声音等多种不同类型的数据，而这些数据又可以通过不同的应用程序用不同的格式产生。在面向对象编程中，用于创建复合文档的应用程序通常称为"容器"，随后 Microsoft 于 1993 年又发布了 OLE 2.0 规范。

OLE 2.0 是基于对象服务的一整套体系结构，能够扩展、定制和增强，它的理论基础是 COM（Component Object Model）。OLE 2.0 包括一系列服务，包括剪贴板、拖放、嵌入、链接、OLE 自动化、OLE 文档、OLE 控件、结构化存储和统一数据传输等。

ActiveX 作为对 OLE 的扩展，使 OLE 进入 Internet 和 Intranet。与 OLE 有关的 ActiveX 技术包括 ActiveX 文档和 ActiveX 控件等。

MFC 中提供了对 OLE 技术体系的全方位的支持。它提供了 OLE 基类、可视编辑容器类、可视编辑服务器类、数据传送类、OLE 对话类和杂项类等六种类来封装 OLE 技术。

目前基于 OLE 的类比较丰富。主要有：

- 普通类：COleDocument、COleItem、COleException 为支持 OLE 的普通类；
- 客户类：COleClientDoc、COleClientItem 为支持 OLE 的客户类；
- 服务类：COleServer、COleTemplate、COleServerDoc、COleServerItem 为支持 OLE 的服务类；
- 可视编辑容器类：可视编辑容器类如 COleClientItem 及 COleLinkingDOC 使得

OLE 容器的基础结构支持可视编辑；
- 数据传送类：数据传送类如 COleDropSource、COleDropTarget、COleDataSource 和 COleDataObject 封装拖放操作及通过剪贴板进行的数据传送操作；
- 对话类：对话类如 COleInsertDialog 显示标准的 OLE 对话框；
- 杂项类：如 CRectTracker，它围绕一个插入在复合文档中的项建立边框，这样可使该项移动和调整大小。

8.2.7 ODBC 数据库类

为了向带有 ODBC(Open Database Connection，开放数据库互联)驱动程序的各种数据库管理系统提供标准化界面，MFC 提供了 CDatabase 和 CRecordset 类。CDatabase 封装对一数据源的连接，通过此连接应用程序可在该数据源上进行操作，CRecordset 类封装了从一数据源选出的一组记录。ODBC 子层次结构提供了一些类来支持 ODBC 特征，同时，这些类封装了 ODBC API，并允许用户的继承自 CRecordset 类的成员函数把存储在数据库中的数据作为查询、更新和其他操作的对象，即通过这些类可开发数据库应用程序来访问多个数据库文件。该层次结构中主要包括的类有：

- CRecordView：它由 CFormView 派生，该类将记录集对象连接到显示当前记录的字段值的一个表单视图来简化操作。
- CFieldExchange：提供上下文信息，支持记录字段交换，即在字段数据成员、记录对象的参数数据成员及数据源上的对应列表之间进行数据交换。
- CLongBinary：封装一存储句柄，用于存储二进制的对象，例如位图等。
- CDBException：记录数据存取处理失败产生的异常。

8.3 MFC 中全局函数与全局变量

在 MFC 提供的所有函数及成员变量中，以 Afx 开头的函数除数据库类函数和 DDX(Dialog Data Exchange)函数外，在目前的版本中，都表示该函数是一个全局函数。而以 Afx 为前缀的变量，都是全局变量。这些函数与变量可以在任何地方、在任何 MFC 应用程序中调用。表 8-6 列出了 MFC 中的部分全局函数。

表 8-6　MFC 中的部分全局函数

函　数　名	功　能　简　介
AfxAbort	无条件终止一个应用程序
AfxBeginThread	创建一个新线程并执行它
AfxEndThread	终止当前正在执行的线程
AfxFormatString	格式化字符串
AfxMessageBox	显示一个 Windows 消息框
AfxGetApp	返回当前应用程序对象的指针
AfxGetInstanceHandle	返回标识当前应用程序对象的句柄
AfxRegisterWndClass	注册用于创建 Windows 窗口的窗口类

8.4 应用程序向导

Visual C++ 为了减轻程序员的工作量,特别增强了应用程序向导的功能。应用程序向导为程序员提供了一个基于 MFC 的应用程序框架。该框架屏蔽了大量的基本的代码,为程序员提供了一些可添加功能和需要变更的框架,程序员在此基础上添加实现特定功能的代码即可。通过应用程序向导建立应用程序框架一般可以通过以下步骤来实现。

(1) 在"文件"菜单下选择"新建",在"新建项目"对话框(图 8-4)中选择"MFC 应用程序",在"名称"文本输入框中输入新建的项目名如 huangwt 后,单击"确定"按钮。

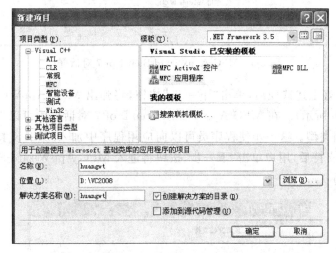

图 8-4 "新建项目"对话框

(2) 在弹出的 MFC AppWizard-Step 1 对话框(如图 8-5 所示)中可以设置应用程序的类型,指定应用程序的结构是否采用文档视图结构,以及资源文件所使用的语种等。应用程序的类型包括以下几种:

- Single Document:单文档应用程序。
- Multiple Documents:多文档应用程序。
- Dialog Based:基于对话框的应用程序。

应用程序资源文件所使用的语种可以通过下拉列表选择,在中国一般都选用中文作为资源文件的语种。

在该对话框中可以设置应用程序的风格,它可以是下面两个值之一:

- MFC Standard:标准的 MFC 应用程序。
- Windows Explorer:具有 Windows 资源管理器风格的应用程序。

同时在对话框中还可以设置使用 MFC 库文件的方式,它可以是下面两个值之一:

- As a shared DLL:以共享动态连接库的方式使用 MFC 库文件。
- As a Statically linked library:以静态连接库的方式使用 MFC 库文件。

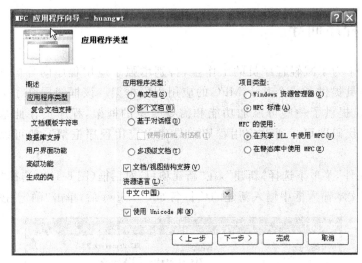

图 8-5　MFC AppWizard-Step 1 of 7 对话框

（3）在设置好上述选项后，单击"下一步"按钮，将弹出 MFC AppWizard-Step 2 of 7 对话框（如图 8-6 所示）。在 MFC AppWizard-Step 2 of 7 对话框中可以设置应用程序所支持的复合文档类型。这一步使程序员可以向应用程序中加入 OLE 支持。设置好应用程序对 OLE 的支持后，用户单击"下一步"按钮将进入 MFC AppWizard-Step 3 of 7 对话框（如图 8-7 所示）。

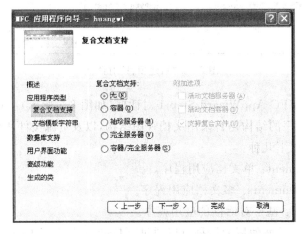

图 8-6　MFC AppWizard-Step 2 of 7 对话框

（4）选择了"复合文档支持"后，单击"下一步"按钮，将弹出 MFC AppWizard-Step 3 of 7 对话框。在 MFC AppWizard-Step 3 of 7 对话框（如图 8-7 所示）中可以设置应用程序所操作的文档的文档模板。

（5）完成文档模板的设置之后，单击"下一步"按钮进入 MFC 应用程序向导的第四步，在这一步主要完成应用程序对数据库支持的设置，通过图 8-8 所示的对话框进行操作，主要有以下几种选项：

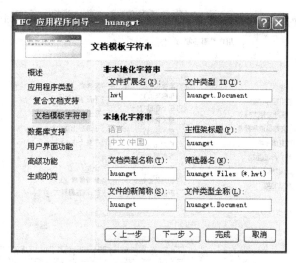

图 8-7　MFC AppWizard-Step 3 of 7 对话框

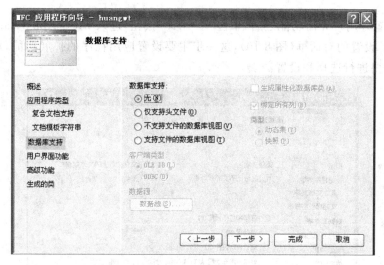

图 8-8　MFC AppWizard step 4 of 7

- None：在应用程序中忽略所有的数据库支持。
- Header files only：包括定义基本数据库类的头文件，但不创建对应特定表的数据库类或视图类。
- Database view without file support：创建对应指定表的一个数据库类和一个视图类，不附加标准文件支持。
- Database view with file support：创建对应指定表的一个数据库类和一个视图类，并附加标准文件支持。

（6）设置好应用程序的数据库支持后，单击"下一步"按钮，将弹出 MFC AppWizard-Step 5 of 7 对话框。在该对话框（如图 8-9 所示）中可以设置应用程序的界面功能，通过这一步设置可以使应用程序的界面满足用户的需求。

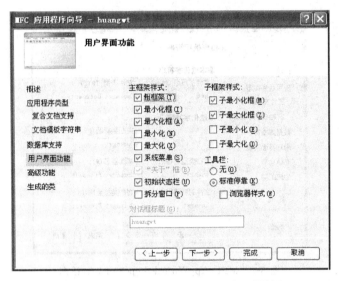

图 8-9　MFC AppWizard-Step 5 of 7 对话框

(7) 设置好用户界面功能之后,单击"下一步"按钮,进入 MFC AppWizard-Step 6 of 7 "高级功能"设置的对话框(图 8-10),这一步主要设置应用程序的扩展功能,用户可以根据程序的需要进行选择和设置。

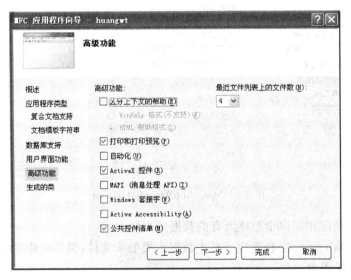

图 8-10　MFC AppWizard-Step 6 of 7 对话框

(8) 设置完成后单击"下一步",将看到应用程序向导生成的类,见图 8-11,这一步还可以根据需要,对各个类的基类进行选择,并可以改变相对应程序的名称(一般不需要,使用系统默认的文件名)。

(9) 在设置好文件名和类名后,单击"完成"按钮,应用程序向导已经为用户生成了应用程序框架,编译并运行(单击工具栏上的绿色三角形按钮)。程序运行结果如图 8-12。

图 8-11　MFC AppWizard-Step 7 of 7 对话框

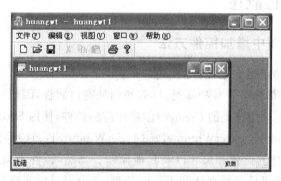

图 8-12　MFC 自动生成的应用程序框架的运行成果

8.5　小结

本章详细讲述 Visual C++ 编程中的类库的概念以及类库的结构组成，同时介绍了类库中类的用法以及各种类的特点。通过本章内容的学习，读者应掌握类库的基本概念及其用法以及 Visual C++ 中所提供的类的种类及其方法。

8.6　练习

8-1　MFC 类层次中主要包含了哪些类？
8-2　如何应用应用程序向导？
8-3　在应用程序向导中能够创建哪些类型的文件？

第 9 章

Windows 标准控件在可视化编程中的应用

控件是 Windows 图形用户界面的主要组成部分之一,用户通过操作控件对象完成输入信息,选择,执行特定的命令。这些控件是用户与应用程序之间进行交互的组成元素。控件的编程应用集中体现了 Windows 系统面向对象的编程特点。

9.1 可视化编程概述

9.1.1 在程序界面中增加控件方法

1. 使用类的成员函数完成控件的增加

几乎所有的控件都继承了 CWnd 类,具有通用的窗口属性,因而,使用表 9-1 中的类定义一个实例对象,然后调用该类的 Create()创建相应的控件,使用 ShowWindow()显示该控件,且调用 MoveWindow()、SetWindowPos()、SetWindowText()等窗口管理函数来显示或隐藏控件、改变控件的位置和尺寸以及其他操作。当然,控件类虽继承了 CWnd 类,并非所有的 CWnd 类的成员函数都适合于具体的类,如设置显示文字的 SetWindowText()对 CScrollBar 类就没有用。同时各个控件都有自己的操作风格和特点,在类中增加自己特有的成员函数,以实现自身特有的一些特定功能。

虚函数 Create()的原型如下:

```
virtual BOOL Create(DWORD dwStyle,const RECT& rect,CWnd * pParentWnd,UINT nID);
```

其中,

dwStyle 是指控件的样式;

rect 是控件尺寸与位置;

pParentWnd 是指向控件父窗口的指针;

nID 是控件的 ID,可以是数字,也可以的宏定义的宏名。

例如在基于文档的应用程序中,在一些 CView 类的虚函数中,如 OnInitialUpdate(),OnActivateView()等函数体中加入以下代码,就可以在应用程序的界面中加入一个编辑框控件。

```
CEdit * pCe=new CEdit;
pCe->Create(ES_MULTILINE|WS_CHILD|WS_VISIBLE|WS_TABSTOP|WS_BORDER, CRect(10,
10,300,100),this,1001);
```

Windows 系统提供的标准控件主要包括：按钮控件、滚动条控件、静态控件、列表框控件、编辑框控件和组合框控件等。表 9-1 中列出了系统预定义的窗口类。

表 9-1　系统预定义的窗口类

窗口类名	窗口类简介
CButton	代表一个按钮的小长方形的子窗口（按钮控件）
CComboBox	代表一个选择列表框的子窗口（组合框控件）
CEdit	代表一个接收用户输入的文本输入子窗口（编辑框控件）
CListBox	代表字符串列表的子窗口（列表框控件）
CScrollBar	代表一个滚动条的子窗口（滚动条控件）
CStatic	代表一个显示静态文本的子窗口（静态控件）

2. 使用可视化工具在基于对话框的应用程序中添加控件

一般来讲，控件都出现在对话框中，因此，可使用可视化工具，在对话框中完成对控件的添加。并使用布局工具栏对控件的尺寸和位置进行调整。对话框设计器及各个工具栏如图 9-1 所示。

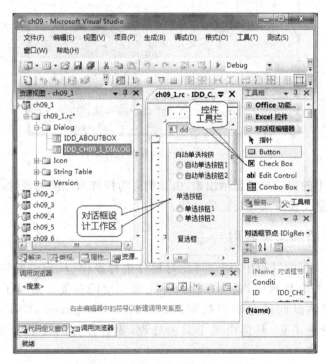

图 9-1　对话框设计器的主要工具栏

操作步骤：

（1）单击左边项目管理器中的"资源视图"，选择项目及对应的对话框，如果要添加新的对话框，在分类 Dialog 上通过快捷菜单选择"添加"，就可以添加一个新的对话框，执行对话框要在应用程序中添加代码，如通过主程序的菜单项的消息响应执行对话框。

(2) 鼠标从控件工具栏中选择控件,然后在对话框设计工作区拖出一个矩形,就是控件的尺寸和位置,可以通过布局工具栏进行调整。

(3) 在"属性"栏中设置控件的 ID 及显示风格。

如图 9-2 所示。

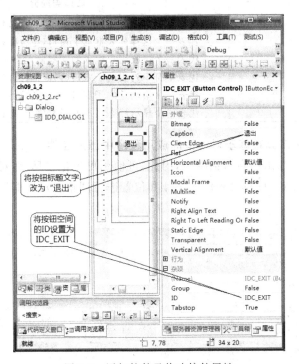

图 9-2 添加控件及修改控件属性

此时对话框中的控件只能显示出来,由于没有为控件添加消息映射,所以控件不能与应用程序完成信息交换或实现特定的功能。

9.1.2 为控件添加消息映射

应用程序在执行的过程中,用户可能对控件进行操作,从而引发各种事件,在应用程序中添加控件的消息响应,就可以让控件完成一定的功能。继承了 CCmdTarget 类的类都具有处理消息的消息映射机制。CWinApp,CDocument,CView,CMainFrame,CDialog 类都能处理消息,具体由哪个类去处理,要看控件的功能和哪个类处理更加方便。

为控件添加消息映射涉及三部分内容。

(1) 在对话框对应的头文件中声明处理事件的函数;如:

```
afx_msg void OnBnClickedButton1();
```

(2) 在控件处理的类的成员定义的文件中,找到消息映射部分(消息映射以 BEGIN_MESSAGE_MAP 开头,以 END_MESSAGE_MAP 结束),其中每行都指定了消息的类型,发生消息的控件的 ID 和处理消息的成员函数。如:

```
ON_BN_CLICKED(IDC_BUTTON1,&Cch09_1_2Dlg::OnBnClickedButton1);
```

(3) 在类的成员函数定义中,定义某事件发生时,执行的代码的成员函数体。

如果要删除某一控件的某一个消息映射项,必须删除上面所述的三部分内容,不然可能导致编译错误。

控件通过发送事件对应的消息进行相关的通信。不同类型控件发送消息的通知代码是不一样的,表 9-2 中列出了不同类型的控件的事件所对应的消息通知代码。

表 9-2 控件及其相应的通知代码

子窗口控件	消息通知代码	对应事件简介
按钮控件	BN_CLICKED	用户在按钮子窗口中单击
	BN_DOUBLECLICKED	用户在按钮子窗口中双击
编辑框控件	EN_CHANGE	用户在编辑框子窗口中更改了输入框中的数据
	EN_ERRSPACE	编辑框的空间已用完
	EN_HSCROLL	水平滚动条被按下并被激活
	EN_KILLFOCUS	编辑框失去输入焦点
	EN_MAXTEXT	输入的正文数超过了编辑框的最大容量
	EN_SETFOCUS	编辑框子窗口获得输入焦点
	EN_UPDATE	编辑框子窗口将更新显示内容
	EN_VSCROLL	垂直滚动条被按下并激活
列表框控件	LBN_DBLCLK	字符串列表框中的字符串被双击
	LBN_ERRSPACE	分配给字符串列表框的内存已经用完
	LBN_KILLFOCUS	字符串列表框失去焦点
	LBN_SELCHANGE	在字符串列表框进行的选择发生了改变
	LBN_SELCANCEL	在列表框中取消某个选择时发出的消息
	LBN_SETFOCUS	字符串列表框获得输入焦点
组合框控件	CBN_DBLCLK	选择组合框中的字符串被双击
	CBN_DROPDOWN	选择组合框将被取消
	CBN_EDITCHANGE	选择组合框中的正文将被修改
	CBN_EDITUPDATE	选择组合框中的正文将被更新
	CBN_ERRSPACE	分配给选择组合框的内存已用完
	CBN_KILLFOCUS	选择组合框失去焦点
	CBN_SELENDCANCEL	当用户选择了列表框中的某一项后又选了其他控键或关闭对话框,此时发出此消息
	CBN_SELCHANGE	选择列表框中的选择项发生改变

续表

子窗口控件	消息通知代码	对应事件简介
组合框控件	CBN_SELENDOK	用户选择了某一项,或选择后关闭了组合框后发送的消息
	CBN_CLOSEUP	组合框关闭时发送的消息
	CBN_SETFOCUS	选择组合框获得焦点
滚动条控件	没有与滚动条相关的通知代码	
静态控件	没有与静态文本框相关的通知代码	

应用程序窗口可调用函数 SendMessage 向特定的子窗口发送消息,以指示其动作。例如用户单击圆按钮时,应用程序窗口可调用函数 SendMessage 向该圆按钮发送 BM_SETCHECK 消息,为该按钮设置选中符号,其形式为:

```
SendMessage(hwndRadioButton,BM_SETCHECK,1,0);
```

使用对话框控件时,应用程序可调用函数 SendDlgItemMessage 向指定的对话框控件发送消息,其形式为:

```
SendDlgItemMessage (hdlg, ID, message, wParam,
lParam);
```

其中,message 为所发消息,应用程序向控件发送的消息的字参数与长参数包含该消息的相关信息,其含义取决于具体的控件消息。

处理消息的窗口应用程序或对话框接收到消息从消息映射中查找对应项,然后执行消息映射项中确定的成员函数代码。

为控件的事件添加消息映射的步骤:

(1) 选择控件,从快捷菜单中选择"添加事件处理程序"进入"事件处理程序向导",如图 9-3 和图 9-4 所示。

(2) 选择修改好"事件处理程序向导"对话框的各项之后,单击"添加编辑",就可以为处理消息的成员函数添加代码,本例只添加一行结束对话框的代码,如下所示:

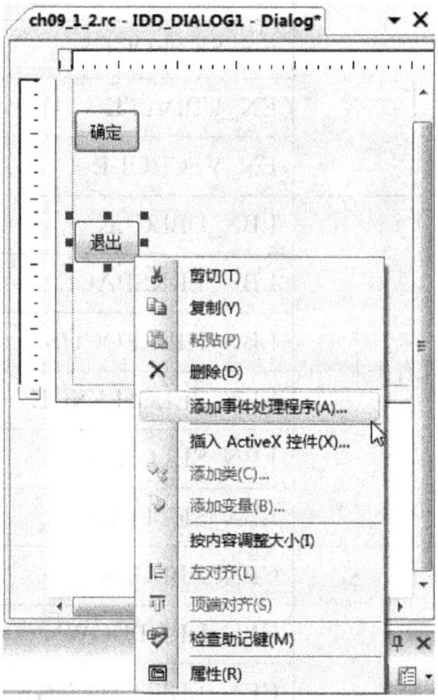

图 9-3 为控件添加事件处理程序

```
void Cch09_1_2Dlg::OnBnClickedExit()
{
    OnOK();
}
```

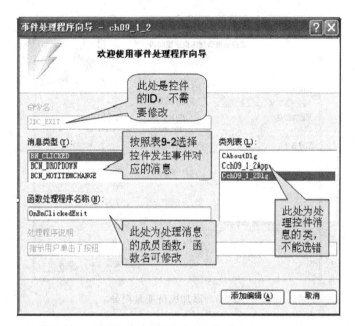

图 9-4 事件处理程序向导

9.1.3 在应用程序中使用控件

有时,在应用程序中要获取控件的属性或值,或要改变控件的属性或值,这就要求应用程序能获取控件的指针或控件的名称(需要为其定义一个标识符),通常有以下两种方法。

1. 使用 GetDlgItem 函数根据控件 ID 来获取控件的地址

GetDlgItem 函数的原型为:

```
virtual CWnd * GetDlgItem(int nID)const;
```

此函数是一个虚函数,返回值是一个指向控件基类 CWnd 类的指针,所以使用时常常要做强制类型转化,如下所示:

```
CEdit * pEdit;                              //定义一个指向 CEdit 控件的指针
pEdit=(CEdit * )GetDlgItem(IDD_EDIT1);      //获取 ID 为 IDD_EDIT1 编辑框的指针
pEdit->SetSel(2,5);                         //选中第 2 到第 5 个字符之间的文字
```

2. 为控件定义标识符

如果控件使用频繁,使用方法 1 显得过于烦琐,为此可以为控件指定一个标识符。这样定义的控件标识符就是控件类的实例对象,可以用标识符访问类的所有成员。

为控件定义标识符的步骤为选择控件,从快捷菜单中选择"添加变量"进入"添加成员变量向导",如图 9-3 和图 9-5 所示。

单击"完成"就可以在应用程序中使用此控件了。

注意,若控件定义为 value 类型的,对话框中控件的内容与变量的值可能不一致,在

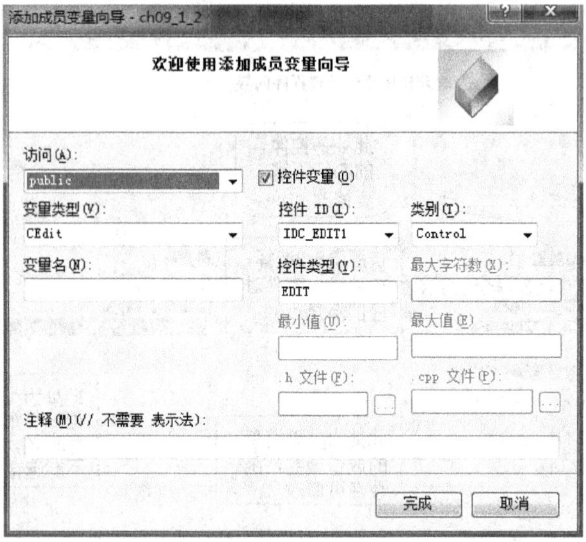

图 9-5　添加成员变量向导

使用前用函数 UpdateData(FALSE)进行刷新,可以将控件的内容刷新到内存变量;若内存变量的值改变后,想在对话框控件中显示出来,可以使用 UpdateData(TRUE),进行刷新。这些刷新操作都是通过 DDX 技术来完成,DDX 是将控件 ID 和控件变量绑定的一种技术,其数据交换通过 DoDataExchange()函数来实现,如下所示:

```
void Cch09_1_2Dlg::DoDataExchange(CDataExchange * pDX)
{
    CDialog::DoDataExchange(pDX);
    DDX_Control(pDX,IDC_EDIT1,m_edit);
    DDX_Text(pDX,IDC_EDIT2,m_name);
}
```

9.1.4　自定义控件类

控件类都是 MFC 为我们提供的标准的控件类,可以继承控件类,派生出新的控件类,然后在派生的控件类中加入一些新的成员,然后用派生的控件类定义控件变量,就可以扩展控件类的功能。操作如下。

(1) 在项目上单击快捷菜单,选择"添加类",进入类向导,选择"MFC 类",然后,单击"添加"按钮,如图 9-6 所示。

(2) 指定派生类的基类,输入新类的名称。如图 9-7 所示。

(3) 增加类的成员,扩展控件类的功能。

(4) 按图 9-5 为控件定义变量,在"变量类型"中输入自定义的控件类。

第 9 章　Windows 标准控件在可视化编程中的应用　　　　　　　　　　· 187 ·

图 9-6　类向导 1

图 9-7　类向导 2

9.2　按钮控件及其应用

　　按钮通常是指可以响应鼠标单击或键盘回车消息的小矩形子窗口。按钮命令的作用是对用户的鼠标单击或双击操作作出响应并触发相应的事件,在按钮中既可以显示正文,也可以显示位图。

按钮控件是 Windows 对话框中最常用的控件之一。按钮控件的类型比较丰富,其中主要有普通按钮、圆按钮、复选框按钮、组框按钮和自绘式按钮等。

1. 普通按钮(PUSHBUTTON)与缺省普通按钮(DEFPUSHBUTTON)

普通按钮和缺省普通按钮是最常用的按钮,其外观为矩形条,按钮上可设置文本、图标或位图等。该类型按钮的作用是帮助用户触发指定动作。当用户单击按钮时,应用程序立即执行相应动作。其中缺省普通按钮带有一个加粗的黑框。

2. 圆按钮(RADIOBUTTON)与自动圆按钮(AUTORADIOBUTTON)

圆按钮(也称为单选按钮)的外形为按钮文本和其左侧的小圆框,当圆按钮被选中时,该项的圆框将加点显示。圆按钮所包含的各选项之间一般具有互斥的性质,即同组单选按钮中用户只能选择其中某个选项。

自动圆按钮与普通圆按钮的区别在于:当用户选择自动圆按钮时,系统可自动消除其他圆按钮的选中标志,以保证互斥性;普通圆按钮则要求程序员编写相应的程序完成互斥操作。当单选按钮处于选择状态时,会在圆圈中显示一个黑色实心圆。

3. 复选框(CHECKBOX)与自动复选框(AUTOCHECKBOX)

复选框的外形为按钮文本和其左侧的小方框,当一个选择框处于选择状态时,在小方框内会出现一个"√"。

复选框常用来显示一组选项供用户选择。与圆按钮不同,其各选项之间不存在互斥性,用户可选择其中一个或多个选项。

4. 组框(GROUPBOX)

组框的外形为左上角包含文字的矩形框,组框是一种特殊的按钮形式,虽然它属于按钮类控件,但既不处理鼠标和键盘输入,也不向其父窗口发送消息,其主要作用在于将控件分隔成不同的组并加以说明。

5. 自绘式按钮

自绘式按钮是指由程序而不是系统负责重绘的按钮。

9.2.1 按钮控件的创建过程

MFC 的 CButton 类封装了按钮控件,CButton 类的结构如下:

```
class CButton: public CWnd
{
    DECLARE_DYNAMIC(CButton)
//Constructors
public:
    CButton();
    BOOL Create(LPCTSTR lpszCaption,DWORD dwStyle,const RECT& rect,CWnd *
    pParentWnd,UINT nID);
//Attributes
    UINT GetState()const;
    void SetState(BOOL bHighlight);
```

```
    int GetCheck()const;
    void SetCheck(int nCheck);
    UINT GetButtonStyle()const;
    void SetButtonStyle(UINT nStyle,BOOL bRedraw=TRUE);
#if(WINVER>=0x400)
    HICON SetIcon(HICON hIcon);
    HICON GetIcon()const;
    HBITMAP SetBitmap(HBITMAP hBitmap);
    HBITMAP GetBitmap()const;
    HCURSOR SetCursor(HCURSOR hCursor);
    HCURSOR GetCursor();
#endif
//Overridables(for owner draw only)
    virtual void DrawItem(LPDRAWITEMSTRUCT lpDrawItemStruct);
//Implementation
public:
    virtual~CButton();
protected:
    virtual BOOL OnChildNotify(UINT,WPARAM,LPARAM,LRESULT *);
};
```

引入 CButton 类的定义，CButton 类的成员函数 Create 负责创建按钮控件，该函数的声明为：

```
BOOL Create(LPCTSTR lpszCaption, DWORD dwStyle, const RECT& rect, CWnd * pParentWnd, UINT nID);
```

其中，

- lpszCaption：指定了按钮显示的正文；
- dwStyle：指定了按钮的风格，它可以是表 9-3 所列风格的组合；
- rect：说明了按钮的位置和大小；
- pParentWnd：指向父窗口，该参数不能为 NULL；
- nID：是按钮的 ID。

表 9-3　按钮的样式

控件样式	含　义
BS_AUTOCHECKBOX	同 BS_CHECKBOX，不过单击鼠标时按钮会自动反转
BS_AUTORADIOBUTTON	同 BS_RADIOBUTTON，不过单击鼠标时按钮会自动反转
BS_AUTO3STATE	同 BS_3STATE，不过单击按钮时会改变状态
BS_DEFPUSHBUTTON	指定缺省的命令按钮，这种按钮的周围有一个黑框，用户可以按回车键来快速选择该按钮
BS_GROUPBOX	指定一个组框

续表

控件样式	含义
BS_LEFTTEXT	使控件的标题显示在按钮的左边
BS_CHECKBOX	指定在矩形按钮右侧带有标题的选择框
BS_RADIOBUTTON	指定一个单选按钮,在圆按钮的右边显示正文
BS_3STATE	同 BS_CHECKBOX,不过控件有三种状态:选择、未选择和变灰
BS_PUSHBUTTON	指定一个命令按钮
BS_OWNERDRAW	指定一个自绘式按钮

用于按钮控件消息映像有 ON_BN_CLICKED、ON_BN_DBLCLICKED 和 ON_COMMAND,其含义分别为单击按钮发送消息、双击按钮发送消息和单击按钮时发送,ON_COMMAND 与 ON_BN_CLICKED 类似。

复选按钮控件所支持的选项只有两种状态,常用于只有两种完全相反状态的情况下;单选按钮适用于在同一组属性相同的数据中选一个数据;下压按钮适用于消息的发送。

组合框实际上没有太多的操作,只是用于在窗口中对特定的区域划分范围,并把相同属性的数据划并在一起,使窗口简洁明了。表 9-4 列出了 CButton 类的主要成员函数。

表 9-4 CButton 类的主要成员函数

成员函数	功能
GetCheck( )	返回检查框或单选按钮的选择状态。返回值 0 表示按钮未被选择,1 表示按钮被选择,2 表示按钮处于不确定状态(仅用于检查框)
SetCheck( )	设置检查框或单选按钮的选择状态。
GetBitmap( )	获得用 SetBitmap()方法设置的位图的句柄
SetBitmap( )	指定按钮上显示的位图
GetButtonStyle( )	获得有关按钮控件样式的信息
SetButtonStyle( )	改变按钮样式
GetCursor( )	获得通过 SetCursor()方法设置的光标图像的句柄
SetCursor( )	指定一个按钮控件上的光标图像
GetIcon( )	获得由 SetIcon()设置的图标句柄
SetIcon( )	指定一个按钮上显示的图标
GetState( )	获得一个按钮控件的选中、选择或聚焦状态
SetState( )	设置一个按钮控件的选择状态

我们还可以使用一系列与按钮控件有关的 CWnd 成员函数来设置或查询按钮的状态。用这些函数的好处在于不必构建按钮控件对象,只要知道按钮的 ID,就可以直接设置或查询按钮。

1. CheckDlgButton(int nIDButton,UINT nCheck)

该函数用来设置按钮的选择状态。其中，

- nIDButton：按钮的 ID；
- nCheck：取值 0 表示按钮未被选择，1 表示按钮被选择，2 表示按钮处于不确定状态。

2. CheckRadioButton(int nIDFirstButton,int nIDLastButton,int nIDCheckButton)

该函数用来选择组中的一个单选按钮。其中，

- nIDFirstButton：指定按钮组中第一个按钮的 ID；
- nIDLastButton：指定按钮组中最后一个按钮的 ID；
- nIDCheckButton：指定要选择的按钮的 ID。

3. GetCheckedRadioButton(int nIDFirstButton,int nIDLastButton)

该函数用来获得一组单选按钮中被选中按钮的 ID。其中，

- nIDFirstButton：按钮组中第一个按钮的 ID；
- nIDLastButton：按钮组中最后一个按钮的 ID。

4. IsDlgButtonChecked(int nIDButton)

该函数返回检查框或单选按钮的选择状态。其中，

返回值 0 表示按钮未被选择，1 表示按钮被选择，2 表示按钮处于不确定状态（仅用于检查框）。

5. GetWindowText()、GetWindowTextLength()和 SetWindowText()

上述函数分别用来查询或设置按钮中显示的正文。

此外，MFC 还提供了一个 CBitmapButton 的类，允许用户以图标的方式显示按钮，它是在 CButtong 下派生的，其层次结构如图 9-8 所示。

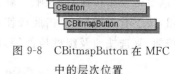

图 9-8　CBitmapButton 在 MFC 中的层次位置

CBitmapButton类的定义如下：

```
class CBitmapButton : public CButton
{
    DECLARE_DYNAMIC(CBitmapButton)
    public:
    //Construction
    CBitmapButton();
    BOOL LoadBitmaps(LPCTSTR lpszBitmapResource,
    LPCTSTR lpszBitmapResourceSel=NULL,
    LPCTSTR lpszBitmapResourceFocus=NULL,
    LPCTSTR lpszBitmapResourceDisabled=NULL);
    BOOL LoadBitmaps(UINT nIDBitmapResource,
    UINT nIDBitmapResourceSel=0,
    UINT nIDBitmapResourceFocus=0,
    UINT nIDBitmapResourceDisabled=0);
    BOOL AutoLoad(UINT nID,CWnd * pParent);
    //Operations
```

```
void SizeToContent();
//Implementation:
public:
#ifdef _DEBUG
virtual void AssertValid()const;
virtual void Dump(CDumpContext& dc)const;
#endif
protected:
//all bitmaps must be the same size
CBitmap m_bitmap;              //normal image(REQUIRED)
CBitmap m_bitmapSel;           //selected image(OPTIONAL)
CBitmap m_bitmapFocus;         //focused but not selected(OPTIONAL)
CBitmap m_bitmapDisabled;      //disabled bitmap(OPTIONAL)
virtual void DrawItem(LPDRAWITEMSTRUCT lpDIS);
};
```

CBitmapButton 类定义的两个初始化方法以增强一个标准下压按钮的功能，并且提供了装载位图的简便方法，它们分别为 LoadBitmaps() 和 AutoLoad()，MFC 调用方法 DrawItem() 自动在一个按钮的用户区内画上位图，即用户可以自定义按钮。LoadBitmaps() 方法为一个 CBitmapButton 对象附上位图，最多可以有 4 个位图，这些位图从用于程序的资源文件中读取，用户也可以使用 AutoLoad() 方法将一个对话框按钮和一个 CBitmapButton() 对象联系起来，有时必须调整位图的尺寸大小，可以通过 SizeToContent() 方法进行调整。

9.2.2 按钮控件示例

【例 9-1】 创建如图 9-9 所示的按钮控件系列，当单击第一个按钮时，按钮上的文字"这里是一个按钮，按我吧！"就变成"你已按下了按钮"，第二个按钮，标记为"这是缺省按钮，按下看看吧！"，单击此按钮后，按钮的标记信息就变成"按钮已被按下"，此外还有单选按钮、复选按钮及组框控件等，如图 9-10 所示。

图 9-9　按钮示例

图 9-10　按钮被按下后的响应

主要步骤如下：

（1）首先使用"MFC 应用程序向导"建立项目，项目名称为 ch09_1，解决方案为 ch09，本章所有示例解决方案均使用 ch09，一个解决方案下可以有多个项目。

（2）在选择项目类型的时候选择"基于对话框"类型的应用程序，一般控件都是在对话框应用程序中使用。"资源语言"选择"中文"，否则，界面上的中文无法正确显示。如图 9-11 所示。

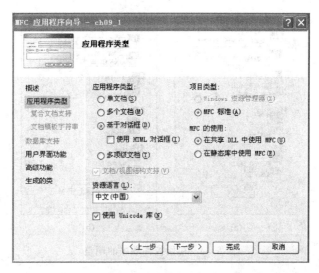

图 9-11 创建基于对话框的应用程序

（3）单击"完成"按钮，在随后的步骤中均选择"下一步"按钮，然后将对话框上默认的控件删除干净。

（4）设置按钮的属性如表 9-5 所示。

表 9-5 各控件的属性设置

ID	Caption	Group	Auto
IDC_BUTTON1	这里是一个按钮，按我吧！		
IDC_BUTTON2	这是缺省按钮，按下看看吧！		
IDC_RADIO1	自动单选按钮 1		√
IDC_RADIO2	自动单选按钮 2		√
IDC_RADIO3	单选按钮 1	√	
IDC_RADIO4	单选按钮 2		
IDC_CHECK1	自动复选按钮 1		√
IDC_CHECK2	复选按钮 2		

对于 radio 和 check 类型的按钮，如果设置了 auto 风格，则开发者不需要响应按钮的点击消息，按钮会自动响应。如果没有设置 auto 风格，则开发者需要响应按钮的点击消息，并自行设置按钮的状态。

对于 radio 类型的按钮，tab order（接下来会介绍）递增的一组按钮，每个设置 Group 风格的按钮和接下来没有设置 Group 风格的按钮为一组，下一个设置了 Group 风格的按钮为新一组的开始。一组内的多个 radio 之间是互斥的，也就是说任何时候只有一个可以被选中。

（5）要设置 IDC_BUTTON2 为缺省按钮，就要设置 IDC_BUTTON2 的 tab order 为所有控件中的第一个。在资源编辑器中选择菜单"格式"|"Tab 键顺序"，对话框编辑画面如图 9-12(a)所示。此时按顺序点击控件，会更改控件的 tab 顺序。要设置第二个按钮为默认的，则首先点击第二个按钮，之后的顺序如图 9-12(b)所示。

(a)　　　　　　　　　　　(b)

图 9-12　初始控件顺序的调整

（6）接下来需要为按钮添加成员变量。由于 IDC_RADIO1、IDC_RADIO2 和 IDC_CHECK1 设置为 auto 风格了，应用程序中不需要为这些控件的鼠标单击事件进行处理，程序中也不对这些控件进行操作，因此不需要为这两个控件添加成员变量。但必须为其他的控件定义变量，变量是 Cch09_1Dlg 类的成员，添加成员变量的步骤见图 9-5。表 9-6 是本例所用控件的变量及类型。

表 9-6　增加控件对象的变量

控件 ID	变量类型	成员变量名	控件 ID	变量类型	成员变量名
IDC_BUTTON1	CButton	M_btn1	IDC_RADIO4	CButton	M_rad4
IDC_BUTTON2	CButton	M_btn2	IDC_CHECK2	CButton	M_chk2
IDC_RADIO3	CButton	M_rad3			

（7）接下来参照图 9-3 和图 9-4 为按钮添加消息响应。对于按钮控件，一般只需要响应单击事件即可，只需要为非 auto 风格的按钮添加消息处理即可。表 9-7 是各按钮对应的单击事件所对应的消息处理函数。

表 9-7　各控件单击事件所对应的消息处理函数

控件 ID	成员变量名	消息处理函数	控件 ID	成员变量名	消息处理函数
IDC_BUTTON1	M_btn1	OnBnClickedButton1	IDC_RADIO4	M_rad4	OnBnClickedRadio4
IDC_BUTTON2	M_btn2	OnBnClickedButton2	IDC_CHECK2	M_chk2	OnBnClickedCheck2
IDC_RADIO3	M_rad3	OnBnClickedRadio3			

消息处理代码如下:

```
void Cch09_1Dlg::OnBnClickedButton1()
{
    //TODO: 在此添加控件通知处理程序代码
    m_btn1.SetWindowText(L"你已按下了按钮!");
}
void Cch09_1Dlg::OnBnClickedButton2()
{
    //TODO: 在此添加控件通知处理程序代码
    m_btn2.SetWindowText(L"按钮已被按下!");
}
void Cch09_1Dlg::OnBnClickedRadio3()
{
    //TODO: 在此添加控件通知处理程序代码
    m_rad3.SetCheck(1);
    m_rad4.SetCheck(0);
}
void Cch09_1Dlg::OnBnClickedRadio4()
{
    //TODO: 在此添加控件通知处理程序代码
    m_rad3.SetCheck(0);
    m_rad4.SetCheck(1);
}
void Cch09_1Dlg::OnBnClickedCheck2()
{
    //TODO: 在此添加控件通知处理程序代码
    if(m_chk2.GetCheck())
        m_chk2.SetCheck(0);
    else
        m_chk2.SetCheck(1);
}
```

9.3 滚动条控件

滚动条控件是 Windows 窗口操作中常用的工具,在面向对象的程序设计中会频繁使用。滚动条在形式上又可分为窗口滚动条和子窗口滚动条控件(包括对话框滚动条)两种。窗口滚动条由系统创建,其位置和尺寸固定;子窗口滚动条由应用程序创建,其位置和尺寸由程序员确定。

9.3.1 滚动条类的结构及其方法

与其他的 MFC 控件一样,滚动条类 CScrollBar 是 CWnd 的直接派生类,它同时继承了 CWnd 的所有功能。它在 MFC 类库中的层次位置如图 9-13 所示。

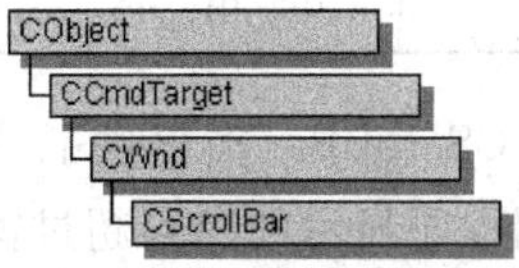

图 9-13 CScrollBar 类在 MFC 类库中的层次位置

Visual C++ 在 AFXWIN.H 中定义了 CScrollBar 类的结构,结构定义如下。

```
class CScrollBar : public CWnd
{
    DECLARE_DYNAMIC(CScrollBar)
    //
    public:
    CScrollBar();                                    //构造函数
    BOOL Create(DWORD dwStyle,const RECT& rect,CWnd * pParentWnd,UINT nID);

    //成员函数(类的方法)
    int GetScrollPos()const;
    int SetScrollPos(int nPos,BOOL bRedraw=TRUE);
    void GetScrollRange(LPINT lpMinPos,LPINT lpMaxPos)const;
    void SetScrollRange(int nMinPos,int nMaxPos,BOOL bRedraw=TRUE);
    void ShowScrollBar(BOOL bShow=TRUE);
    BOOL EnableScrollBar(UINT nArrowFlags=ESB_ENABLE_BOTH);
    BOOL SetScrollInfo(LPSCROLLINFO lpScrollInfo,BOOL bRedraw=TRUE);
    BOOL GetScrollInfo(LPSCROLLINFO lpScrollInfo,UINT nMask=SIF_ALL);
    int GetScrollLimit();
    //Implementation
    public:
    virtual~CScrollBar();//析构函数
};
```

从上述滚动条类的定义中,就可以基本上了解 CScrollBar 类的方法。滚动条的主要方法的含义如表 9-8 所示。

表 9-8 CScrollBar 类的主要方法

方　　法	说　　明
EnableScrollBar()	使滚动条的一个或两个箭头有效或无效
GetScrollInfo()	获得滚动条的消息
GetScrollLimit()	获得滚动条的范围
GetScrollPos()	获得滚动条当前的位置
GetScrollRange()	获得制定滚动条的当前最大和最小滚动位置
SetScrollInfo()	设置滚动条的消息
SetScrollPos()	设置滚动块当前的位置
SetScrollRange()	设置制定滚动条的最大和最小滚动位置
ShowScrollBar()	显示或隐藏滚动条

CScrollBar 类提供了一组方法用于操纵控件和数据。滚动条控件最直接的功能是当应用程序显示的内容超过窗口的范围时,用户可通过拖动滚动条遍历整个窗口内容。滚动条在功能上分为垂直滚动条与水平滚动条,分别实现窗口内容纵向和横向的滚动。

应用程序在对话框中放置滚动条控件后,可通过该控件发出的消息得知用户对滚动条的操作,并可调用滚动条类的成员函数获取滚动条的信息或操作指定的滚动条。表 9-9 列出了常用的标识及其说明。

表 9-9 常用滚动条动作标识及其说明

标 识	说 明	标 识	说 明
SB_TOP	滚动到滚动条最顶端	SB_LINEDOWN	向下滚动一行
SB_BOTTOM	滚动到滚动条最底端	SB_LINEUP	向上滚动一行
SB_RIGHT	滚动到右边	SB_LINELEFT	向左滚动一行
SB_LEFT	滚动到左边	SB_LINERIGHT	向右滚动一行
SB_PAGEUP	向上滚动一页	SB_THUMBPOSITION	滚动框移动到新位置
SB_PAGEDOWN	向下滚动一页	SB_THUMBTRACK	滚动框被拖动
SB_PAGELEFT	向左滚动一页	SB_ENDSCROLL	滚动到最终位置
SB_PAGERIGHT	向右滚动一页		

　　滚动条是一个交互式的、高度可视化、操作较复杂的控件,用户通过多种方式可操作滚动条。它包括一个滑块,这个滑块能够沿滚动条的长度运动,在滚动条的两端还有一组按钮。当单击滚动条两端的按钮箭头时滚动条移动的距离称为滑块的滚动单位,滚动单位可以根据程序的需要进行设置,一般设置为一行。滚动条可以通过滑块、按钮来改变位置,也可以在滑块与按钮的空白处单击实现翻页,一页的单位同样由应用程序确定。滚动条控件与属于窗口的滚动条是不一样的,属于窗口的滚动条与窗口绑定,是由该窗口创建、管理和释放的,而滚动条控件是由用户创建、管理和释放的。滚动条在窗口中可以水平或垂直地设置。

　　作为任何一个窗口的子控件,一个滚动条可以通过通知代码来创建,但也可以用对话框资源模板来创建。一个滚动条被用户操作时,将产生事件并向它的主窗口发通知消息,这个主窗口通常是由 Cdialog 类派生的,可以通过编写消息映射和消息处理方法来获取和处理这些消息,消息映射和消息处理方法在滚动条的主窗口的类中被执行。

9.3.2 滚动条类编程实例

　　【例 9-2】 编写一个基于对话框的应用程序,其主窗口如图 9-14 所示。主窗口标题为 application of scrollbar。在这个窗口中,有一个滚动条,滚动条下面有一个编辑框,滚动条两边各有两个命令按钮。滚动条的滚动范围设为 0 到 20,当前值为 10,滚动条下面的编辑框中显示当前位置的值。单击滚动条向上或向下的箭头按钮,滚动条上的滚动块向上或向下移动一格,编辑框中的数字加 1 或减 1;单击滚动条中滚动块与两端箭头之间的区域,滚动块上移或下移三格,编辑框中的数字加 3 或减 3;按住滚动块上下拖动,编辑框中的数字随着滚动块的移动而随之发生变化。本例的按钮功能

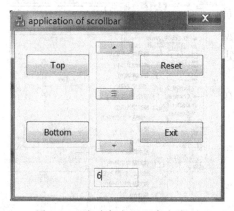

图 9-14 滚动条应用程序主窗口

如下:
- Top 按钮:单击一下 Top 按钮,滚动块移到最上边,编辑框中的数字变为 0。
- Bottom 按钮:单击 Bottom 按钮,滚动块移到最下边,编辑框中的数字变为 20。
- Reset 按钮:单击一下 Reset 按钮,滚动块移到中间,编辑框中的数字变为 10。
- Exit 按钮:单击 Exit 按钮,退出 application of scrollbar 应用程序。

1. 应用程序的可视化编程部分

(1) 建立一个基于对话框的工程文件 ch09_2。

(2) 修改对话框的属性 caption 为 application of scrollbar。

(3) 在控件工具箱中选择相应的控件,根据图 9-14 的要求进行相应控件的布局后,在编辑状态的对话框中,将鼠标移到各个控件上,单击后从"属性"工具栏中对各个控件的 ID、Caption、Readonly 属性进行设置,各个对象属性设置如表 9-10 所示。

表 9-10 对话框中各个对象的属性

对象	ID	变量名及类型	Caption	只读
滚动条	IDC_SCROLLBAR	m_scrollbar(control)	无	
编辑框	IDC_EDIT1	m_dispinfo(control)	无	√
Top 按钮	IDC_BTN_TOP		&Top	
Bottom 按钮	IDC_BTN_BOTTOM		&Bottom	
Reset 按钮	IDC_BTN RESET		&Reset	
Exit 按钮	IDC_BTN EXIT		&Exit	

(4) 为滚动条和编辑框添加变量,变量类型都是控件,变量名如表 9-10 所示。

按表 9-10 中的内容,可以完成对话框的设计,但是现在的对话框不能执行任何操作,因为还没有给各个控件添加消息映射及消息处理代码。

2. 应用程序的代码编程部分

(1) 初始化滚动条。

运行 SCROLLBAR 应用程序时,一进入主窗口,滚动条的滚动块应位于中间位置,而且滚动条的最小值和最大值分别为 0 和 20,编辑框中显示的值是滚动条当前位置的值。

本例中多处将滚动条控件的值显示在编辑框控件中,因此可在 Cch09_2Dlg 类中加入一个成员函数 ChangeDisplayInfo(int pos),用于将数值型参数 pos 显示到编辑框控件中。具体操作见图 9-15 和图 9-16。

成员函数 ChangeDisplayInfo(int pos) 的代码如下。

```
void Cch09_2Dlg::ChangeDisplayInfo(int pos)
{
    TCHAR sPos[10];
    _itow(pos,sPos,10);
```

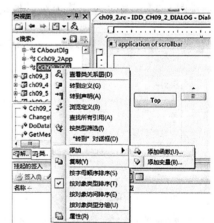

图 9-15 为 Cch09_2Dlg 类添加成员函数

第 9 章 Windows 标准控件在可视化编程中的应用

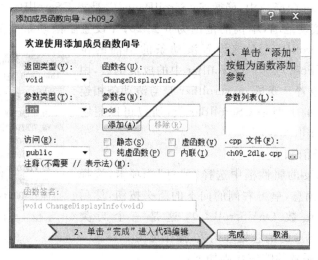

图 9-16 添加成员函数向导

```
    m_dispinfo.SetSel(0,-1);
    m_dispinfo.ReplaceSel(sPos);
    UpdateData(FALSE);         //将与控件绑定的变量的内容显示到屏幕上
}
```

函数_itow(pos,sPos,10)是将数值 pos 按十进制形式转化到字符串 sPos 中。SetSel()和 ReplaceSel()是 CEdit 类的成员函数,SetSel(0,-1)表示选中编辑框中的所有内容,ReplaceSel(sPos)表示用 sPos 的值去替换编辑框中的内容。

在 CDialog 类中有一个虚函数 OnInitDialog(),一般将控件的初始化代码放在此函数中。要编辑 OnInitDialog 的代码操作步骤见图 9-17。

```
BOOL Cch09_2Dlg::OnInitDialog()
{
    CDialog::OnInitDialog();
    ...
    SetIcon(m_hIcon,TRUE);
                        //Set big icon
    SetIcon(m_hIcon,FALSE);
                        //Set small icon

    //TODO:在此添加额外的初始化代码
    m_scrollbar.SetScrollRange(0,20);
    m_scrollbar.SetScrollPos(10);
    ChangeDisplayInfo(m_scrollbar.GetScrollPos());
    return TRUE;         //return TRUE unless you set the focus to a control
}
```

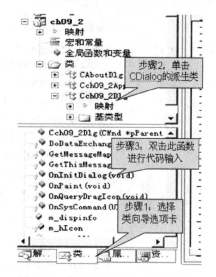

图 9-17 在 OnInitDialog 函数输入代码的操作步骤

在 OnInitDialog()函数中，函数 SetScrollRange()是类 CScrollBar 中的成员函数，用来设置滚动条的滚动范围，本例的范围为 0 到 20；在设置了滚动条的范围后，通过函数 m_scrollbar.SetScrollPos(10)来设置滚动条的当前的位置，函数 SetScrollPos()是类 CScrollBar 中的成员函数，用于设置滚动条的位置。变量 m_scrollbar 是与滚动条相连接的变量，因为它的类型是 CScrollBar 类，所以可以用它来调用函数 SetScrollPos()。

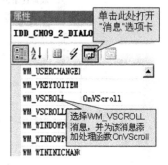

图 9-18　为 Cch09_2Dlg 类添加消息及处理函数

(2) 给滚动条消息添加代码。

在 Cch09_2Dlg 的属性框中选择"消息"选项卡，选择 WM_VSCROLL 消息，单击右侧的向下的箭头按钮，然后添加一个成员函数 OnVScroll()，这是一个与类 CScrollbarDlg 相对应的消息处理函数，操作见图 9-18。

OnVScroll()函数的响应代码如下：

```
void Cch09_2Dlg::OnVScroll(UINT nSBCode,UINT nPos,CScrollBar * pScrollBar)
{
    //TODO: 在此添加消息处理程序代码和/或调用默认值
    int iNowPos;
    switch(nSBCode)
    {
        if(pScrollBar==&m_scrollbar)
        {
            case SB_THUMBTRACK:                              //拖动滚动滑块时
                m_scrollbar.SetScrollPos(nPos);
                ChangeDisplayInfo(m_scrollbar.GetScrollPos());
            case SB_LINEDOWN:                                //单击滚动条向下的箭头
                iNowPos=m_scrollbar.GetScrollPos();
                iNowPos=iNowPos+1;
                if(iNowPos>20)
                    iNowPos=20;
                m_scrollbar.SetScrollPos(iNowPos);
                ChangeDisplayInfo(m_scrollbar.GetScrollPos());
                break;
            case SB_LINEUP:                                  //单击滚动条向上的箭头
                iNowPos=m_scrollbar.GetScrollPos();
                iNowPos=iNowPos-1;
                if(iNowPos<0)
                    iNowPos=0;
                m_scrollbar.SetScrollPos(iNowPos);
                ChangeDisplayInfo(m_scrollbar.GetScrollPos());
                break;
            case SB_PAGEDOWN:                                //单击滚动条下面的箭头与滚动块之间的区域
```

```
                iNowPos=m_scrollbar.GetScrollPos();
                iNowPos=iNowPos+3;
                if(iNowPos>20)
                    iNowPos=20;
                m_scrollbar.SetScrollPos(iNowPos);
                ChangeDisplayInfo(m_scrollbar.GetScrollPos());
                break;
            case SB_PAGEUP:                    //单击滚动条上面的箭头与滚动块之间的区域
                iNowPos=m_scrollbar.GetScrollPos();
                iNowPos=iNowPos-3;
                if(iNowPos<0)
                    iNowPos=0;
                m_scrollbar.SetScrollPos(iNowPos);
                ChangeDisplayInfo(m_scrollbar.GetScrollPos());
                break;
        }
    }
    CDialog::OnVScroll(nSBCode,nPos,pScrollBar);
}
```

函数 OnVScroll(UINT nSBCode, UINT nPos, CScrollBar * pScrollBar)有三个参数，第一个参数 nSBCode 表示滚动条发生的是哪一件事情，如单击向上箭头，或者单击向下箭头等；第二个参数 nPos 表示当前滚动块在滚动条中的位置；第三个参数 pScrollBar 表示与事件相关联的是哪一个滚动条。

对话框中可能有多个滚动条，各个滚动条的消息都在这个消息处理函数中进行，因此就要确定响应那个滚动条所的消息，通过如下的 if 语句确定要处理的滚动条。

```
if(pScrollBar==&m_Scrollbar){……}
```

这句代码是判断函数 OnVScroll()的第三个参数是否为滚动条的对象名 m_Scrollbar，如果判断为真，则执行的事件与该滚动条相关。

当拖动滚动块时，参数 nSBCode 的值为 CB_THUMBTRACK，它的代码如下：

```
case SB_THUMBTRACK:                                  //拖动滚动滑块时
    m_Scrollbar.SetScrollPos(nPos);
    ChangeDisplayInfo(m_scrollbar.GetScrollPos());
```

其中代码 m_Scrollbar.SetScrollPos(nPos)是用来设置滚动块的位置，函数 GetScrollPos()是得到滑块的当前位置。

在处理 SB_LINEDOWN 消息过程中，使用了如下的方法：

```
case SB_LINEDOWN:                                     //单击滚动条向下的箭头
    iNowPos=m_Scrollbar.GetScrollPos();
    iNowPos=iNowPos+1;
    if(iNowPos>20)
```

```
            iNowPos=20;
    m_Scrollbar.SetScrollPos(iNowPos);
    ChangeDisplayInfo(m_scrollbar.GetScrollPos());
    break;
```

该语句段首先调用函数 GetScrollPos() 是得到滑块的当前位置,然后使滑块的当前位置以 1 递增,并用

```
if(iNowPos>20)
    iNowPos=20;
```

两条语句保证最大值不超过 20。

SB_LINEUP 是用户单击滚动条的向上箭头时传递的参数,当用户单击向上箭头时,滑块当前位置以 1 递减,并用 if 语句保证最小值不小于 0,它的代码与上面的代码类似,只是将语句:

```
iNowPos=iNowPos+1;
```

改为:

```
iNowPos=iNowPos-1;
```

并且 if 语句保证滚动块的位置最小为 0。

SB_PAGEDOWN 消息是在用户单击滚动条向下箭头和滚动块之间的区域时传递的参数。实际上,本例要求一次单击,滑块位置以 3 递增,该递增通过 iNowPos=iNowPos+3 语句来实现。

SB_PAGEUP 与 SB_PAGEDOWN 的区别则是滚动块的位置以 3 递减,通过语句

```
iNowPos=iNowPos-3;
```

来实现。

(3) 给 Exit 按钮连接代码。

按钮 Exit 的实现方法为 OnBnClickedBtnExit(),该方法的代码如下:

```
void Cch09_2Dlg::OnBnClickedBtnExit()
{
    //TODO: 在此添加控件通知处理程序代码
    OnOK();
}
```

(4) 给 Top 按钮添加代码。

按钮 Top 的实现方法为 OnBnClickedBtnTop(),该方法的代码如下。

```
void Cch09_2Dlg::OnBnClickedBtnTop()
{
    //TODO: 在此添加控件通知处理程序代码
    m_scrollbar.SetScrollPos(0);
    ChangeDisplayInfo(m_scrollbar.GetScrollPos());
```

(5) 给 Bottom 按钮添加代码。

按钮 Bottom 的方法名称为 OnBnClickedBtnBottom(),该方法的代码如下。

```
void Cch09_2Dlg::OnBnClickedBtnBottom()
{
    //TODO: 在此添加控件通知处理程序代码
    m_scrollbar.SetScrollPos(20);
    ChangeDisplayInfo(m_scrollbar.GetScrollPos());
}
```

(6) 给 Reset 按钮添加代码。

按钮 Reset 的方法名称为 OnBnClickedBtnReset(),该方法的实现代码如下:

```
void Cch09_2Dlg::OnBnClickedBtnReset()
{
    //TODO: 在此添加控件通知处理程序代码
    m_scrollbar.SetScrollPos(10);
    ChangeDisplayInfo(m_scrollbar.GetScrollPos());
}
```

9.4 静态控件

静态控件是一种包含正文或图形的小窗口。应用程序通常使用静态控件标记其他控制窗口或分隔不同组别的控件。

一般情况下,静态控件不接收用户输入也不发出消息。然而,应用程序可通过设置静态控件的样式使其能够响应用户输入,向应用程序发送消息。这时的静态文本在功能上相当于超文本。

9.4.1 静态控件的特点

一般情况下静态控件不发送消息。但在实际应用中,常需要静态文本能够像超文本那样响应用户的输入,向应用程序发送控件消息。这时应用程序需在创建静态控件时加入 SS_NOTIFY 样式。该样式允许静态控件向其父窗口发送 WM_COMMAND 消息,该消息的字参数(wParam)的低字节中包含静态控件的 ID,高字节中包含通知码,表 9-11 列出了静态控件可使用的通知码及其说明;长参数中包含该静态控件的句柄。

表 9-11 静态控件使用的通知码其说明

通知码	说明	通知码	说明
STN_CLICKED	单击静态控件	STN_ENABLE	激活静态控件
STN_DBLCLK	双击静态控件	STN_DISABLE	禁止静态控件

9.4.2 静态控件应用举例

【例 9-3】 本例通过演示位图静态控件的使用方法,说明静态控件消息的强制生成与处理过程,如图 9-19 所示的位图控件,当单击位图时,就报告该位图的尺寸。

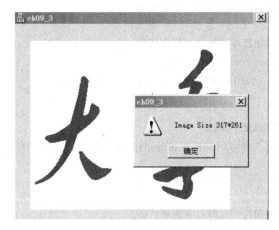

图 9-19　显示位图

主要步骤如下：
(1) 创建基于对话框的 MFC 应用程序 ch09_3。
(2) 向资源中导入一张图片(也可以使用磁盘中的图片文件,但是格式必须是 BMP 格式)。假设位图资源名称为 IDB_BITMAP1。
(3) 向对话框上放上一个 static 控件,其 ID 为 IDC_STATIC_BMP,并设置控件为 notify 风格,如果不设置该风格,静态控件是无法响应鼠标点击的消息的。
(4) 通过 ClassWizard,为该控件添加 CStatic 类型成员——m_bmp。
(5) 在 OnInitDailog 函数中添加如下代码,设置控件为位图风格,并设置位图。

```
BOOL Cch09_3Dlg::OnInitDialog()
{
    CDialog::OnInitDialog();

    ...

    //TODO: Add extra initialization here
    m_bmp.ModifyStyle(0,SS_BITMAP);
    HBITMAP hBmp=LoadBitmap(AfxGetInstanceHandle(),
    MAKEINTRESOURCE(IDB_BITMAP1));
    m_bmp.SetBitmap(hBmp);
    return TRUE;          //return TRUE unless you set the focus to a control
}
```

上述代码是从资源中载入位图,也可以从磁盘载入位图,方法为：将第二个参数用磁盘文件名代替即可。要使得 static 控件显示图片,必须设置风格 SS_BITMAP,否则图片无法显示。

(6) 响应鼠标单击静态控件的消息。为 static 控件添加 BN_CLICKED 消息的响应。要响应该消息,必须为 static 控件指定 notify 风格。(注意,格式为 XXN_XXX 的消息都是 notify 风格的消息,要响应通用控件的这一类消息都需要指定控件的 notify 风格)。

```
void Cch09_3Dlg::OnStaticBmp()
{
//TODO: Add your control notification handler code here
BITMAP bmp;
GetObject(m_bmp.GetBitmap(),sizeof(BITMAP),&bmp);
CString msg;
msg.Format(L"Image Size %d*%d",bmp.bmWidth,bmp.bmHeight);
AfxMessageBox(msg);
}
```

9.5 列表框控件

9.5.1 列表框控件的类结构

对于存在若干数据项并要从中进行选择的情况下,一个方便的方法是使用列表框,列表框是一个矩形窗口在矩形窗口中包含一些字符串,也可以包含其他的数据元素。列表框允许用户在列表框中选择一项或多项,因此有两种样式的列表框,即单选项列表框和多选项列表框,而且列表框可以自带滚动条,单选项列表框只允许用户一次选择一项,而多选列表框则可以一次选择多项。MFC 中 CListBox 类的层次结构如图 9-20 所示。

列表框常用于集中显示同种类型的内容,如同类型文件等,列表框一般具有如下特点:

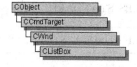

图 9-20 MFC 中 CListBox 类的层次结构

- 可提供大量的可选项(需要时自动显示滚动条);
- 可设置单选(单个选项)或多选(多项选择)功能;
- 单选时,单击列表项,被选的项以"反相"显示表示被选中;再次单击该选项,恢复为非选中状态。

列表框经常用在对话框里,如用列表框选择文件名、目录等。列表框有一个预定义的键盘接口,用户可以用键盘上的箭头和 PageUp 或 PageDown 键在列表框中进行数据的选择,或通过适当的样式设置,允许与 Shift 或 Ctrl 键组合使用。为节省篇幅,列标框类结构请读者参见 Visual C++ 编译环境下的 afxwin.h 文件中的定义。

像所有的窗口一样,列表框也有窗口样式的组合,由于它们本身是窗口,因此,除可用窗口样式外,还可以使用如表 9-12 所示的样式的组合。

从上面的 CListBox 类的定义中可以看出,MFC 将标准 Windows 列表框消息封装入 CListBox 类方法中,MFC 程序只需处理通知消息。具有 LBS_NOTIFY 样式的列表框向它的所有者发送通知消息,它的所有者通常是一个 CDialog 派生的类,可以通过对每个消息编写消息映像项和消息处理方法来捕获和处理这些消息。

表 9-12 CListBox 控件可用的样式

样 式	说 明
LBS_DISABLENOSCROLL	当列表框不需要滚动条时,滚动条无效
LBS_EXTENDSEL	允许使用鼠标及特殊键组合进行多项选择
LBS_HASSTRINGS	指明一个自绘的列表框,其中包括字符串选项,列表框负责为字符串分配内存,指定项的文字可以用 GetText() 方法检索
LBS_MULTICOLUMN	指明一个多列列表框,它含有一个水平滚动条,可以用 SetColumnWidth() 方法设置列的宽度
LBS_MULTIPLESEL	用户通过单击或双击一项进行选择或取消选择
LBS_NOINTEGRALHEIGHT	将列表框设置为创建时指定的大小
LBS_NOREDRAW	列表框在变化时不重绘,用户可以在任何时候发送 WM_SETREDRAW 消息改变这种模式
LBS_NOSEL	指明列表框包含只能看不能选择的项
LBS_NOTIFY	当用户单击或双击时向父窗口发送消息
LBS_OWNERDRAWFIXED	指明列表框的所有者负责填写列表项,且列表框具有相同的高度
LBS_OWNERDRAWVARIABLE	指明列表框的所有者负责填写列表项,且列表框可以不同高
LBS_SORT	列表项按字母顺序排列
LBS_STANDARD	此样式是 LBS_NOTIFY、LBS_SORT、WS_VSCROLL 和 WS_BORDER 的组合
LBS_USETABSTOPS	告知列表框在加入字符串列表项时加入 tab 字符
LBS_WANTKEYBOARDINPUT	允许应用程序通过发送 WM_VKEYTOITEM 和 WM_CHARTOITEM 消息给列表框的所有者来处理键盘输入

表 9-13 显示了消息映像项,它用于处理列表框通知。

表 9-13 CListBox 消息的消息映像项

消息映像项	说 明
ON_LBN_DBLCLK	当用户双击选项时具有 LBS_NOTIFY 样式的列表框向所有者发送此消息
ON_LBN_ERRSPACE	列表框不能分配足够内存以满足要求
ON_LBN_KILLFOCUS	当列表框失去输入焦点时出现此消息
ON_LBN_SELCANCEL	当取消当前列表框选择时,具有 LBS_NOTIFY 样式的列表框向所有者发送此消息
ON_LBN_SELCHANGE	当列表框中的选择改变时,具有 LBS_NOTIFY 样式的列表框向它的父窗口发送此通知。如果选择是用 CListBox::SetCurSel() 类方法改变的,则不发送通知。对多项选择列表框来说,当用户按箭头键时,即使选择不变也发送此通知

9.5.2 列表框类的方法

正如 CListBox 类声明中所见，CListBox 类为处理和操纵列表框和列表框数据提供了许多方法，这些方法可分为通用方法、单选列表框方法、多选列表框方法、特定字符串方法和虚拟方法等几种。

1. 通用方法

通用方法用来获得和设置列表框数据的值和属性，所有的 CListBox 列表框都有这些方法，包括单选列表框、多选列表框和自绘列表框等。表 9-14 给出了每个通用方法的简单描述。

表 9-14 通用 CListBox 类方法

方 法	描 述
GetHorizontalExtent()	获得列表框的水平滚动宽度（按像素）
SetHorizontalExtent()	设置列表框的水平滚动宽度（按像素）
GetItemData()	获得与列表框项有关的 32 位值
SetItemData()	设置与一列表框项有关的 32 位值
GetItemDataPtr()	获得指向列表框项的指针
SetItemDataPtr()	设置一列表框项的指针
GetItemHeight()	获得列表框中项的高度
SetItemHeight()	设置列表框中项的高度
GetItemRect()	获得列表框项边界矩形
GetLocale()	获得列表框的位置局部标识（LCID）
SetLocale()	设置列表框的位置标识（LCID）
GetSel()	确定列表框项的选择状态
GetText()	把列表框中字符串复制到缓冲区
GetTextLen()	返回列表框字符串的长度（按字节）
GetTopIndex()	获得列表框中第一个可见项的下标（基于 0）
GetCount()	获得列表框中列表项数目
ItemFromPoint()	确定和返回离某点最近的列表框项的下标
SetColumnWidth()	设置多列列表框的列宽度
SetTabStops()	设置列表框的制表位（Tab_Stop）位置
SetTopIndex()	设置列表框中第一个可见项的下标（基于 0）

2. 特定于单项选择的方法

列表框的默认模式是单项选择模式；所有的通用方法均适用于单选项列表框。只有两个类方法专门处理单选项列表框：GetCurSel() 和 SetCurSel()。从它们的名字可以看出，GetCurSel() 方法获得当前选择列表框项的下标（基于 0）。相反 SetCurSel() 方法是选择列表框字符串。

3. 特定于多项选择的方法

多选项列表框扩展了标准单项选择列表框的能力，多项选择特定方法可以解决在一个列表框中选择多项带来的复杂性。这些方法作为通用方法的补充在表 9-15 中描述。

表 9-15 特定多项选择列表框的 CListBox 类方法

方　　法	说　　明
GetAnchorIndex()	获得多项选择列表框中当前定位项的下标
SetAnchorIndex()	在多项选择列表框中扩充选择设置开始(定位)项
GetCaretIndex()	获得多项选择列表框中具有光标矩形的项的下标
SetCaretIndex()	在多项选择列表框中指定下标项设置光标矩形
GetSelCount()	获得多项选择列表框中当前所选的项的数目
GetSelItems()	将所有当前被选列表框项下标放入一整型数组缓冲区
SelItemRange()	切换多选列表框项范围的选择状态
SetSel()	在多项选择列表框中切换项目的选择状态

4. 特定于字符串的方法

字符串指定方法适用于单选择和多选择两种模式的列表框；它们处理列表框中的字符串项。表 9-16 列出了用于 CListBox 对象的字符串方法。

表 9-16 CListBox 指定列表框中字符串的方法

方　　法	说　　明
AddString()	在列表框中加入一个字符串
DeleteString()	从列表框中删除一个字符串
Dir()	从当前目录加文件名放入列表框
FindString()	在列表框中搜索一字符串
FindStringExact()	在列表框中搜索第一个与指定搜索字符串匹配的字符串
InsertString()	在列表框指定下标处插入一字符串
ResetContent()	清除列表框中的所有项
SelectString()	在单选列表框中搜索并选择一字符串

5. 虚拟方法

虽然表 9-14、表 9-15 和表 9-16 中所列的方法都非常有用,但是只能如实地(as-is)调用它们。CListBox 类还声明了几个虚拟方法,用户可以从 CListBox 类中派生一些类替换到用户的类中。表 9-17 列出了 CListBox 类的虚拟方法,通过替换可以完成 MFC 没有直接提供的功能。

表 9-17 能被替换的 CListBox 类的虚拟方法

方　　法	说　　明
CharToItem()	可以替换此方法来为自绘列表框(没有字符串)处理 WM-CHAR
CompareItem()	由 MFC 调用以得到排序的自绘列表框中的新项的位置
DeleteItem()	当用户从自绘列表框中删除一项时 MFC 调用此方法
DrawItem()	当确定自绘列表框项必须重绘时 MFC 调用此方法
MeasureItem()	当一自绘列表框被创建时 MFC 调用此方法来决定列表框的维数
VKeyToItem()	用户可替换此方法,来处理具有 LBS_WANTKEYBOARDINPUT 样式的列表框的 WM_KEYDOWN

创建 CListBox 对象,像大多数 MFC 对象一样,使用两步构造过程。创建一个列表框,要执行下列步骤:

(1) 用 C++ 关键字 new 和构造函数 CListBox::CListBox()为 CListBox 对象分配一个实例。

(2) 初始化 CListBox 对象并赋予它一个 Windows 列表框,通过方法 CListBox::Create()设置列表框的参数和样式。例如,下面代码分配一个 CListBox 对象并返回指向该对象的指针。

```
CListBox * pMyListBox=new CListBox;
```

指针 pMyListBox 用 CListBox::Create()方法进行初始化。该方法声明如下:

```
BOOL Create
    (
    DWORD dwStyle,              //dwStyle 是列表框控件的窗口样式
    const Recy& rect,           //rect 是一个矩形,它指明控件的大小和位置
    CWnd * pParentWnd,          //pParentWnd 是指向控件所有者的指针
    UINT nID                    //nID 是父窗口用来与列表框通信的控件标识
    );
```

其中,列表框控件的窗口样式 dwStyle,它可以是任意一种窗口样式与列表框特有样式的组合。

9.5.3 列表框和应用程序之间消息传递

应用程序创建列表框控件后,可通过接收控件发出的消息得知用户的请求,并可通过向列表框发送消息对其进行操作。

1. 列表框向应用程序发送消息

当用户与列表框交互时,列表框向应用程序发出 WM_COMMAND 消息。该消息字参数(wParam)的高字节为标识列表框动作的消息通知码(如 LBN_DBLCLK 标识用户双击);低字节为控件标识值。应用程序中常用的列表框通知码及其说明见表 9-18。

表 9-18 常用列表框通知码及其说明

通 知 码	说 明
LBN_SELCHANGE	表明列表框中的用户选择已发生改变
LBN_DBCLK	双击
LBN_SELCANCLE	列表框中的选择被取消
LBN_SETFOCUS	列表框收到输入焦点
LBN_KILLFOCUS	列表框失去输入焦点

2. 应用程序向列表框发送消息

应用程序对列表框的操作通过调用函数 SendMessage 或 SendDlgItemMessage 向其发送各种消息完成。表 9-19 为常用列表框消息和说明。

表 9-19 常用列表框消息及其说明

标 识	说 明
LB_ADDFILE	在文件列表中加入指定文件
LB_ADDSTRING	在列表框中加入列表项
LB_DELETESTRING	在列表框中删除列表项
LB_DIR	在列表框中列出指定文件
LB_FINDSTRING	在列表框中查找指定项
LB_GETCOUNT	获取多选列表框中的项数
LB_GETCURSEL	获取列表框中当前选中项的索引值
LB_GETSEL	获取列表框中指定项的选中状态
LB_GETSELCOUNT	获取多选列表框中选中的项数
LB_GETTEXT	获取指定项文本
LB_GETTEXTLEN	获取指定项长度
LB_GETTOPINDEX	获取列表框中第一项的索引值
LB_INSERTSTRING	在列表框的指定位置加入一项
LB_RESETCONTENT	清空列表框
LB_SETSEL	设置多选列表框中指定项的选中状态
LB_SETCURSEL	设置单选列表框中指定项的选中状态
LB_SETTOPINDEX	设置列表框中第一项的索引值

表 9-19 中,涉及到加入指定文件问题,文件包含路径和相关属性,详见表 9-20 所示。

表 9-20 常用文件属性值及其说明

数值(十六进制)	说 明	数值(十六进制)	说 明
4000	列出驱动器名	0002	列出隐含文件名
0000	列出普通文件名	0004	列出系统文件名
0001	列出只读文件名	0010	列出上述文件及子目录名

如"0x4010"表示列出驱动器名及当前目录的子目录名和所有文件名。

9.5.4 列表框应用举例

【例 9-4】 创建一个采用常用样式的单选列表框,并在该列表框中列出当前目录的文件,双击后删除该项。

主要步骤如下。

(1) 创建一个基于对话框的 MFC 应用程序,项目名为 ch09_4。

(2) 在对话框上放置一个 List Box 控件和一个 Static 控件。List Box 控件用于显示文件名称,Static 控件用于显示当前显示的文件所在的目录。

(3) 修改两个控件的 ID 分别为 IDC_LIST_DIR 和 IDC_STATIC_DIR。为 List Box 控件添加 CListBox 类型成员变量——m_list。

(4) 在 OnInitDialog 函数中添加初始化列表框内容的代码。

```
BOOL Cch09_4Dlg::OnInitDialog()
{
    CDialog::OnInitDialog();
```

```
//Add "About..." menu item to system menu.
...
//TODO: 在此添加额外的初始化代码
DWORD cchCurDir=MAX_PATH;
LPTSTR lpszCurDir;
TCHAR tchBuffer[MAX_PATH];
lpszCurDir=tchBuffer;
GetCurrentDirectory(cchCurDir,lpszCurDir);
DlgDirList(lpszCurDir,IDC_LIST_DIR,IDC_STATIC_DIR,0);
return TRUE;              //return TRUE unless you set the focus to a control
}
```

例 9-4 的运行界面如图 9-21 所示。

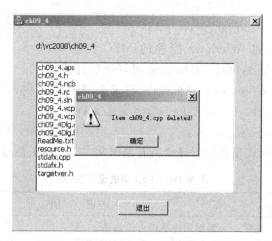

图 9-21 例 9-4 的运行界面

这段代码的最后部分实现的功能是获得当前目录，设置列表框显示条目为当前目录下所有文件名。

（5）为了实现双击条目删除的功能，需要响应列表框的 LBN_DBLCLK 消息。通过 ClassWizard 添加消息响应函数，实现如下：

```
void Cch09_4Dlg::OnDblclkListDir()
{
    //TODO: Add your control notification handler code here
    int i=m_list.GetCurSel();
    CString str;
    m_list.GetText(i,str);
    m_list.DeleteString(i);
    CString msg=L"Item "+str+L" deleted!";
    AfxMessageBox(msg);
}
```

这里获得当前选中项的内容，并删除该项。

9.6 编辑框控件

9.6.1 编辑框控件简介

编辑框控件看起来是个非常简单的矩形窗口,但它具有许多功能,编辑框控件可以自带滚动条,显示多行文本。事实上,Windows 中的记事本(Notepad)应用程序就是一个带有控件和菜单资源的编辑框控件,编辑框控件有两种形式,一种是单行编辑框控件,另一种是多行编辑框控件。因此,熟悉编辑框的制作对于 Windows 编程来说是很重要的。

MFC 在类 CEdit 中提供标准的 Windows 编辑框控件服务,CEdit 是 CWnd 类直接派生来的,这就意味着它具有 CWnd 的所有功能,它在 MFC 类中的位置层次如图 9-22 所示。

像大多数包含标准 Windows 控件的 MFC 类一样,CEdit 类的结构很复杂,当创建 CEdit 对象时,MFC 自动赋予该对象一个标准的 Windows 编辑框控件,它定义了 CEdit 对象,其中包括方法原型。CEdit 类的结构定义见 afxwin.h 文件中的定义。

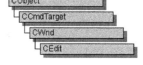

图 9-22 CEdit 类在 MFC 类库中的层次位置

编辑框控件默认模式是在一行显示所有编辑文本,表 9-21 是通用 CEdit 类的方法。

表 9-21 CEdit 类的通用方法

方 法	说 明
CanUndo()	决定一个编辑操作是否可以撤销
Clear()	从编辑框控件中删除当前的选择(如果有的话)
Copy()	将编辑框控件当前的选择(如果有的话)以 CF_TEXT 格式复制到剪贴板中
Cut()	剪下编辑框控件中的当前选择(如果有的话)并以 CF_TEXT 格式复制到剪贴板中
EmptyUndoBuffer()	消除一个编辑框控件的"撤销"标志
GetFirstVisibleLine()	确定编辑框控件中的最上面的可视行
GetModify()	确定一个编辑框控件的内容是否可修改
GetPasswordChar()	当用户输入文本时,获得编辑框控件中显示的密码字符
GetRect()	获得一个编辑框控件的格式化矩形
GetSel()	获得编辑框控件中当前选择的开始和结束字符位置
LimitText()	限定用户可能输入一编辑框控件的文本长度
LineFromChar()	获得包含指定字符下标的行的行号
LineLength()	获得编辑框控件中的一行的长度
LineScroll()	滚动多行编辑框控件的文本

续表

方　法	说　明
Paste()	将剪贴板的数据插入到编辑框控件作当前的光标位置,只有当前剪贴板中数据格式为 CF_TEXT 时方可插入
ReplaceSel()	用指定文本替代编辑框控件中当前选择的部分
SetModify()	设置或清除编辑框控件的修改标志
SetPasswordChar()	当用户输入文本时设置或删除一个显示于编辑框控件中的密码字符
SetReadOnly()	将编辑框控件设置为只读状态
SetSel()	在编辑框控件中选择字符的范围
Undo()	取消最后一个编辑框控件操作

当编辑框控件具有 ES_MULTILINE 样式时,多行编辑框控件支持在编辑窗口进行多行文本编辑,表 9-22 是多行编辑框控件所支持的 CEdit 类的方法。

表 9-22　多行编辑框控件所支持的 CEdit 方法

方　法	说　明
FmtLines()	设置在多行编辑框控件中包含软分行符
GetHandle()	获得当前分配给一个多行编辑框控件的内存的句柄
GetLine()	从一编辑框控件中获得一行文本
GetLineCount()	获得多行编辑框控件的行数
LineIndex()	设置多行编辑框控件中一行的字符下标
SetHandle()	设置多行编辑框控件将要用到的句柄
SetRect()	设置多行编辑框控件的格式化矩形并更新控件
SetRectNP()	设置多行编辑框控件的格式化矩形并且不重绘控件窗口
SetTabStops()	在多行编辑框控件中设置制表(tab)位

9.6.2　编辑框与应用程序间的消息传递

应用程序创建编辑框控件后,可通过接收控件发出的消息得知用户的请求,并可通过向编辑框发送消息对其进行操作。

1. 编辑框向应用程序发送消息

与列表框相似,编辑框通过向其父窗口发送 WM_COMMAND 消息通知应用程序用户的交互信息。该消息字参数(wParam)的低字节为控件标识;高字节为标识编辑框动作的消息通知码。常用的通知码及其说明如表 9-23 所示。

2. 应用程序向编辑框发送消息

应用程序对编辑框的操作通过调用函数 SendMessage 或 SendDlgItemMessage 向其发送各种消息完成。表 9-24 所示为常用编辑框消息及其说明。

表 9-23　编辑框常用通知码及其说明

通知码	说　　明
EN_SETFOCUS	编辑框获取输入焦点
EN_KILLFOCUS	编辑框失去输入焦点
EN_CHANGE	编辑框的内容发生改变
EN_UPDATE	编辑框的内容被更新
EN_MAXTEXT	编辑框中的用户输入已达到允许的最大字节数
EN_HSCROLL	编辑框中的内容水平滚动
EN_VSCROLL	编辑框中的内容垂直滚动

表 9-24　常用编辑框消息及其说明

消　息	说　　明
EM_GETRECT	获取编辑框矩形的尺寸
EM_SETRECT	设置编辑框矩形的尺寸
EM_LINESCROLL	设置滚动条滚动的步长
EM_SETHANDLE	设置输入内容缓冲区句柄
EM_GETHANDLE	获取输入内容缓冲区句柄
EM_LINELENGTH	获取文本行长度
EM_GETFONT	获取编辑框使用的字体
EM_GETLINECOUNT	获取多行编辑框的文本行数
EM_REPLACESEL	替换编辑框中的选中文本
EM_SETPASSWORDCHAR	设置密码编辑框中的替代字符
EM_GETPASSWORDCHAR	获取密码编辑框中的替代字符
EM_SETREADONLY	设置编辑框为只读
EM_GETSEL	获取编辑框中的选中文本
EM_SETSEL	设置编辑框中的选中文本

9.6.3　编辑框编程实例

【例 9-5】 编写基于对话框的应用程序,其窗口布局如图 9-23 所示。标题为 Application of EditBox。在程序主窗口中有两个编辑框,分别为 Edit1 和 Edit2,而且都带有水平和垂直滚动条,在这两个编辑框中可进行多行编辑。主窗口中还有 Show1、Show2、Clear1、Clear2、Exit、Undo 和 Transfer 七个按钮。若单击 Show1 按钮,则在 Edit1 编辑框中显示一段文本"This is the first EditBox.";单击 Clear1 按钮,则 Edit1 编辑框中的内容被清除;若单击 Show2 按钮,则在 Edit2 编辑框中显示一段文本"This is the secondEditBox!";单击 Clear2 按钮,则 Edit2 编辑框中的内容被清除;如果单击 Transfer 按钮,则把 Edit1 编辑框的内容复制到 Edit2 的编辑框中去;单击 Undo 按钮,则取消编辑框中的上一次操作,再单击一次 Undo 按钮,又显示刚才的内容;若单击 Exit 按钮,则退出程序的运行。

(1) 建立基于对话框的 MFC 应用程序,项目为 ch09_5。

(2) 按照图 9-23 建立对话框中各个控件。

第 9 章　Windows 标准控件在可视化编程中的应用　　　　　　·215·

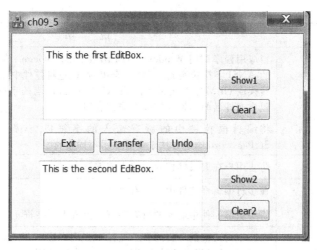

图 9-23　例 9-5 应用程序的界面

（3）按照表 9-25 修改各个控件的属性值。

表 9-25　各控件的属性与 ID

对象	ID	Caption	对象	ID	Caption
编辑框	IDC_EDIT1	无	命令按钮	IDC_BTN_CLEAR2	Clear2
编辑框	IDC_EDIT2	无	命令按钮	IDC_BTN_TRAN	&Transfer
命令按钮	IDC_BTN_SHOW1	Show1	命令按钮	IDC_BTN_EXIT	&Exit
命令按钮	IDC_BTN_CLEAR1	Clear1	命令按钮	IDC_BTN_UNDO	&Undo
命令按钮	IDC_BTN_SHOW2	Show2			

在设置编辑框控件时，可以根据程序对编辑框样式的需要参考表 9-26 设置编辑框样式。

表 9-26　CEdit 控件的样式

样式宏	说　　明
ES_AUTOHSCROLL	当用户在行尾输入一个字符时，文本自动向右滚动 10 个字符，当用户按 Enter 键时，控件文本滚动回到零位置
ES_AUTOVSCROLL	当用户在最后一行按 Enter 键时自动将文本向上滚动一页
ES_CENTER	在多行编辑器中将文本置中
ES_LEFT	将文本左对齐
ES_LOWERCASE	在编辑框控件中输入时自动将所有字符转换成小写
ES_MULTILINE	指定编辑框控件是一个多行编辑框控件（默认时为单行）
ES_NOHIDESEL	不做编辑框控件的默认动作，该动作是：当控件失去输入光标时，隐藏所选文本，当控件接受输入光标时，显示所有文本
ES_NUMBER	只适用于 Windows 95，只允许在编辑框控件中输入数字

续表

样式宏	说 明
ES_OEMCONVERT	当应用程序调用 Windows API 函数 AnsiToOem()将一个编辑框控件中的 ANSI 字符转换成 OEM 字符串时,通过将控件中输入的 ANSI 字符集转换成 OEM 字符集再转回到 ANSI,确保适当的字符转换,这种样式在包含文件名的编辑框控件中非常有用
ES_PASSWORD	将编辑框控件中的所有输入的字符以"*"显示,程序可以用 SetPasswordChar 方法来设置显示不同字符
ES_READONLY	防止用户在编辑框控件中输入或编辑文本
ES_RIGHT	在多行编辑框控件中文本右对齐
ES_UPPERCASE	将编辑框控件中输入的所有字符转换成大写字符
ES_WANTRETURN	在一个对话框的单行编辑框控件中当用户按 Enter 键时插入回车符(\r)字符,如果不指定此样式,则按 Enter 键时,相当于按对话框的默认按钮,这种样式对单行编辑框控件无效

(4)按照表 9-27 增加相关控件的变量和消息映射项。

表 9-27 为各个控件增加变量和消息映射

对 象	ID	变量类型	变量名	消息类型	消息处理函数
编辑框	IDC_EDIT1	控件	m_edit1		
编辑框	IDC_EDIT2	控件	m_edit2		
命令按钮	IDC_BTN_SHOW1			BN_CLICKED	OnBnClickedBtnShow1
命令按钮	IDC_BTN_CLEAR1			BN_CLICKED	OnBnClickedBtnClear1
命令按钮	IDC_BTN_SHOW2			BN_CLICKED	OnBnClickedBtnShow2
命令按钮	IDC_BTN_CLEAR2			BN_CLICKED	OnBnClickedBbtnClear2
命令按钮	IDC_BTN_TRAN			BN_CLICKED	OnBnClickedBtnTran
命令按钮	IDC_BTN_EXIT			BN_CLICKED	OnBnClickedBtnExit
命令按钮	IDC_BTN_UNDO			BN_CLICKED	OnBnClickedBtnUndo

(5)编写消息处理函数的代码,各个消息处理函数的代码如下:

```
void Cch09_5Dlg::OnBnClickedBtnExit()
{
    //TODO: 在此添加控件通知处理程序代码
    OnOK();
}
void Cch09_5Dlg::OnBnClickedBtnTran()
{
    //TODO: 在此添加控件通知处理程序代码
    m_edit1.SetSel(0,-1);          //选中 m_edit1 编辑框所有内容
    m_edit1.Copy();                //将 m_edit1 编辑框中所选的内容拷贝到剪贴板上
    m_edit2.SetSel(0,-1);
    m_edit2.ReplaceSel(L"");
```

```
    m_edit2.Paste();                        //将剪贴板中的内容粘贴到m_edit2编辑框中
}
void Cch09_5Dlg::OnBnClickedBtnUndo()
{
    //TODO: 在此添加控件通知处理程序代码
    m_edit1.Undo();                         //取消m_edit1编辑框中上一次操作
    m_edit2.Undo();                         //取消m_edit2编辑框中上一次操作
}
void Cch09_5Dlg::OnBnClickedBtnShow1()
{
    //TODO: 在此添加控件通知处理程序代码
    m_edit1.SetSel(0,-1);                   //选中编辑框m_edit1中的全部内容
    m_edit1.ReplaceSel(L"This is the first EditBox.");    //用新的文件代替原有的文本
}
void Cch09_5Dlg::OnBnClickedBtnClear1()
{
    //TODO: 在此添加控件通知处理程序代码
    m_edit1.SetSel(0,-1);           //表示选中编辑框m_edit1中的全部内容
    m_edit1.ReplaceSel(L"");        //用空字符串代替所选中的文本,即把所选的文本删除掉
}
void Cch09_5Dlg::OnBnClickedBtnShow2()
{
    //TODO: 在此添加控件通知处理程序代码
    m_edit2.SetSel(0,-1);                   //表示选中编辑框m_edit2中的全部内容
    m_edit2.ReplaceSel(L"This is the second EditBox.");
}
void Cch09_5Dlg::OnBnClickedBbtnClear2()
{
    //TODO: 在此添加控件通知处理程序代码
    m_edit2.SetSel(0,-1);                   //表示选中编辑框m_edit2中的全部内容
    m_edit2.ReplaceSel(L"");
}
```

【例9-6】 本例介绍一个包含编辑框控件的"乘法器"示例程序,使用者在"乘数"或者"被乘数"编辑框输入数字的时候,程序可以随时计算乘法的结果,如图9-24所示。

主要步骤如下:

(1) 创建基于对话框的项目文件ch09_6。

(2) 按图9-24为对话框添加控件,添加变量并设置控件的属性。

因为是计算器程序,各个控件的类型不再是控件而是普通数据类型,按表9-28添加变量并设置控件属性。

图9-24 例9-6的运行界面

表 9-28　控件变量及其属性

项目	ID	Type	Member	Caption	Read-only	Group
"运算数"编辑框	IDC_NUM1	double	m_num1	运算数		
"加"单选框	IDC_ADD	int	m_operator	加		√
"减"单选框	IDC_SUB			减		
"乘"单选框	IDC_MUL			乘		
"除"单选框	IDC_DIV			除		
"运算数"编辑框	IDC_NUM2	double	m_num2	运算数		
"结果"编辑框	IDC_RESULT	double	m_result	结果	√	
"重置"命令按钮	IDC_RESET			重置		

(3) 添加各个控件的消息代码函数，见表 9-29。

表 9-29　各控件的消息类型及对应的消息处理函数

对象	ID	消息类型	消息处理函数
"运算数"编辑框	IDC_NUM1	EN_CHANGE	OnEnChangeNum1
"加"单选框	IDC_ADD	BN_CLICKED	OnBnClickedAdd
"减"单选框	IDC_SUB	BN_CLICKED	OnBnClickedSub
"乘"单选框	IDC_MUL	BN_CLICKED	OnBnClickedMul
"除"单选框	IDC_DIV	BN_CLICKED	OnBnClickedDiv
"运算数"编辑框	IDC_NUM2	EN_CHANGE	OnEnChangeNum2
"重置"命令按钮	IDC_RESET	BN_CLICKED	OnBnClickedReset

(4) 编写各个控件的消息处理函数。

```
void Cch09_6Dlg::OnEnChangeNum1()
{
    //TODO:  在此添加控件通知处理程序代码
    UpdateData(TRUE);
            //使用 UpdateData(TRUE)是将对话框各控件的内容更新到所对应的成员变量
    switch(m_operator)
    //设为组的单选框若对应的成员变量为整型,选中后变量的值按 ID 从低到高的顺序递增
    {
    case 0:
        m_result=m_num1+m_num2;
        break;
    case 1:
        m_result=m_num1-m_num2;
        break;
    case 2:
        m_result=m_num1 * m_num2;
        break;
    case 3:
        m_result=m_num1/m_num2;
    }
    UpdateData(FALSE);              //将成员变量的值更新到对话框中的控件
}
```

当单击运算符的单选框和第二个操作数的内容发生变化时,处理过程同第一个操作数内容变化的处理函数 OnEnChangeNum1(),因此,就直接调用 Cch09_6Dlg 的成员函数 OnEnChangeNum1()。

```
void Cch09_6Dlg::OnBnClickedAdd()
{
    //TODO: 在此添加控件通知处理程序代码
    OnEnChangeNum1();
}
void Cch09_6Dlg::OnBnClickedSub()
{
    //TODO: 在此添加控件通知处理程序代码
    OnEnChangeNum1();
}
void Cch09_6Dlg::OnBnClickedMul()
{
    //TODO: 在此添加控件通知处理程序代码
    OnEnChangeNum1();
}
void Cch09_6Dlg::OnBnClickedDiv()
{
    //TODO: 在此添加控件通知处理程序代码
    OnEnChangeNum1();
}
void Cch09_6Dlg::OnEnChangeNum2()
{
    //TODO: 在此添加控件通知处理程序代码
    OnEnChangeNum1();
}
```

最后响应"Reset"按钮的单击消息,它的作用是将运算数置 0,操作符置为"加"。

```
void Cch09_6Dlg::OnBnClickedReset()
{
    //TODO: 在此添加控件通知处理程序代码
    m_result=m_num1=m_num2=m_operator=0;
    UpdateData(FALSE);
}
```

9.7 组合框控件

9.7.1 组合框(CComboBox)类的结构及组合框的特点

组合框是由编辑框与列表框这两种预定义窗口组合而成,组合框是既可以进行输入又可以进行选择的控件。

组合框有多种显示和操作形式(见表 9-30),常见的组合框中列表框以隐藏的形式出现在编辑框下,当用户单击编辑框右侧的箭头时将弹出列表框。组合框的编辑框用于输入,列表框用于选择。

表 9-30 组合框常用样式及其说明

样 式	说 明
CBS_DROPDOWN	组合框由列表框和编辑框组成,列表框平时不可见
CBS_DROPDOWNLIST	组合框由列表框和静态文本组成,列表框平时不可见
CBS_AUTOHSCROLL	编辑框中自动水平滚动
CBS_SORT	列表框中各项按字母顺序排列
CBS_SIMPLE	组合框中列表框可见

值得注意的是,创建组合框生成的句柄并不能操作组合框中的任一部分,只能操作整个组合框。

9.7.2 组合框与应用程序间消息传递

应用程序创建组合框后,可通过接收控件发出的消息得知用户的请求,并可通过向组合框控件发相关消息对其进行操作。

1. 组合框向应用程序发送消息

组合框通过向其父窗口发送 WM_COMMAND 消息通知应用程序用户的交互信息。该消息字参数(wParam)的低字节为控件标识,高字节为标识组合框动作的消息通知码。常用通知码见表 9-31。

表 9-31 组合框常用通知码及其说明

通 知 码	说 明
CBN_SELCHANG	组合框中列表框部分所选中项发生改变
CBN_DBLCLK	双击
CBN_SETFOCUS	组合框收到输入焦点
CBN_KILLFOCUS	组合框失去输入焦点
CBN_EDITCHANGE	组合框中的编辑框中的文本发生改变
CBN_EDITUPDATE	组合框中的编辑框将显示修改过的文本
CBN_DROPDOWN	组合框中的列表框将下拉
CBN_CLOSEUP	组合框中的列表框将隐藏

2. 应用程序向组合框发送消息

应用程序对组合框的操作也通过使用函数 SendMessage 或 SendDlgItemMessage 向组合框发送消息进行。由于对组合框的操作实际上是对组合框中各成员的操作。例如,应用程序向组合框中的列表框发出 CB_ADDSTRING 消息,可在列表框中加入一项。表 9-32 所示为常用的组合框消息及其说明。实际上,对组合框的操作通常是用组合框的成员函数对组合框进行操作。CCombox 主要成员函数见表 9-33。

表 9-32　常用组合框消息及其说明

通 知 码	说　　明
CB_SHOWDROPDOWN	显示下拉列表框
CB_ADDSTRING	在列表框中加入新项
CB_DELETESTRING	在列表框中删除新项
CB_INSERTSTRING	列表框中插入新项
CB_FINDSTRING	列表框中查询列表项
CB_RESETCONTENT	清空列表框
CB_DIR	在列表框中显示指定目录及文件
CB_SETCURSEL	设置列表框中的选中项,该项将在编辑框中显示
CB_GETCURSEL	获取列表框中的选中项索引值
CB_GETCOUNT	获取列表框中的项的数目
CB_GETLBTEXT	获取列表框中的指定项的文本
CB_GETLBTEXTLEN	获取列表框中指定项的文本长度
CB_LIMITTEXT	限制编辑框中的字符串长度
CB_GETEDITSEL	获取编辑框中的选择
CB_SETEDITSEL	设置编辑框中的选择

表 9-33　CCombox 类的常用成员函数

CCombox 类的成员函数	功　能　说　明
Create	创建一个 CCombox 类对象的组合框窗口
Clear	删除当前选项,若编辑框中有内容,则清除
Copy	将当前选中的内容复制至剪贴板,格式为 CF_TEXT
Cut	将当前选中内容复制至剪贴板,格式为 CF_TEXT,并删除当前选项
GetComboBoxInfo	返回当前 CCombox 对象的信息
GetCount	返回组合框中列表框的条目数
GetCurSel	返回所选组合框中列表框条目的顺序号
GetEditSel	返回一个 DWORD 型数据,其中低字表示编辑框选中字符的开始位置,高字是选中文字的结束位置
GetItemHeight	返回组合框中表示列表条目数
GetLBText	返回组合框的列表中指定条目的字符串
GetLBTextLen	返回组合框的列表中指定条目的字符串的长度
Paste	将剪贴板中格式为 CF_TEXT 内容粘贴到编辑框
SetCurSel	选中组合框的指定条目
SetMinVisibleItems	设置组合框中下拉列表中显示的条目数
SetTopIndex	将指定条目置为下拉列表框的第一个可见条目
AddString	添加一个字符串到列表条目中

续表

CCombox 类的成员函数	功 能 说 明
DeleteString	从列表条目中删除一个字符串条目
FindString	查找一个与给定字符串相匹配的第一个字符串的序号
InsertString	将一个字符串插入到指定的位置
ResetContent	组合框的所有内容置空
SelectString	从列表中查找指定的字符串,若找到将其放置在组合框的编辑框中

9.7.3 组合框控件应用举例

【**例 9-7**】 本例创建组合框控件,当单击向下按钮时,显示可选文件的名字。当选中某一项时,显示该项的名称,如图 9-25 所示。

主要步骤如下:

- 创建基于对话框的 MFC 应用程序,项目为 ch09_7。
- 将一个 Combo Box 控件放到对话框上。取消 Sort 风格。否则插入的内容将按照字母顺序排序,而不是插入的顺序排序。
- 为该控件添加 CComboBox 类型的变量 m_cb。
- 初始化对话框时,加入选择内容:

图 9-25 例 9-7 的运行界面

```
BOOL Cch09_7Dlg::OnInitDialog()                        //初始化对话框
{
    CDialog::OnInitDialog();
    ...
    //TODO: Add extra initialization here
    m_cb.AddString(L"Monday");
    m_cb.AddString(L"Tuesday");
    m_cb.AddString(L"Wednesday");
    m_cb.AddString(L"Thursday");
    m_cb.AddString(L"Friday");
    m_cb.AddString(L"Saturday");
    m_cb.AddString(L"Sunday");
    return TRUE;                //return TRUE unless you set the focus to a control
}
```

当用户选择的内容发生改变的时候,会产生 CBN_SELCHANGE 消息。为控件添加该消息的响应函数:

```
void Cch09_7Dlg::OnCbnSelchangeCombo1()
{
```

```
            //TODO: Add your control notification handler code here
            CString msg;
            m_cb.GetLBText(m_cb.GetCurSel(),msg);
            AfxMessageBox(msg);
        }
```

在使用复合框的时候需要记住,该控件是由一个编辑框、一个按钮、一个列表框组合而成的。在需要完成某些功能的时候,可以通过获取相应的控件来实现。

【例 9-8】 本程序为几种控件的综合应用。编写应用程序其主窗口如图 9-26 所示,标题为 Application of SELECTBOX。在这个窗口中,包含有三个标题分别为 Check Box、Radio Box 和 Combo Box 的组合框,在 Check Box 组合框中包含有两个复选框 date 和 time,以及 Enable、Disable、Show Control 和 Hide Control 四个按钮;在 Radio Box 组合框中,含有两个子组合框、一个按钮和一个编辑框,子组合框名字分别为 Sex Select 和 Age Range,它们分别包含了一组单选按钮,此外还有一个名字为 Show Sex and Age 的按钮。在 Combo Box 组合框中,有一组 Course 的单选按钮组、一个名字为 Record 的下拉列表框、一个 Show_Combo 按钮和一个编辑框。

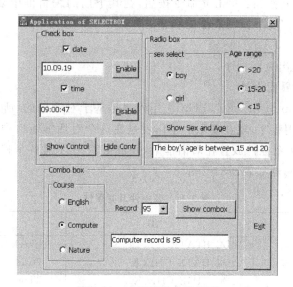

图 9-26 应用程序示例界面

本例的功能如下。
(1) Check Box 组合框中的控件。
- Date 复选框:单击 Date 复选框,在其下面的编辑框中显示当前的日期,并在复选框中显示选中标志。
- time 复选框:单击 Time 复选框,在其下面的编辑框中显示当前的系统时间,并在复选框中显示选中标志。
- disable 按钮:单击 Disable 按钮上面两个复选框变成无效,不响应操作,并且复选框和编辑框都变灰。

- Enable 按钮：单击 Enable 按钮，复选框又变成有效，可对其进行操作。
- Hide the Clock Setting 按钮：单击 Hide 按钮，隐藏掉复选框和编辑框，使它们不可见。
- Show Again 按钮：重新显示被隐藏的复选框和编辑框。

(2) Radio Box 组合框中的控件。
- Sex Selecting 子组合框：在此子组合框中有 boy 和 girl 单选按钮，单击其中的任何一项进行性别的选择。
- Age Range 子组合框：在此框中进行年龄段的选择。
- Show the Sex and Age 按钮：单击此命令按钮，在其下面的编辑框中显示一行信息，报告当前单选按钮的状态。

(3) Combo Box 组合框中的控件。
- Course 子组合框：在此子组合框中有 English、Computer 和 Nature 三门课的选项，单击其中的任何一项进行课程科目的选择。
- Record 下拉列表框：在此框中进行成绩的选择。
- Show_Combo 按钮：单击此命令按钮，在其下面的编辑框中显示一行信息，报告当前单选按钮及下拉列表框的状态。

(4) Exit 按钮。

单击此按钮，退出应用程序。

1. 应用程序的界面设计

因为 Application of SELECTBOX 应用程序是基于对话框的，所以应用向导生成一个基于对话框的应用程序，现在要做的工作就是在这个对话框窗口中进行界面设计。按照图 9-26 所示，将各个控件放置在对话框中，并根据表 9-34 对各个控件的属性的进行设置，各控件的 ID 等属性如表 9-34 所示。

表 9-34 各控件及其属性

对 象	ID	Caption
Check Box 组合框	IDC_STATIC	Check Box
复选框 date	IDC_DATE_CHECK	Date
复选框 time	IDC_TIME_CHECK	Time
Date 编辑框	IDC_DATE_EDIT	无
Time 编辑框	IDC_TIME_EDIT	无
Enable 命令按钮	IDC_ENABLE_BUTTON	&Enable
Disable 命令按钮	IDC_DISABLE_BUTTON	&Disable
Show Again 命令按钮	IDC_SHOW_BUTTON	&Show Again
Hide the Clock Setting 按钮	IDC_HIDE_BUTTON	&Hide the Clock Setting
Radio Box 组合框	IDC_STATIC	Radio Box
Sex Selecting 单选按钮组	IDC_STATIC	Sex Selecting
Age Range 单选按钮组	IDC_STATIC	Age Range
boy 单选按钮	IDC_Boy_RADIO	&Boy
girl 单选按钮	IDC_Girl_RADIO	&Girl

续表

对　象	ID	Caption
>20 单选按钮	IDC_Age1_RADIO	>20
15-20 单选按钮	IDC_Age2_RADIO	15-20
<15 单选按钮	IDC_Age3_RADIO	<15
Show the Sex and Age 按钮	IDC_Show_Sex_Age_BUTTON	&Show the Sex and Age：
Result 编辑框	IDC_Result_EDIT	无
Combo Box 组合框	IDC_STATIC	Combo Box
Course 组合框	IDC_STATIC	Course
Show_Combo 命令按钮	IDC_SHOW_COMBO_BUTTON	&Show_Combo
Show Combo 编辑框	IDC_SHOW_COMBO_EDIT	无
English 单选按钮	IDC_ENGLISH_RADIO	&English
Computer 单选按钮	IDC_COMPUTER_RADIO	&Computer
Nature 单选按钮	IDC_NATURE_RADIO	&Nature
Record 组合框控件	IDC_RECORD_COMBO	无
Exit 命令按钮	IDC_EXIT_BUTTON	&Exit

表 9-34 Application of SELECTBOX 应用程序对话框中各个控件的属性表中静态控件的 ID 是相同的，都为 IDC_STATIC，说明不同的控件可以有相同的 ID。因为静态控件只是用来显示一些字符信息，在编写代码时用不着有区别地对待，所以 ID 相同也无所谓。

对于成组的单选按钮，只在每组的第一个按钮的属性窗口中选中 Group 复选框，即在 Sex Selecting 组中只有 boy 单选按钮选中 Group 属性，Age Range 组中只有">20"单选按钮选中 Group 属性。而且在设计过程中，同一组单选按钮必须一个接一个地放进对话框中，中间不能插入其他的控件。

为什么必须这样做呢？因为每一个控件都有 ID 值，Visual C++ 按照放入对话框中的先后顺序，给每个控件赋一个 ID 值，所以控件的 ID 值是连续的。Group 属性的控件之间的控件为一组。每个控件 ID 值都是可以查看和修改的，单击"编辑"菜单，选择"资源符号"命令，弹出一个窗口，如图 9-27 所示，列出了所有控件的 ID 值，其中，Age1、Age2 和 Age3 的 ID 值是连续的。

注意，成组的单选按钮控件，如果发现其 ID 值不连续，就要将它们的 ID 修改为连续的，对于其他控件的 ID 值，连续与否没有特别的要求。

此外，还可以从 resource.h 的资源头文件中得到 ID 值，本应用程序的 resource.h 文件的代码如下：

```
//{{NO_DEPENDENCIES}}
// Microsoft Visual C++generated include file.
// Used by ch09_8.rc
//
#define IDM_ABOUTBOX            0x0010
#define IDD_ABOUTBOX            100
#define IDS_ABOUTBOX            101
#define IDD_CH09_8_DIALOG       102
#define IDD_SELECTBOX_DIALOG    102
```

图 9-27 "资源符号"对话框

```
#define IDR_MAINFRAME                   128
#define IDC_DATE_CHECK                  1000
#define IDC_TIME_CHECK                  1001
#define IDC_DATE_EDIT                   1002
#define IDC_TIME_EDIT                   1003
#define IDC_ENABLE_BUTTON               1004
#define IDC_DISABLE_BUTTON              1005
#define IDC_SHOW_BUTTON                 1006
#define IDC_HIDE_BUTTON                 1007
#define IDC_Show_Sex_Age_BUTTON         1008
#define IDC_Result_EDIT                 1009
#define IDC_Boy_RADIO                   1010
#define IDC_Girl_RADIO                  1011
#define IDC_Age1_RADIO                  1012
#define IDC_Age2_RADIO                  1013
#define IDC_Age3_RADIO                  1014
#define IDC_ENGLISH_RADIO               1016
#define IDC_COMPUTER_RADIO              1017
#define IDC_NATURE_RADIO                1018
#define IDC_RECORD_COMBO                1019
#define IDC_SHOW_COMBO_BUTTON           1020
#define IDC_SHOW_COMBO_EDIT             1021
#define IDC_EXIT_BUTTON                 1022

// Next default values for new objects
//
#ifdef APSTUDIO_INVOKED
#ifndef APSTUDIO_READONLY_SYMBOLS
```

```
#define _APS_NEXT_RESOURCE_VALUE    129
#define _APS_NEXT_COMMAND_VALUE     32771
#define _APS_NEXT_CONTROL_VALUE     1023
#define _APS_NEXT_SYMED_VALUE       101
#endif
#endif
```

2. 应用程序的代码编程部分

1) 给各个控件连接变量

在进行程序的代码编程过程之前,必须给每一个控件连接变量,控件的变量如表 9-35 所示。

表 9-35 控件及其连接的变量

ID	变量名	类型
IDC_DATE_CHECK	m_DateCheck	BOOL
IDC_TIME_CHECK	m_TimeCheck	BOOL
IDC_DATE_EDIT	m_DateEdit	CEdit
IDC_TIME_EDIT	m_TimeEdit	CEdit
IDC_Boy_RADIO	m_SexRadio	CButton
IDC_Age1_RADIO	m_AgeRadio	CButton
IDC_Result_EDIT	m_ResultEdit	CEdit
IDC_ENGLISH_RADIO	m_English	int
IDC_SHOW_COMBO_EDIT	m_ComboEdit	CString
IDC_RECORD_COMBO	m_Record	CComboBox

值得注意的是,每一组单选按钮中只有第一个按钮可以赋予变量名,其他的单选按钮不能获得变量名。所以表 9-35 中只有 IDC_Boy_RADIO,IDC_ENGLISH_RADIO 和 IDC_Age1_RADIO 能连接变量。

2) 给有关按钮控件相关的消息及消息处理函数

在本程序中有关按钮控件的需要响应的消息及对应消息处理函数见表 9-36 所示。

表 9-36 控件的消息及对应消息处理函数

ID	消息类型	消息处理方法
IDC_DATE_CHECK	BN_CLICKED	OnBnClickedDateCheck
IDC_TIME_CHECK	BN_CLICKED	OnBnClickedTimeCheck
IDC_ENABLE_BUTTON	BN_CLICKED	OnBnClickedEnableButton
IDC_DISABLE_BUTTON	BN_CLICKED	OnBnClickedDisableButton
IDC_SHOW_BUTTON	BN_CLICKED	OnBnClickedShowButton
IDC_HIDE_BUTTON	BN_CLICKED	OnBnClickedHideButton
IDC_Show_Sex_Age_BUTTON	BN_CLICKED	OnBnClickedShowSexAgeButton
IDC_SHOW_COMBO_BUTTON	BN_CLICKED	OnBnClickedShowComboButton
IDC_EXIT_BUTTON	BN_CLICKED	OnBnClickedExitButton

3) 方法的实现

(1) 给复选框 IDC_DATE_CHECK 添加代码。OnBnClickedDateCheck()方法的实

现代码如下：

```
void Cch09_8Dlg::OnBnClickedDateCheck()
{
    //TODO:  在此添加控件通知处理程序代码
    UpdateData(TRUE);
    if(m_DateCheck==TRUE)
    {
        CTime tNow;
        tNow=CTime::GetCurrentTime();
        CString sNow=tNow.Format("%y.%m.%d");
        m_DateEdit.SetSel(0,-1);
        m_DateEdit.ReplaceSel(sNow);
    }
    else
    {
        m_DateEdit.SetSel(0,-1);
        m_DateEdit.ReplaceSel(L"");
    }
    UpdateData(FALSE);
}
```

输入的第一条语句：

```
UpdateData(TRUE);
```

表示以当前的屏幕显示内容更新控件的变量，也就是说，从屏幕上读取变量的值，然后将这些值刷新到与控件绑定的变量中。因为我们在下面要判断复选框的状态，所以在这里需要获得用户所选的复选框的状态。

接下来用一个 if 语句来对复选框的不同状态进行判断，根据状态决定日期编辑框应该显示什么内容。

```
if(m_DateCheck==TRUE)
    {
        ...
    }
    else
    {
        ...
    }
```

因为要在编辑框中显示当前的日期，所以要用 CTime 类，CTime 类的结构如下。

```
class CTime
{
public:
```

```
//Constructors
    static CTime PASCAL GetCurrentTime();
    CTime();
    CTime(time_t time);
    CTime(int nYear,int nMonth,int nDay,int nHour,int nMin,int nSec,
        int nDST=-1);
    CTime(WORD wDosDate,WORD wDosTime,int nDST=-1);
    CTime(const CTime& timeSrc);
    CTime(const SYSTEMTIME& sysTime,int nDST=-1);
    CTime(const FILETIME& fileTime,int nDST=-1);
    const CTime& operator=(const CTime& timeSrc);
    const CTime& operator=(time_t t);
//Attributes
    struct tm * GetGmtTm(struct tm * ptm=NULL)const;
    struct tm * GetLocalTm(struct tm * ptm=NULL)const;
    BOOL GetAsSystemTime(SYSTEMTIME& timeDest)const;
//以下定义了Ctime类的方法名
    time_t GetTime()const;
    int GetYear()const;
    int GetMonth()const;                        //month of year(1=Jan)
    int GetDay()const;                          //day of month
    int GetHour()const;
    int GetMinute()const;
    int GetSecond()const;
    int GetDayOfWeek()const;                    //1=Sun,2=Mon,...,7=Sat
//Operations
    //time math
    CTimeSpan operator- (CTime time)const;
    CTime operator- (CTimeSpan timeSpan)const;
    CTime operator+ (CTimeSpan timeSpan)const;
    const CTime& operator+=(CTimeSpan timeSpan);
    const CTime& operator-=(CTimeSpan timeSpan);
    BOOL operator==(CTime time)const;
    BOOL operator! =(CTime time)const;
    BOOL operator< (CTime time)const;
    BOOL operator> (CTime time)const;
    BOOL operator<=(CTime time)const;
    BOOL operator>=(CTime time)const;
    //formatting using "C" strftime
    CString Format(LPCTSTR pFormat)const;
    CString FormatGmt(LPCTSTR pFormat)const;
    CString Format(UINT nFormatID)const;
    CString FormatGmt(UINT nFormatID)const;
#ifdef _UNICODE
```

```
        //for compatibility with MFC 3.x
        CString Format(LPCSTR pFormat)const;
        CString FormatGmt(LPCSTR pFormat)const;
#endif
        //serialization
#ifdef _DEBUG
        friend CDumpContext& AFXAPI operator<<(CDumpContext& dc,CTime time);
#endif
        friend CArchive& AFXAPI operator<<(CArchive& ar,CTime time);
        friend CArchive& AFXAPI operator>>(CArchive& ar,CTime& rtime);
    private:
        time_t m_time;                 //此处引入 time_t 数据类型,用于保存时间的内容
};
```

CTime 类的对象描述一个绝对的时间和日期,从上面的 CTime 类的定义中可以看出,它引入了 time_t 数据类型。

```
Ctime tNow;
tNow=Ctime::GetCurrentTime();
```

这两条语句是定义一个 CTime 类的对象,将当前的时间和日期赋给对象 tNow。下面一条语句是将时间值转换为字符串类型:

```
CString sNow.Format("%Y.%m.%d");
```

其中函数 Format 的参数%Y 是日期的年的表示法,%m 是月的表示法(01 到 12),%d 是日的表示法(01 到 31)。如果当前的日期是 1995 年 4 月 14 日,那么执行该语句后,字符串 sNow 的值为 1995.04.14。

接下来是将字符串的值显示在编辑框 IDC_DATE_EDIT 中,用下面两条语句实现:

```
m_DateEdit.SetSel(0,-1);
m_DateEdit.ReplaceSel(L"");
```

最后一句 UpdateData(FALSE)是用变量的值刷新屏幕。实际上,在这里可以省略掉该语句,因为我们设定的与编辑框相关联的变量是 CEdit 类型,如果是 CString 类型的话,则必须加上这条语句来更新屏幕。

(2) 为复选框 IDC_TIME_CHECK 单击事件添加处理代码,OnBnClickedTimeCheck() 方法的实现代码如下。

```
void Cch09_8Dlg::OnBnClickedTimeCheck()
{
    //TODO:  在此添加控件通知处理程序代码
    UpdateData(TRUE);
    if(m_TimeCheck==TRUE)
    {
        CTime tNow;
```

```
            tNow=CTime::GetCurrentTime();
            CString sNow=tNow.Format("%I: %M: %S");
            m_TimeEdit.SetSel(0,-1);
            m_TimeEdit.ReplaceSel(sNow);
        }
        else
        {
            m_TimeEdit.SetSel(0,-1);
            m_TimeEdit.ReplaceSel(L"");
        }
        UpdateData(FALSE);
}
```

其中函数 Format 的参数%I 是时间的小时表示法(01～12),%m 是分的表示法(00～59),%d 是秒的表示法(00～59)。

(3) 给 Enable 按钮添加代码。OnBnClickedEnableButton( )方法的实现代码如下：

```
void Cch09_8Dlg::OnBnClickedEnableButton()
{
    //TODO: 在此添加控件通知处理程序代码
    GetDlgItem(IDC_DATE_CHECK)->EnableWindow(TRUE);
    GetDlgItem(IDC_TIME_CHECK)->EnableWindow(TRUE);
    m_DateEdit.EnableWindow(TRUE);
    m_TimeEdit.EnableWindow(TRUE);
}
```

输入函数的前两条语句：

```
GetDlgItem(IDC_DATE_CHECK)->EnableWindow(TRUE);
GetDlgItem(IDC_TIME_CHECK)->EnableWindow(TRUE);
```

是使两个复选框可选。在这里是调用一个指向对象的指针函数 GetDlgItem( )。函数 GetDlgItem( ) 是 CWnd 类的成员函数,因为 CDialog 类是基类 CWnd 的派生类,而 Cch09_8Dlg 类又是 CDialog 类的派生类,所以 Cch09_8Dlg 类继承了基类 CWnd 的成员函数,故可调用 CWnd 的成员函数。

下面两句是使编辑框可用,这里是用成员变量来调用函数。

```
m_DateEdit.EnableWindow(TRUE);
m_TimeEdit.EnableWindow(TRUE);
```

这两句也可以用指针来表示：

```
GetDlgItem(IDC_DATE_EDIT)->EnableWindow(TRUE);
GetDlgItem(IDC_TIME_EDIT)->EnableWindow(TRUE);
```

那么对于程序中的语句：

```
GetDlgItem(IDC_DATE_CHECK)->EnableWindow(TRUE);
GetDlgItem(IDC_TIME_CHECK)->EnableWindow(TRUE);
```

是否可以用变量来调用函数呢？答案是否定的。因为与编辑框相关联的变量是 CEdit 类型的，当然可以调用成员函数。而与复选框相关联的变量是 Bool 类型的，并不是 CButton 类型的，所以不能用它来调用成员函数。即下面两条语句是错误的：

```
m_DateCheck.EnableWindow(TRUE);
m_TimeCheck.EnableWindow(TRUE);
```

（4）为 Disable 按钮连接代码。OnBnClickedDisableButton（ ）方法的实现代码如下：

```
void Cch09_8Dlg::OnBnClickedDisableButton()
{
    //TODO: 在此添加控件通知处理程序代码
    GetDlgItem(IDC_DATE_CHECK)->EnableWindow(FALSE);
    GetDlgItem(IDC_TIME_CHECK)->EnableWindow(FALSE);
    m_DateEdit.EnableWindow(FALSE);
    m_TimeEdit.EnableWindow(FALSE);
}
```

在这里，代码与 OnBnClickedEnableButton（ ）方法相类似，只是把 TRUE 改成 FALSE，即使得复选框无效，无法对复选框进行任何操作。

（5）为 Show Control 按钮添加代码。在函数 OnBnClickedShowButton（ ）方法中添加实现代码如下：

```
void Cch09_8Dlg::OnBnClickedShowButton()
{
    //TODO: 在此添加控件通知处理程序代码
    GetDlgItem(IDC_DATE_CHECK)->EnableWindow(SW_SHOW);
    GetDlgItem(IDC_TIME_CHECK)->EnableWindow(SW_SHOW);
    GetDlgItem(IDC_DATE_EDIT)->EnableWindow(SW_SHOW);
    m_DateEdit.ShowWindow(SW_SHOW);
    GetDlgItem(IDC_TIME_EDIT)->EnableWindow(SW_SHOW);
    m_TimeEdit.ShowWindow(SW_SHOW);
}
```

输入函数的前两条语句：

```
GetDlgItem(IDC_DATE_CHECK)->ShowWindow(SW_SHOW);
GetDlgItem(IDC_TIME_CHECK)->ShowWindow(SW_SHOW);
```

是使两个复选框可见。在这里是调用一个指向对象的指针函数 GetDlgItem（ ）。

下面两句是使编辑框可见，这里也是用指针变量来调用函数。

```
GetDlgItem(IDC_DATE_CHECK)->ShowWindow(SW_SHOW);
GetDlgItem(IDC_TIME_CHECK)->ShowWindow(SW_SHOW);
```

(6) 为 Hide Control 按钮添加实现代码。函数 OnBnClickedHideButton 方法中输入以下实现代码：

```
void Cch09_8Dlg::OnBnClickedHideButton()
{
    //TODO: 在此添加控件通知处理程序代码
    GetDlgItem(IDC_DATE_CHECK)->EnableWindow(SW_HIDE);
    GetDlgItem(IDC_TIME_CHECK)->EnableWindow(SW_HIDE);
    m_DateEdit.ShowWindow(SW_HIDE);
    m_TimeEdit.ShowWindow(SW_HIDE);
}
```

函数 ShowWindow() 是基类 CWnd 的成员函数，它表示是否显示对象窗口，参数 SW_SHOW 表示显示，SW_HIDE 表示隐藏。

(7) 给 Show the Sex and Age 按钮添加代码。OnBnClickedShowSexAgeButton 方法的实现代码如下：

```
void Cch09_8Dlg::OnBnClickedShowSexAgeButton()
{
    //TODO: 在此添加控件通知处理程序代码
    TCHAR sEdit[50];
    int iSexRADIO;
    int iAgeRADIO;
    iSexRADIO=GetCheckedRadioButton(IDC_Boy_RADIO,IDC_Girl_RADIO);
    if(iSexRADIO==IDC_Boy_RADIO)
        _tcscpy(sEdit,L"The boy's age is");
    if(iSexRADIO==IDC_Girl_RADIO)
        _tcscpy(sEdit,L"The girl's age is");
    iAgeRADIO=GetCheckedRadioButton(IDC_Age1_RADIO,IDC_Age3_RADIO);
    if(iAgeRADIO==IDC_Age1_RADIO)
        _tcscat(sEdit,L" great than 20");
    if(iAgeRADIO==IDC_Age2_RADIO)
        _tcscat(sEdit,L" between 15 and 20");
    if(iAgeRADIO==IDC_Age3_RADIO)
        _tcscat(sEdit,L" less than 15");
    m_ResultEdit.SetSel(0,-1);
    m_ResultEdit.ReplaceSel(sEdit);
}
```

在上面的代码中，首先声明一个字符串变量，用来存放显示在编辑框中的字符串。

```
TCHAR sEdit[50];
```

然后声明两个变量来表示两组单选按钮的状态：

```
int iSexRadio;
int iAgeRadio;
```

因为用单选按钮的 ID 值来表示状态，所以定义变量为整型变量。接下来确定 Sex Selecting 单选按钮组的状态：

```
iSexRadio=GetCheckedRadioButton(IDC_Boy_RADIO,IDC_Girl_RADIO);
```

函数 GetCheckedRadioButton 的第一个参数表示该组第一个单选按钮的 ID 号，第二个参数表示该组中最后一个单选按钮的 ID 号。该函数返回一个整数，这个整数是两个参数之间被选中的单选按钮 ID 号。将这个 ID 号的值赋给变量 iSexRadio。

再接下来，用 if 语句判断被选中的单选按钮，并执行相应的代码。

```
if(iSexRadio==IDC_Boy_RADIO)
    _tcscpy(sEdit,L "The boy's age is");
if(iSexRadio==IDC_Girl_RADIO)
    _tcscpy(sEdit,L "The girl's age is");
```

If 语句中判断被选中的 ID 是否为等号后面的 ID，如果是则执行下面的_tcscpy 函数，把相应字符串复制到 sEdit 字符数组中去。

对于 Age Range 单选按钮组也用同样的方法。先确定 Age 组单选按钮的状态：

```
iAgeRadio=GetCheckedRadioButton(IDC_Age1_RADIO,IDC_Age3_RADIO);
```

接下来，用 if 语句判断被选中的单选按钮，并执行相应的代码。

```
if(iAgeRADIO==IDC_Age1_RADIO)
    _tcscat(sEdit,L " great than 20");
if(iAgeRADIO==IDC_Age2_RADIO)
    _tcscat(sEdit,L" between 15 and 20");
if(iAgeRADIO==IDC_Age3_RADIO)
    _tcscat(sEdit,L" less than 15");
```

_tcscat()函数用于将一个字符串联接到另一个字符串的后面，在本例中，就是把相应的字符串连接到字符数组 sEdit 已有的字符的后面。最后，将字符串在编辑框中显示出来：

```
m_ResultEdit.SetSel(0,-1);
m_ResultEdit.ReplaceSel(sEdit);
```

（8）为 Show_Combo 按钮添加代码，OnBnClickedShowComboButton()方法的实现的代码如下：

```
void Cch09_8Dlg::OnBnClickedShowComboButton()
{
    //TODO：在此添加控件通知处理程序代码
```

```
    UpdateData(TRUE);
    TCHAR sCourseEdit[30];
    TCHAR sRecordEdit[15];
    int iCourseRadio;
    iCourseRadio=GetCheckedRadioButton(IDC_ENGLISH_RADIO,IDC_NATURE_RADIO);
    if(iCourseRadio==IDC_ENGLISH_RADIO)
        _tcscpy(sCourseEdit,L"English record is ");
    if(iCourseRadio==IDC_COMPUTER_RADIO)
        _tcscpy(sCourseEdit,L"Computer record is ");
    if(iCourseRadio==IDC_NATURE_RADIO)
        _tcscpy(sCourseEdit,L"Natural record is ");
    m_Record.GetWindowText(sRecordEdit,15);
    _tcscat(sCourseEdit,L"");
    _tcscat(sCourseEdit,sRecordEdit);
    m_ComboEdit=sCourseEdit;
    UpdateData(FALSE);
}
```

首先声明两个字符串变量,用来存放显示在编辑框中的字符串:

```
TCHAR sCourseEdit[30];
TCHAR sRecordEdit[15];
```

其中 sCourseEdit 是用来存放组合框的编辑框的内容。

然后声明一个变量来表示单选按钮的状态:

```
int iCourseRadio;
```

因为用单选按钮 ID 值来表示状态,所以定义变量为整型变量。接下来确定 Sex 单选按钮组的状态:

```
iCourseRadio=GetCheckedRadioButton(IDC_ENGLISH_RADIO,IDC_NATURE_RADIO);
```

再接下来,由 if 语句判断被选中的单选按钮,并执行相应代码。

```
if(iCourseRadio==IDC_ENGLISH_RADIO)
    _tcscpy(sCourseEdit,L"English record is");
if(iCourseRadio==IDC_COMPUTER_RADIO)
    _tcscpy(sCourseEdit,L"Computer record is");
if(iCourseRadio==IDC_NATURE_RADIO)
    _tcscpy(sCourseEdit,L"Natural record is");
```

if 语句中判断被选中的 ID 是否为等号后面的 ID,如果是则执行下面的_tcscpy 函数。函数 GetWindowText()的第一个参数是一个字符串变量,用来存放组合框的编辑框的内容,第二个参数是一个整数,它是拷贝到第一个参数中提示的字符串的字符的最大数目。函数 GeWindowText()并不是类 CComboBox 的成员函数,而是类 CWnd 的成员函数,但类 CComboBox 是类 CWnd 的派生类,所以可以调用该函数。由于我们在显示的时

候是将两个变量的内容连接在一起,所以在两个变量之间加一个空格:

```
_tcscat(sCourseEdit,L"");
```

_tcscat(sCourseEdit,sRecordEdit)函数用于将一个字符串联接到另一个字符串的后面。然后将第二个变量连接在第一个变量的后面。

最后,结果通过下面的语句在编辑框中显示:

```
m_ComboEdit=sCourseEdit;
UpdateData(FALSE);
```

(9) 给 OnBnClickedExitButton 方法添加代码,OnBnClickedExitButton() 的实现代码如下。

```
void Cch09_8Dlg::OnBnClickedExitButton()
{
    //TODO: Add your control notification handler code here
    OnOK();
}
```

4) 初始化单选按钮

当我们一运行 Application of SELECTBOX 应用程序,单选按钮及组合框中的条目都应确定,因此应该对应用程序中的一些控件进行初始化。对话框在显示之前要执行初始化函数 OnInitDialog,通常将控件的初始化代码放在此函数中。单击"类视图"选项卡(如果没有就在"视图"菜单中选择"类视图"项)展开项目的 Cch09_8Dlg 类,在下方可以找到该类的所有成员,找到 OnInitDialog 后,双击就可以编写代码了。以下是对程序中的一些控件进行初始化的代码。

```
BOOL Cch09_8Dlg::OnInitDialog()
{
    CDialog::OnInitDialog();
    ...
    //TODO: Add extra initialization here
    CheckRadioButton(IDC_Boy_RADIO,IDC_Girl_RADIO,IDC_Boy_RADIO);
    CheckRadioButton(IDC_Age1_RADIO,IDC_Age3_RADIO,IDC_Age2_RADIO);
    UpdateData(FALSE);
    m_English=0;
    m_Record.AddString(L"85");
    m_Record.AddString(L"90");
    m_Record.AddString(L"95");
    m_Record.SelectString(-1,L"95");
    UpdateData(FALSE);
    return TRUE;            //return TRUE unless you set the focus to a control
}
```

函数 CheckRadioButton()的第一个参数是在这组中第一个单选按钮的 ID，第二个参数是这组中最后一个单选按钮的 ID，第三个参数是在这组中被选中的单选按钮的 ID。我们给 SexSelecting 组赋单选按钮初值为 Boy，所以第三个参数为 IDC_Boy_RADIO；给 Age Range 组单选按钮赋初值为"15－20"，所以第三个参数为 IDC_Age2_RADIO。

同时，由于已经声明了变量 m_EnglishRadio 为 int 类型，所以可以用下面这种形式来选择单选按钮：

```
m_EnglishRadio=0;
```

表示选中的是第一个选项 IDC_ENGLISH_RADIO，与语句：

```
CheckRadioButton(IDC_ENGLISH_RADIO,IDC_COMPUTER_RADIO,IDC_ENGLISH_RADIO);
```

的功能一样。

若输入 m_ENGLISHRadio＝1，则选择的是第二个选项 IDC_COMPUTER_RADIO。

在设置了单选按钮的变量后，就用函数 UpdateData(FALSE)来修改屏幕。

在组合框的列表框中，使用函数 AddString 加入可选的几项。

```
m_Record.AddString(L"85");
m_Record.AddString(L"90");
m_Record.AddString(L"95");
```

但函数 AddString 只是在组合框的列表框中加入选项，并不能在组合框的编辑框中显示出来，因此还要加上下面的语句：

```
m_Record.SelectString(-1,L"95");
```

在组合框的编辑框中显示默认的初始值。

9.8 对话框通用控件

大部分控件都是在对话框中使用的，无论是基于对话框的应用程序还是 Doc/View 结构的应用程序，控件通常是放在对话框中的。本节将以一个名为"ex9-9"的基于对话框的应用程序来介绍各种 Windows 通用控件的使用。

9.8.1 Picture 控件的使用

Picture 控件有很多功能，通过不同属性的组合，Picture 控件具有意想不到的效果。

1. 分隔线

有时候界面上需要一条分隔线，这时可以使用 Picture 控件来实现。首先将一个 Picture 控件拖放到对话框上，Type 属性选择 Frame，Color 属性选择 Etched，将控件拖到最细，这时 Picture 控件看起来的效果就跟一条分隔线一样了，如图 9-28 所示。

2. 图片

将 Type 属性设置为 Icon 或者 Bitmap 的时候，可以设置 Image 属性为相应的资源 ID，来显示一副图标或者位图。我们在资源中导入一副位图，命名为 IDB_BITMAP_DOT，设置新加的 Picture 控件 Type 为 Bitmap，Image 为 IDB_BITMAP_DOT，程序运行结果如图 9-29 所示。

图 9-28　用 Picture 实现分隔线

图 9-29　Picture 显示图片

9.8.2　Spin 控件的使用

Spin 按钮控件提供了一对箭头，用户通过单击箭头可以微调该控件所表示的数值。当用户单击上箭头，则位置向最大值偏移，当用户单击下箭头，则位置向最小值偏移。

MFC 中表示 Spin 控件的是 CSpinButtonCtrl 类。CSpinButtonCtrl 类常用成员表 9-37 所示。

表 9-37　CSpinButtonCtrl 类常用成员

成员	描述
CSpinButtonCtrl	构造 CSpinButtonCtrl 对象
Create	创建一个微调按钮对象
SetBase	设置显示的基，也就是以十进制还是十六进制还是其他进制显示数据
SetBuddy	设置该控件的伙伴窗口
SetPos	设置当前位置
SetRange	设置取值范围

Spin 控件通常和 tab order 位于它之前的控件成对使用。通过 CSpinButtonCtrl 的 GetBuddy 方法可以获得与之配对的控件。

首先向对话框拖放一个 Edit 控件，设置为只读，然后拖放一个 Spin 控件到程序中，紧挨着刚才拖放的 Edit 控件，两个控件的 ID 都是用默认值，设置 Spin 控件的 Allignment 属性为 Right，选中 Auto buddy 属性。

在 OnInitDialog 函数的最后添加如下斜体字的代码。

```
BOOL CEx9_9Dlg::OnInitDialog()
{ ...
    //TODO: Add extra initialization here
    CSpinButtonCtrl* pSpin=(CSpinButtonCtrl*)GetDlgItem(IDC_SPIN1);
    pSpin->SetRange(0,100);
```

```
pSpin->SetPos(50);
pSpin->GetBuddy()->SetWindowText("5.0");
return TRUE;              //return TRUE unless you set the focus to a control
}
```

这段代码设置了 Spin 的范围是 0～100,当前位置是 50,同时设置它的配对控件的显示值。

在对话框中添加 WM_VSCROLL 消息的响应,代码如下:

```
void CEx9_9Dlg::OnVScroll(UINT nSBCode,UINT nPos,CScrollBar * pScrollBar)
{
    //TODO: Add your message handler code here and/or call default
    if(pScrollBar->GetDlgCtrlID()==IDC_SPIN1)
    {
        CString strValue;
        strValue.Format(L"%3.1f",(double)nPos/10.0);
        ((CSpinButtonCtrl*)pScrollBar)->GetBuddy()->SetWindowText(strValue);
    }
    CDialog::OnVScroll(nSBCode,nPos,pScrollBar);
}
```

图 9-30 Spin 控件的使用

我们希望 Edit 控件显示的范围是 0.0～10.0,每次微调步长为 0.1,但是由于 Spin 只支持整数的范围,因此需要重新映射一下。当用户单击 Spin 的箭头按钮之后,会产生 WM_VSCROLL 消息,因此在这个消息中判断当前 Spin 的位置,设置相应配对控件的显示属性。程序运行结果如图 9-30 所示。

9.8.3 Progress 控件的使用

进度控件是一个用来指示长时间操作的进展程度的控件。它包括从左到右使用系统高亮颜色显示渐进过程的矩形。

MFC 中表示进度控制的是 CProgressCtrl 类,该类提供了 Windows 通用进度条的功能。该类的主要成员如表 9-38 所示。

表 9-38 CProgressCtrl 类的主要成员

成员	描述	成员	描述
CProgressCtrl	构造 CProgressCtrl 对象	SetPos	设置当前位置
Create	创建进度条	SetStep	设置渐进步长
SetRange	设置表示范围	StepIt	前进一步

进度条有一个范围和当前位置。范围表示整个操作进行时位置的最小值与最大值,当前位置表示当前进行到的位置,进度条根据当前位置来判断进行的百分比,来显示进度。

首先向对话框添加一个 Progress 控件,保持默认 ID,设置 Smooth 属性。在旁边添加一个按钮,设置 ID 为 IDC_BUTTON_START,Caption 为"开始"。

在 OnInitDialog 中添加如下代码：

```
CProgressCtrl * pProg=(CProgressCtrl * )GetDlgItem(IDC_PROGRESS1);
pProg->SetRange(0,100);
pProg->SetPos(50);
```

为开始按钮添加单击事件，实现代码如下：

```
void CEx9_9Dlg::OnButtonStar()
{   //TODO: Add your control notification handler code here
    CProgressCtrl * pProg= (CProgressCtrl * )GetDlgItem(IDC_PROGRESS1);
    pProg->SetPos(0);
    SetTimer(2008,100,NULL);
}
```

在 CCtrlDlg 中添加对 WM_TIMER 消息的响应函数，实现代码如下：

```
void CEx9_9Dlg::OnTimer(UINT nIDEvent)
{
    //TODO: Add your message handler code here and/or call default
    if(nIDEvent==2008)
    {
    CProgressCtrl * pProg=(CProgressCtrl * )GetDlgItem(IDC_PROGRESS1);
    pProg->SetPos(pProg->GetPos()+1);
    if(pProg->GetPos()>=100)
    {
        KillTimer(nIDEvent);
        AfxMessageBox(L"进行完毕");
    }
    }
    CDialog::OnTimer(nIDEvent);
}
```

由以上代码可以看出，在单击"开始"按钮之后，每隔 0.1 秒，进度条前进一步。运行效果如图 9-31 所示。

9.8.4 Slider 控件的使用

滑块控件可以使用户通过拖动滑块来快速获得指定的数据。当用户滑动滑块的时候，控件将发送消息来指示变化。

图 9-31 Progress 控件的使用

滑块控件在选择一系列离散值或者一段连续范围的时候十分有用。

MFC 中使用 CSliderCtrl 来提供滑块控制的功能。该类主要成员如表 9-39 所示。

表 9-39 CSliderCtrl 类的主要成员

成　员	描　述	成　员	描　述
CSliderCtrl	构造 CSliderCtrl 对象	SetPos	设置当前位置
Create	创建滑动条	SetSelection	设置选取范围
SetRange	设置表示范围	SetBuddy	设置伙伴窗口

与 Progress 一样,可以指定滑块的范围和当前位置。

在对话框上增加一个 Slider 控件,设置 Point 属性为 Bottom/Right,然后在旁边添加一个 Static 控件,ID 设置为 IDC_STATIC_SLIDER。该控件用来显示滑块的当前位置。

在 OnInitDialog 函数中添加如下代码:

```
CString strText1;
CSliderCtrl * pSlide1=(CSliderCtrl * )GetDlgItem(IDC_SLIDER1);
pSlide1->SetRange(0,100);
pSlide1->SetPos(50);
strText1.Format(L"%d",pSlide1->GetPos());
SetDlgItemText(IDC_STATIC_SLIDER,strText1);
```

为了响应滑块移动的消息,添加 WM_HSCROLL 消息的响应(因为 Slider 是水平的,因此响应该消息;如果是垂直的,则需要响应 WM_VSCROLL,其他控件类似)。实现如下:

```
void CEx9_9Dlg::OnHScroll(UINT nSBCode,UINT nPos,CScrollBar * pScrollBar)
{
    //TODO: Add your message handler code here and/or call default
    if(pScrollBar->GetDlgCtrlID()==IDC_SLIDER1)
    {
        CSliderCtrl * pSlide=(CSliderCtrl * )pScrollBar;
        CString strText;
        strText.Format(L"%d",pSlide->GetPos());
        SetDlgItemText(IDC_STATIC_SLIDER,strText);
    }
    CDialog::OnHScroll(nSBCode,nPos,pScrollBar);
}
```

处理方式与 Spin 等带有滚动功能的控件类似,运行效果如图 9-32 所示。

9.8.5 Date Time Picker 控件的使用

在程序中,我们经常需要用户输入时间,如果让用户以字符串形式输入,则由于输入的多样性,程序不好解析,因此一般都通过控件来完成接收时间输入的任务。

Date Timer Picker 可以用来接收日期或者时间输

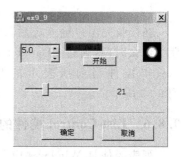

图 9-32 Slider 控件的使用

入。用户可以直接按照指定的形式输入，也可以在弹出的日历控件中选择日期。

MFC 中 CDateTimeCtrl 类是用来提供 Date Time Picker 功能的类。该类主要成员如表 9-40 所示。

表 9-40　CDateTimeCtrl 类主要成员

成　员	描　述
CDateTimeCtrl	构造 CDateTimeCtrl 对象
Create	创建日期控件
SetMothCalColor	设置内嵌的日历控件的颜色，包括背景、文字等颜色
SetFormat	设置显示日期的格式
SetRange	设置日期范围
GetTime	获得表示的时间

在对话框上添加一个 Date Time Picker 控件，设置 Format 为 Short Date，选择 Use Spin Control，如果不选择使用 Spin 控件，则用户在弹出的日历控件中进行选择。在该控件旁边添加一个按钮，ID 为 IDC_BUTTON_TIME，Caption 为"报时"。

在 OnInitDialog 中添加如下代码：

```
CDateTimeCtrl * pDT=(CDateTimeCtrl * )GetDlgItem(IDC_DATETIMEPICKER1);
CString formatStr=_T("'今天是：'yy'/'MM'/'dd");
pDT->SetFormat(formatStr);
```

这里设置 Date Time Picker 的日期显示格式，还可以在这里设置 Date Time Picker 控件的其他风格和属性。

添加对"报时"按钮的单击事件的响应函数，具体实现如下：

```
void CEx9_9Dlg::OnButtonTime()
{
    //TODO: Add your control notification handler code here
    CDateTimeCtrl * pDT=(CDateTimeCtrl * )GetDlgItem(IDC_DATETIMEPICKER1);
    CTime t;
    pDT->GetTime(t);
    CString s=t.Format(L "%A,%B %d,%Y %H: %M: %S");
    AfxMessageBox(s);
}
```

在接收完用户输入之后，往往需要获知用户到底设置了什么时间，通过 CDateTimeCtrl 的 GetTime 方法可以获得控件当前所表示的时间。程序运行结果如图 9-33 所示。

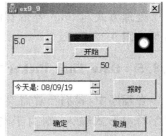

图 9-33　Date Time Picker 控件的使用

9.8.6　List Control 控件的使用

列表控件是 Windows 应用程序中最常用的控件之一。最常见的用途就是资源管理器右边的文件列表。

MFC 中使用 CListCtrl 类来封装列表控件的功能。列表控件通常用来显示若干项，每一项可以包括一个图标和一个标签。除了最基本的图标和标签，每一项还可以具有其他附加信息，例如资源管理器中文件的具体信息就是附加信息。由此决定每个项（Item）最主要的就是图标和标签，其他都是子项，是次要的信息。因此通常只允许编辑第一列，也就是图标和标签所在项，如果要编辑其他的子项，一般通过右击所在行，单击弹出菜单，在菜单上选择"修改"属性对话框来修改其他项。列表控件不是表格控件，在列表控件中列与列之间是有主次之分的，而在表格控件中，通常每一列是同等地位的。列表控件的主要成员如表 9-41 所示。

表 9-41　列表控件的主要成员

成　员	描　述
CListCtrl	构造 CListCtrl 对象
Create	创建列表控件
SetBkColor	设置背景颜色
SetImageList	设置图像列表
SetItem	设置列表项数据
GetItemRect	获得列表项的所占区域
GetEditControl	获得当前正在编辑的列表项的 Edit 控件
SetTextColor	设置文字颜色
SetTextBkColor	设置文字背景颜色
SetItemText	设置列表项的标签文字
GetHotItem	获得当前鼠标指向的列表项
GetSelectionMark	获得当前选择的列表项
SubItemHitTest	获得指定点下的列表项
SetBkImage	设置背景图片
InsertItem	插入列表项
EditLabel	启动显示编辑标签文字
CreateDragImage	创建用于拖放的图片

列表控件的视图风格有四种，它们分别是：图标视图、小图标视图、列表视图和报表视图。

- 图标视图：每项显示 32×32 图标，在图标下面显示标签。用户可以将图标拖放到视图内任何位置。
- 小图标视图：每项显示 16×16 图标，在图标右边显示标签。用户可以将图标拖放到视图内任何位置。
- 列表视图：每项显示 16×16 图标，在图标右边显示标签。每一项按列排列，不能随意拖动图标。
- 报表视图：每项占一行，第一列是主项，显示 16×16 图标，在图标右侧显示标签。右边的列显示子项，具体由程序来决定。

在报表视图风格中，视图内含有一个标题栏控件，在 MFC 中用 CHeaderCtrl 类来表示，列表控件除了标准的 Windows 控件风格，还有许多附加的风格，如表 9-42 所示。

表 9-42 CHeaderCtrl 类的部分风格

附加风格	描 述
盘旋选择(hover selection)	在设置了该风格之后,当鼠标位于某一项上一段时间之后,自动选择该项
虚拟列表视图	设置该风格之后,允许使用 DWORD 类型的项。从而使管理数据的任务就交给应用程序来负责了,控件本身只负责选择和焦点功能
单击和双击激活	设置该风格之后,允许热点跟踪、单击和双击激活高亮选项
拖放列排序	设置该风格之后,允许通过拖放来重新排列项的顺序。该风格只对报表视图风格有效

列表视图中的每一项具有一个图标、一个标签、当前状态和相关数据。一个项可以设置多个子项。子项只在报表视图风格的时候可见,所有的项必须具有相同的子项数目。

列表控件负责图标和标签属性的保存。除此之外,CListCtrl 支持"回调项"。回调项是由应用程序来保存的。回调掩码指明应用程序到底保存哪些类属性。如果使用了回调项,那么在控件需要数据的时候,应用程序必须能够提供。回调项在程序已经保存了一份数据的时候比较节省空间。

列表中的图标、标题栏图片、应用程序的状态都是通过图片来表示的,通常保存在图片列表中。在创建的控件的时候指定图片列表,列表控件支持表 9-43 所示的四种图片类型。

表 9-43 列表控件支持的四种图片类型

类 型	描 述
大图标	图标风格的时候使用
小图标	小图标风格、列表风格、报表风格使用
应用程序状态	用于在图标旁边显示应用程序状态的图片
标题栏项	在报表风格中用于标题栏的显示

列表控件在被销毁的时候会自动销毁关联的图片列表,开发者也可以在不需要的时候手工销毁不再需要的图片列表资源。为使用列表控件,首先需要创建图标资源,在"资源视图"的图标一栏内创建 8 个图标资源,如表 9-44 所示。

表 9-44 在 ResourceView 的 Icon 栏内创建的 8 个图标资源

ID	图标	ID	图标
IDI_ICON_BLACK	●	IDI_ICON_GREEN	●
IDI_ICON_BLUE	●	IDI_ICON_RED	●
IDI_ICON_WHITE	○	IDI_ICON_PURPLE	●
IDI_ICON_CYAN	○	IDI_ICON_YELLOW	○

下面添加图片列表。首先在 Cex9_9Dlg 类中增加成员如下:

```
CImageList m_imageList;
```

然后在 OnInitDialog 函数中添加如下初始化图片列表的代码：

```
HICON hIcon[8];
int n;
    m_imageList.Create(16,16,0,8,8);
    hIcon[0]=AfxGetApp()->LoadIcon(IDI_ICON_WHITE);
    hIcon[1]=AfxGetApp()->LoadIcon(IDI_ICON_BLACK);
    hIcon[2]=AfxGetApp()->LoadIcon(IDI_ICON_RED);
    hIcon[3]=AfxGetApp()->LoadIcon(IDI_ICON_BLUE);
    hIcon[4]=AfxGetApp()->LoadIcon(IDI_ICON_YELLOW);
    hIcon[5]=AfxGetApp()->LoadIcon(IDI_ICON_CYAN);
    hIcon[6]=AfxGetApp()->LoadIcon(IDI_ICON_PURPLE);
    hIcon[7]=AfxGetApp() >LoadIcon(IDI_ICON_CREEN);
    for(n=0;n<8;n++){
        m_imageList.Add(hIcon[n]);
    }
```

接下来创建标签资源，也就是每一项的文字，在 OnInitDialog 函数中添加如下实现代码：

```
static char * color[]={"white","black","red","blue","yellow","cyan","purple","green"};
```

有了这些资源，就可以创建列表控件了。首先在对话框上添加一个 List Control，其 ID 为 IDC_LIST1，在样式中选择视图风格为 List，并选择 Edit labels 选项。

由此可见，视图风格为列表风格，也就是图标按列排列。设置 Edit labels 属性，允许用于可编辑标签。

为了创建控件，首先在 OnInitDialog 中添加如下代码：

```
CListCtrl * pList=(CListCtrl *)GetDlgItem(IDC_LIST1);      //获得控件对象
pList->SetImageList(&m_imageList,LVSIL_SMALL);             //设置小图标图片列表
for(n=0;n<8;n++)
{
    //第一个参数为项 id,第二个为标签文字,第三个为对应图片列表 id
    pList->InsertItem(n,color[n],n);
}
pList->SetBkColor(RGB(0,255,255));                         //设置背景色
pList->SetTextBkColor(RGB(255,0,255));                     //设置文字的背景色
```

现在编译运行已经可以看到列表的运行效果了。

下面添加代码，相对于用户选择了某一项的事件。

首先在列表控件下面添加一个 static 控件，ID 设置为 IDC_STATIC_LIST。然后通过 ClassWizard 对列表控件添加对 LVN_ITEMCHANGED 消息的响应，实现代码如下：

```
void CEx9_9Dlg::OnItemchangedList1(NMHDR * pNMHDR,LRESULT * pResult)
{
    NM_LISTVIEW * pNMListView=(NM_LISTVIEW *)pNMHDR;
    //TODO: Add your control notification handler code here
    CListCtrl * pList=(CListCtrl *)GetDlgItem(IDC_LIST1);
    int nSelected=pNMListView->iItem;
    if(nSelected>=0)
    {
        CString strItem=pList->GetItemText(nSelected,0);
        SetDlgItemText(IDC_STATIC_LIST,strItem);
    }
    *pResult=0;
}
```

在响应很多 Windows 通用控件的消息的时候,都会用到 pNMHDR 这个参数,具体这个参数是什么结构的指针,需要查询 MSDN 中具体的消息来决定。该结构定义如下:

```
typedef struct tagNMLISTVIEW
{
    NMHDR    hdr;
    int      iItem;
    int      iSubItem;
    UINT     uNewState;
    UINT     uOldState;
    UINT     uChanged;
    POINT    ptAction;
    LPARAM   lParam;
} NMLISTVIEW,FAR * LPNMLISTVIEW;
```

每个成员的具体意义如表 9-45 所示。

表 9-45　NMLISTVIEW 结构的成员

成　员	描　　述	成　员	描　　述
hdr	NMHDR 结构,包含通知消息	uOldState	原来状态
iItem	列表项的索引	uChanged	表示项的属性是否改变
iSubItem	子项索引	ptAction	事件发生的坐标
uNewState	新状态	lParam	应用程序自定义的消息参数

了解了该结构的作用,就不难理解上述代码了。现在编译运行程序,列表控件下的 static 控件会实时显示用户当前选中的项的标签。

在设置控件属性的时候,我们设置了 Edit labels 属性,下面就显示如何使用编辑功能。通过 ClassWizard 添加对列表控件的 NM_RCLICK 消息的响应,具体实现代码如下:

```
void CEx9_9Dlg::OnRclickList1(NMHDR * pNMHDR,LRESULT * pResult)
```

```
{
    //TODO: Add your control notification handler code here
    NM_LISTVIEW * pNMListView=(NM_LISTVIEW * )pNMHDR;
    CListCtrl * pList=(CListCtrl * )GetDlgItem(IDC_LIST1);
    int nSelected=pNMListView->iItem;
    if(nSelected>=0)
        pList->EditLabel(nSelected);
    * pResult=0;
}
```

EditLabel 在指定的 nSelected 位置显示编辑框控件,完成编辑工作。编译运行程序,右击某一项,已经可以编辑标签了,但是无法保存编辑的效果。要保存编辑效果,需要响应列表控件的 LVN_ENDLABELEDIT 消息,在这里可以判断新输入的文字是否合法,然后设置标签为编辑得到的文字。具体实现代码如下:

```
void CEx9_9Dlg::OnEndlabeleditList1(NMHDR * pNMHDR,LRESULT * pResult)
{
    NMLVDISPINFO * pDispInfo=reinterpret_cast<NMLVDISPINFO * >(pNMHDR);
    //TODO: Add your control notification handler code here
    LVITEMA item=pDispInfo->item;
    CString str=item.pszText;
    str.TrimLeft();
    str.TrimRight();
    if(str.GetLength()>0)
    {
        CListCtrl * pList=(CListCtrl * )GetDlgItem(IDC_LIST1);
        pList->SetItemText(item.iItem,item.iSubItem,item.pszText);
    }
    * pResult=0;
}
```

这里如果用户没有改变原来的文字,或者新输入的文字为空,则保持原来的文字,其他情况,设置编辑结果为新的标签文字。运行结果如图 9-34 所示。

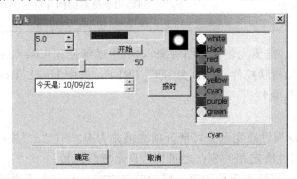

图 9-34 List Control 的运行情况

9.8.7 Tree Control 控件的使用

树状视图控件是一种用来显示层次结构的控件,例如著名的 Windows 资源管理器左边的视图。视图中的每一项包括一个标签,位图是可选的,每一项还可以附加若干子项。单击每一项,可以展开或者合拢当前树节点。

MFC 使用 CTreeCtrl 类来提供树状视图控件的功能。该类主要成员如表 9-46 所示。

表 9-46 CTreeCtrl 类主要成员

成员	描述
CTreeCtrl	构造 CTreeCtrl 对象
Create	创建树状控件
GetCount	获得节点个数
SetIndent	设置每层缩进距离
SetImageList	设置图片列表
GetNextItem	获得指定节点指定方式下的下一个节点
InsertItem	插入节点
GetChildItem	获得字节点
GetNextSiblingItem	获得下一个兄弟节点
GetPrevSiblingItem	获得前一个兄弟节点
GetParentItem	获得父节点
GetSelectedItem	获得选中的节点
GetDropHilightItem	获得当前释放目标节点
GetRootItem	获得根节点
GetItem	获得指定节点的信息
GetEditControl	获得编辑框控件
SetBkColor	设置背景颜色
ItemHasChildren	判断指定节点是否有字节点
DeleteItem	删除节点
DeleteAllItems	删除所有节点
Expand	打开或者折叠节点
CreateDragImage	创建用于拖放的图片
SortChildren	排序某一节点之下的字节点

为使用视图控件,需要先创建位图资源,本例中继续使用 List Control 中的图标。接下来在对话框中添加树状控件,其 ID 为 IDC_TREE1,选中 Has buttons、Has lines、Lines at root 和 Edit labels 属性。

其中,

- Has buttons 属性决定每个可展开项之前是否有"+"、"−"按钮;
- Has lines 属性决定相关节点之间是否显示虚线连接;
- Lines at root 属性决定位于第一层的节点之间是否有虚线连接;
- Edit labels 表示标签是否可编辑。

然后在 OnInitDialog 函数中添加如下代码：

```
CTreeCtrl * pTree=(CTreeCtrl * )GetDlgItem(IDC_TREE1);
pTree->SetImageList(&m_imageList,TVSIL_NORMAL);           //设置图片列表
TV_INSERTSTRUCT tvinsert;                //创建待插入的 TV_INSERTSTRUCT 结构
tvinsert.hParent=NULL;                   //无父结点
tvinsert.hInsertAfter=TVI_LAST;          //插入到本层最后
tvinsert.item.mask=TVIF_IMAGE|TVIF_SELECTEDIMAGE|TVIF_TEXT;
                                         //掩码：图标/选中图标/文字
    tvinsert.item.hItem=NULL;            //句柄为空
    tvinsert.item.state=0;               //状态
    tvinsert.item.stateMask=0;           //状态掩码,不使用这两项
    tvinsert.item.cchTextMax=6;          //最大文字长度,忽略
    tvinsert.item.iSelectedImage=1;      //选中图标索引
    tvinsert.item.cChildren=0;           //没有子节点
    tvinsert.item.lParam=0;              //自定义数据
//创建第一层
    tvinsert.item.iImage=2;              //一般图标
    tvinsert.item.pszText=L "father";    //插入第一层第一个节点"father"
    HTREEITEM hDad=pTree->InsertItem(&tvinsert);
    tvinsert.item.pszText=L"mother";     //插入第一层第二个节点"mother"
    HTREEITEM hMom=pTree->InsertItem(&tvinsert);
//创建第二层
    tvinsert.hParent=hDad;               //父节点为"father"
    tvinsert.item.iImage=3;              //一般图标
    tvinsert.item.pszText=L"son";        //插入第二层"father"的第一个节点"son"
    pTree->InsertItem(&tvinsert);
    tvinsert.item.pszText=L "daughter";  //插入第二层"father"的第二个节点"daughter"
    pTree->InsertItem(&tvinsert);
    tvinsert.hParent=hMom;               //父结点为"mother"
    tvinsert.item.iImage=4;
    tvinsert.item.pszText=L"son";        //插入第二层"mother"的第一个节点"son"
    pTree->InsertItem(&tvinsert);
    tvinsert.item.pszText=L"daughter";   //插入第二层"mother"的第二个节点"daughter"
    pTree->InsertItem(&tvinsert);
    tvinsert.item.pszText=L"cartoon";    //插入第二层"mother"的第三个节点"cartoon"
    HTREEITEM hOther=pTree->InsertItem(&tvinsert);
//创建第三层
    tvinsert.hParent=hOther;             //父结点为"cartoon"
    tvinsert.item.iImage=7;
    tvinsert.item.pszText=L "Tom";       //插入第三层"cartoon"的第一个节点"Tom"
    pTree->InsertItem(&tvinsert);
    tvinsert.item.pszText=L"Jerry";      //插入第三层"cartoon"的第二个节点"Jerry"
    pTree->InsertItem(&tvinsert);
```

这段代码创建了一个如图 9-35 所示结构的树。

理解上述代码的关键在于理解关键函数 InsertItem 和关键数据结构 TV_INSERTSTRUCT 和 TV_ITEM。

图 9-35 树状控件内容的展开

InsertItem 的函数执行的功能是向树状控件中插入一项,至于这一项什么样子,要插入到什么位置,全部由 InsertItem 的 TV_INSERTSTRUCT 类型的参数来描述,该结构主要成员如表 9-47 所示。

表 9-47 TV_INSERTSTRUCT 结构主要成员

成员	描述
hParent	父节点项的句柄。如果该成员取值 TVI_ITEM 或者 NULL,则插入节点为第一层节点
hInsertAfter	表示插入 hParent 项下一层的位置。TVI_FIRST 表示插入第一个位置;TVI_SORT 表示按字母顺序插入;TVI_LAST 表示插入最后一个位置
Item	具体插入项的数据,TV_ITEM 类型

TV_ITEM 结构成员如表 9-48 所示。

表 9-48 TV_ITEM 结构成员

成员	描述
mask	指示结构中那些成员数据有效,具体取值见表 9-49
hItem	该项的句柄
state	表示当前项的状态
lParam	用户指定的数据
pszText	该项的文字
cchTextMax	pszText 缓冲的长度,仅当访问 TV_ITEM 的时候有效,设置的时候该成员被忽略
iSelectdImage	该项被选中时的图标
stateMask	state 的掩码
iImage	该项的正常图标
cChildren	指示当前项是否有字节点。0 表示没有;1 表示有

mask 的取值说明如表 9-49 所示。

表 9-49 mask 的取值说明

取值	描述
TVIF_CHILDREN	cChildren 成员有效
TVIF_HANDLE	hItem 成员有效
TVIF_SELECTEDIMAGE	iSelectedImage 成员有效
TVIF_STATE	state 和 stateMask 成员有效
TVIF_IMAGE	iImage 成员有效
TVIF_PARAM	lParam 成员有效
TVIF_TEXT	pszText 和 cchTextMax 成员有效

理解了上述数据结构,就不难理解插入的过程了。如果在程序中根据用户输入的层次型数据动态地创建树状控件,经常需要递归调用。

下面通过添加一些对树状控件常用消息的响应来说明树状控件的一般使用方法。首先在树状控件旁边添加一个 static 控件,ID 设置为 IDC_STATIC_TREE。使用 ClassWizard 为树状控件添加对 TVN_SELCHANGED 消息的响应,响应函数实现如下:

```
void CEx9_9Dlg::OnSelchangedTree1(NMHDR * pNMHDR,LRESULT * pResult)
{
    NM_TREEVIEW * pNMTreeView=(NM_TREEVIEW * )pNMHDR;
    //TODO: Add your control notification handler code here
    CTreeCtrl * pTree=(CTreeCtrl * )GetDlgItem(IDC_TREE1);
    HTREEITEM hSelected=pNMTreeView->itemNew.hItem;
    if(hSelected !=NULL)
    {
        TCHAR text[31];
        TV_ITEM item;
        item.mask=TVIF_HANDLE|TVIF_TEXT;
        item.hItem=hSelected;
        item.pszText=text;
        item.cchTextMax=30;
        VERIFY(pTree->GetItem(&item));
        SetDlgItemText(IDC_STATIC_TREE,text);
    }
    * pResult=0;
}
```

通过前面对 TV_ITEM 结构的介绍,读者不难理解这段代码,首先通过 pNMTreeView 变量来获得当前选中的项,然后获得该项的文字,并显示到 static 控件上。

在向对话框添加控件的时候,我们设置了 Edit labels 属性,在设置了该属性之后,树状控件就已经是可编辑的了,缓慢双击节点文字,节点便进入编辑状态,如何响应编辑状态结束消息呢?方法与响应列表控件的编辑结束消息完全一样。通过 ClassWizard 添加对 TVN_ENDLABELEDIT 消息的响应函数,实现如下:

```
void CEx9_9Dlg::OnEndlabeleditTree1(NMHDR * pNMHDR,LRESULT * pResult)
{
    TV_DISPINFO * pTVDispInfo=(TV_DISPINFO * )pNMHDR;
    //TODO: Add your control notification handler code here
    TVITEMA item=pTVDispInfo->item;
    CString str=item.pszText;
    str.TrimLeft();
    str.TrimRight();
    if(str.GetLength()>0)
    {
```

```
            CTreeCtrl * pTree=(CTreeCtrl *)GetDlgItem(IDC_TREE1);
            pTree->SetItemText(item.hItem,item.pszText);
        }
        * pResult=0;
    }
```

与列表控件的处理几乎完全一致。程序运行结果如图 9-36 所示。

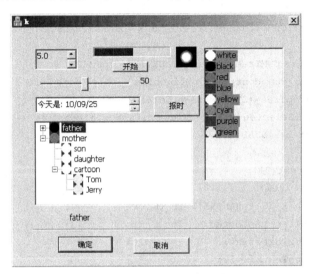

图 9-36 Tree Control 控件的使用

9.8.8 Extended Combo Box 控件的使用

扩展的复合框继承自普通的复合框。MFC 提供了 CComboBoxEx 来实现扩展复合框的功能。使用扩展的复合框，读者不再需要自己实现在复合框中绘制图片的功能了。使用扩展的复合框可以通过图像列表来访问图像。该类主要成员如表 9-50 所示。

表 9-50 CComboBoxEx 类主要成员

成　员	描　述	成　员	描　述
CComboBoxEx	构造 CComboBoxEx 对象	InsertItem	插入一项
Create	创建扩展复合框控件	SetImageList	设置图片列表
DeleteItem	删除一项	GetEditCtrl	获得内嵌的 Edit 控件
GetItem	获得指定项信息	GetComboBoxCtrl	获得内嵌的复合框控件

使用扩展复合框和普通复合框的步骤基本类似，下面简要说明。如果需要在扩展复合框中使用图片，首先需要建立图片资源，并在程序中创建图像列表，这里使用前面例子中创建的图像列表。

接下来向对话框添加扩展对话框控件，设其 ID 为 IDC_COMBOBOXEX1，类型 (Type) 为 Dropdown。

设置好复合框的大小。在 OnInitDialog 函数中添加如下代码：

```
CComboBoxEx* pComboEx=(CComboBoxEx*)GetDlgItem(IDC_COMBOBOXEX1);
pComboEx->SetImageList(&m_imageList);
COMBOBOXEXITEM comboItem;
comboItem.mask=CBEIF_IMAGE|CBEIF_INDENT|CBEIF_SELECTEDIMAGE|
        CBEIF_TEXT;
for(int i=0;i<3;i++)
{
    comboItem.iItem=i;
    comboItem.iImage=i;
    comboItem.iSelectedImage=i;
    comboItem.iIndent=i;
    comboItem.pszText=color[i];
    pComboEx->InsertItem(&comboItem);
}
```

上述代码中的关键函数为 InsertItem，该函数向复合对话框中添加一项，该项是 COMBOBOXEXITEM 结构，该结构的主要成员如表 9-51 所示。

表 9-51 COMBOBOXEXITEM 结构的主要成员

成员	描述
mask	指示结构中那些成员数据有效，具体取值见表 9-52
iItem	该项的索引
pszText	该项的文字
iImage	该项的正常图标
cchTextMax	pszText 缓冲的长度，仅当访问 TV_ITEM 的时候有效，设置的时候该成员被忽略
iSelectedImage	该项被选中时的图标
iOverlay	从 1 开始的覆盖图片索引
iIndent	缩进层次，一层是 10 像素
lParam	用户指定的数据

mask 的取值如表 9-52 所示。

表 9-52 mask 的取值

取值	描述
CBEIF_INDENT	iIndent 成员有效
CBEIF_IMAGE	iImage 成员有效
CBEIF_LPARAM	lParam 成员有效
CBEIF_SELECTEDIMAGE	iSelectedImage 成员有效
CBEIF_OVERLAY	iOverlay 成员有效
CBEIF_TEXT	pszText 和 cchTextMax 成员有效

程序运行结果如图 9-37 所示。

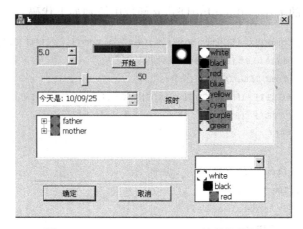

图 9-37　Extended Combo Box 控件的使用

9.9　小结

本章介绍了 Windows 编程中常用的控件的概念及其特点和用法，并通过实例介绍了控件的应用。通过本章的学习，读者已经基本掌握了大部分常用的 Windows 控件了。

通过本章的学习，读者掌握了 Visual C++ 的另一种编程方法，即 MFC 编程，细心的读者会体会到，MFC 编程中用到的成员函数，很多就是前面介绍的 API 函数在类库中的封装，因此，学习了 API 编程，进一步学习 MFC 编程，读者就更容易掌握了。另外，MFC 虽然以类的方式提供给编程人员，但在很多场合，这些类成员函数并不能满足需要，掌握好 SDK 编程是一个从事 Windows 程序开发必须掌握和具备的知识。

在"对话框通用控件"一节的内容中，介绍了几个应用例子，这些例子结合起来，就是一个综合应用样例，读者会发现，每介绍一个例子，都是在原有功能的基础上增加新的功能，是用一个例子贯穿了整个"对话框通用控件"一节的内容，体现了循序渐进的学习方法。

在今后的实际运用中，控件的内容还很丰富，希望读者能够结合 MSDN，多加练习，相信读者一定可以编写出易用、美观、合理、强大的图形用户界面的应用程序。

9.10　练习

9-1　常用控件有哪些类型？
9-2　按钮控件的特点是什么？
9-3　按钮控件是如何应用的？
9-4　按钮控件分为几类？
9-5　各种按钮控件的类是如何定义的？
9-6　哪些按钮控件需要初始化？
9-7　滚动条分为几类？其类结构是如何定义的？
9-8　滚动条控件是如何进行消息传递的？

9-9 编辑框控件是如何使用的?

9-10 编辑框控件的类结构是如何定义的?

9-11 编辑框控件是如何响应消息的?

9-12 创建一个显示成绩的单选按钮控件,成绩项包括"100"、"90"、"80"和"70"四档,创建一个复选按钮控件组,复选项为"加权"(对上述成绩的权量分别为 10、9、8、7),布置一个名字为"计算"的按钮和"退出"按钮,当单击"计算"按钮时,在编辑框中显示成绩的平均值。

9-13 创建三个水平滚动条,分别用来控制红、绿、蓝三种基本颜色的变化,并在编辑框中显示当前 RGB 的值,变化的颜色效果在一个椭圆中以填充椭圆的方式表现出来。

9-14 创建两个水平滚动条,用来控制 X 和 Y 数值的变化,X 和 Y 的变化范围均为 0~100,X 和 Y 当时的值分别在一个编辑框中显示出来,然后在"计算"的菜单中选择"求和"或"求差",计算结果在窗口的另一个编辑框中显示出来。

9-15 创建如图 9-38 所示的界面,单击"开始"按钮时,按照顺序执行各项操作,在执行完的操作前面加对号标志,在正在进行的操作前面加箭头标志,下面的进度条显示当前操作的进度(注意这只是一个假设的过程)。

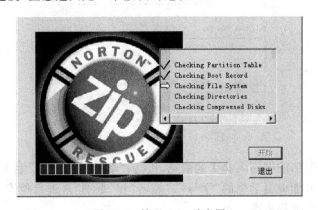

图 9-38 练习 9-15 示意图

9-16 创建一个下拉列表框控件,列表框中能对十个学生的名字进行选择,另有一个列表框,列有五个有关学生兴趣爱好的选项,在两个下拉列表框中选择相应的内容,单击"显示"按钮后,在编辑框中显示所选学生的名字和相应的爱好。

9-17 如图 9-39 所示创建应用程序,在"形状"列表框中选择要绘制的图形,在"笔颜色"下拉列表框中选择画笔的颜色,在"刷子颜色"下拉列表框中选择画刷的颜色,在"线型"组合框中选择画笔的线型,在"填充类型"中选择画刷填充类型,单击"绘图"按钮按照前面的选项绘制图形,单击"退出"按钮退出程序。

9-18 用 MFC 的向导创建编辑框,在编辑框中实现算术加、减、乘和除的运算。

图 9-39 练习 9-17 示意图

9-19 用 MFC 的向导创建一个程序,在程序的运行界面上能输入 10 个任意数据,然后对这 10 个数据进行统计计算如平均值、方差、均方根等。

9-20 建立一个程序进行数据的管理,设有 10 组数据,每一组数据有 5 个元素,要求该程序能实现如下功能:
(1) 从键盘依次输入 10 组数据;
(2) 调出任意的一组数据显示出来;
(3) 修改任意一组数据或一组数据中的任意一个元素;
(4) 求出任意一组数据中的最大值和最小值。

9-21 创建一程序,包含两个编辑框,一个是单行编辑框,一个是多行编辑框,另外有 Cut、Copy、Paste、Clear All、Undo 和 Exit 按钮,分别完成从一个编辑框到另一个编辑框的剪切、拷贝、粘贴、清除、撤销和退出操作。在多行编辑框的下方创建 4 个文本框,能动态显示多行编辑框中当前文本的行数、字符数、多行编辑框中当前可见最上面一行的行号、光标所在行的行号,界面如图 9-40 所示。

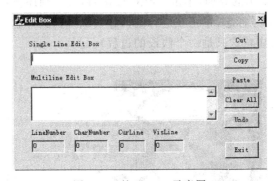

图 9-40 练习 9-21 示意图

9-22 编写一个程序,能够输入学生的信息,包括:"学号"、"姓名"、"性别"、"年龄"和所在的"系别",并能根据学生的"学号"、"姓名"和"系别"来进行检索,当检索到的信息超过一个时,能够依次显示。

9-23 创建一个如图 9-41 所示的界面,滑杆条 1 的滑动范围为 1~100,滑杆条 2 的滑动范围为 4.0~16.0,List Control 中列出 6 种颜色,Tree Control 中可以进行项目内容的树状显示。

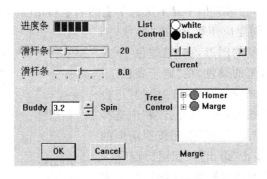

图 9-41 练习 9-23 示意图

第10章

在 MFC 中创建应用程序的资源

应用程序可以使用几种不同类型的资源,如加速键、位图、光标、对话框、菜单、工具条和字符串等。在最初的 SDK 编程阶段,程序员可以使用文本编辑器来编写资源脚本,这种方式比较灵活,但程序员要编写较多的代码,不过这对初学者全面掌握资源文件的结构很有帮助。在后来的 Visual C++ 中提供了可视化的资源编辑器(Resource Editor),在资源编辑器中,程序员可以通过鼠标的拖拽来编辑可视化资源,十分方便,但也存在不足,就是自动生成的那些代码结构复杂,不容易读懂,如果读者能够先通过手动编写资源脚本,在掌握资源文件的结构的基础上,在 MFC 编程的过程中就可利用自动生成工具生成资源文件,就能够全面了解和灵活掌握资源文件的结构和应用。资源是 Windows 应用程序用户界面的重要组成部分,资源的使用极大地方便 Windows 应用程序的界面设计。

在 Windows 的可执行文件中,资源是独立于代码的,使用单独的 Resource Compiler 进行编译,并嵌入到可执行文件中。在编程过程中,代码是可复用的,资源也是可复用的,通过资源的"导入"和"导出"功能来实现资源的可复用。另外,程序的国际化,也是通过资源来实现的。

本章将通过 Visual C++ 的 MFC 编程介绍资源文件的创建和应用,本章中的例子,通过各资源的介绍,不断丰富功能,用一个综合实例贯穿本章的学习,通过这一章内容的学习,读者将会掌握资源在 MFC 编程的应用。

10.1 获取资源的一个样例

假如希望编写一个纸牌类游戏,首先就要设计纸牌资源,这时读者经常会联想到 Windows 系统自带的纸牌游戏中的纸牌图片资源,由于 Windows 的可执行文件中资源与代码是分别编译然后链接到一起的,因此理论上资源是可以与代码分离的。

如果要查看 Windows 系统中自带的纸牌游戏中的图片资源,首先要找到位于 Windows 目录下的 cards.dll 文件(对于有些 windows 系统,该文件在 windows\System32 下),然后选择 VC IDE 中的 File|Open,文件类型选择 Executable Files(.exe;.dll;.ocx),Open as 选择 Resource,然后打开 cards.dll 文件,如图 10-1 所示。

打开 cards.dll 文件后,选择其中的 Bitmap|"11[英语(美国)]"并双击,结果如图 10-2 所示,实际上它代表的是扑克牌的梅花 J,在这里,是以位图资源的形式出现的。

通过上述方法,可以从.exe 和.dll 等含有资源的二进制文件中获得所需资源。选择文件保存类型为 32-bit Resource File(.res),可将 cards.dll 可执行文件中的资源单独另

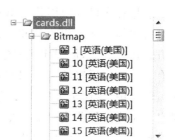

图 10-1　打开一个资源文件　　　图 10-2　使用 VC 以资源方式打开 cards.dll 文件

存为 cards.res 资源文件,在将来需要使用该资源的时候再导入即可。程序中所有的资源都可以通过这种方式获得。另外还可以在 Resource Editor 中对资源进行编辑,并且保存。通过这种修改方式,可以在程序设计完毕之后对程序的资源再进行修改,例如修改图片,将界面文字翻译为其他语言。实际上很多软件的汉化就是这么实现的。可见代码与资源的分离编译,对于程序的维护及资源的重用都非常方便。

10.2　资源的应用

10.2.1　菜单资源的使用

　　菜单是图形用户界面中的重要组成部分。一个设计良好的图形界面程序,总要为用户提供简单实用的菜单。不同的菜单,可以对功能进行分类,菜单可以使用户直观方便地操作程序,为用户提供各种功能。

　　在标准的 Windows 应用程序中,菜单通常有三类:系统菜单、程序主菜单和快捷菜单。

　　系统菜单提供系统对程序主窗口的管理功能,通常在程序中既不需要控制也不需要改动这种菜单,因此在此不作介绍。

　　程序主菜单通常位于应用程序的最顶端,大家所熟悉的 File、Edit、View 等菜单就是属于程序的主菜单,其菜单项包含了程序的大部分功能。这一类菜单几乎在所有的程序中都会涉及,如图 10-3 所示。

　　快捷菜单在大部分的 Windows 应用程序中是很常见的。当点击不同的控件时,可以

图 10-3 程序主菜单

载入不同的菜单资源,显示不同的菜单。快捷菜单对于一个具备良好交互性的应用程序来说是非常必要的。

下面介绍利用 MFC 创建菜单资源。首先使用应用程序向导创建一个基于单文档的 MFC 项目,解决方案为 ch10,工程名为 My_Res,项目的其他选项采用默认选项即可。然后根据如下操作:"资源视图"|Menu|IDR_MAINFRAME,可以看到菜单资源编辑器如图 10-4 所示。在这里,可以通过可视化编辑来创建菜单资源。

图 10-4 菜单资源

下面将创建一个名为"计算"的菜单,快捷键为 Alt+C。读者可以在图 10-4 中双击虚线框,在右侧的属性栏中可以修改 Caption 的内容为"计算[&C]"即可,它就是该菜单项所显示的具体文字,如图 10-5 所示。其中符号"&"会在随后的英文字母下面显示一条下划线,表示 Alt 加上相应的字母键就是该菜单项的快捷键。

图 10-5 中的 ID 表示该菜单项对应的资源的 ID 标识,该 ID 用来和具体处理该菜单项的消息处理函数绑定,可以为 ID 指定一个宏名称,Visual C++ 会自动在 resource.h 中为该宏分配一个唯一的数值与之对应。如果对 Visual C++ 指定的数值不满意,可以自己手工来指定,这一点对于自定义消息和映射一个范围内的消息时尤其有用。对于具有 Popup 属性的菜单来说,对应的菜单操作就是弹出式子菜单,因此不需要用户的特殊处理,因此这里不需要也无法指定其 ID。下面介绍图 10-5 中的几个菜单设置属性。

图 10-5　菜单项属性设置

Separator：表示该菜单项是一个分隔线。

Popup：表示该菜单项是弹出式菜单，还是一个子菜单项，弹出式菜单就是右侧有一个"▶"符号的菜单项，例如 Visual C++ IDE 的 Project|Add To Project 子菜单项。或者 Project 等位于菜单条的主菜单项。具有该属性的菜单只有一个功能——弹出子菜单，因此一般不需要消息映射。

Enabled：表示该菜单项是否激活。具有该属性的菜单项因为是没有被激活的，因此其功能已经丧失，不调用相应的处理函数。

Checked：表示该菜单项是否被选中。被选中的菜单项会在左边显示一个"√"符号。通常在代码中指定。

Grayed：表示该菜单项是否被禁止。如果被禁止则显示为灰色无效状态，通常在代码中指定。

Prompt：表示当鼠标滑动到该菜单项上时，是否显示提示内容。

下面通过具体实例介绍如何使用菜单资源。

【例 10-1】创建一个基于单文档结构的应用程序，在视图中显示一行字符串"Hello World!"，通过建立包含"显示"和"颜色选择"两个菜单项的"操作"菜单来控制字符串，菜单项"显示"用以控制字符串的显示与否，菜单项"颜色选择"中包含一个级连菜单，内容为"红"、"绿"和"蓝"三个菜单项。

读者可以创建一个 My_res 的单文档工程文件，选择菜单资源，并建立菜单及菜单项，表 10-1 是菜单项的属性设置，菜单界面效果如图 10-6 所示。

表 10-1 菜单项属性设置

ID	Caption	Separator	Pop-up
ID_OPER_SHOW	显示\tCtrl+W		
（无）	分隔线	√	
（无）	颜色选择		√
ID_OPER_RED	红色[&R]		
ID_OPER_GREEN	绿色[&G]		
ID_OPER_BLUE	蓝色[&B]		

图 10-6 菜单界面设计效果

为了完成上述功能，需要在 CMy_ResView 类中添加部分代码。

在类选项卡中，展开项目 My_res，右击 CMy_resView 类，选择"添加"|"添加成员变量"，添加如下变量，操作如图 10-7 所示。

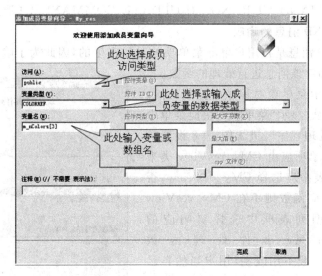

图 10-7 添加类成员变量

```
COLORREF    m_nColors[3];           //用户可选颜色数组
DWORD       m_nColorIndex;          //当前所选颜色索引
CString     m_strShow;              //显示的内容
BOOL        m_bShow;                //是否显示
```

这个操作也可以直接在 My_resView.h 中的 class CMy_resView : public Cview 中的 public 处加入。

在 CMy_resView::CMy_resView() 中加入如下代码初始化成员变量：

```
m_nColors[0]=RGB(255,0,0);
m_nColors[1]=RGB(0,255,0);
m_nColors[2]=RGB(0,0,255);
m_nColorIndex=0;
```

```
m_strShow=L "Hello World!";
m_bShow=TRUE;
```

在 void CMy_resView::OnDraw(CDC * pDC)中加入如下代码绘制字符串：

```
if(m_bShow)
{
    pDC->SetTextColor(m_nColors[m_nColorIndex]);      //设置输出字符串颜色
    pDC->TextOut(100,100,m_strShow);                  //输出字符串
}
```

现在编译运行程序，可以看到程序输出一行红色的字符串，但颜色设置菜单项还没有起作用。下面将介绍如何通过菜单项来控制程序，在介绍菜单项的响应时，必须先了解几个消息响应机制，它们分别是"COMMAND 消息的响应"、"UPDATE_COMMAND_UI 消息的响应"和"ON_COMMAND_RANGE 对 COMMAND 消息的响应"、"ON_UPDATE_COMMAND_UI_RANGE 对 UPDATE_COMMAND_UI 消息的响应"。

1. COMMAND 消息的响应

COMMAND 消息是在用户单击菜单项的时候产生的，因此为了响应用户单击菜单的消息，需要添加对该消息进行处理的函数。

首先添加显示菜单项对程序的控制功能。在"资源视图"中从"显示"菜单项的快捷菜单中选择"添加事件处理程序"，进入图 10-8 设置的界面。注意此菜单项应由 CMy_resView 类来处理，因此类列表中应选择 CMy_resView，否则添加的消息响应函数则不在 CMy_resView 中了。消息类型列表框中选择要响应的 COMMAND 消息，事件处理函数 OnOperShow()一般不用改动（用户当然自己可以修改为别的标识）。然后依次单击"添加编辑"按钮，进入消息处理函数的编写。

这里介绍一下通过上述操作，Visual C++ 为程序自动添加的代码。介绍这部分代码的目

图 10-8 COMMAND 消息函数的设置

的是可以帮助读者了解"事件处理程序向导"幕后的工作以及通过了解"事件处理程序向导"的工作机制，掌握手动添加消息响应的方法。

添加了对 COMMAND 消息的响应之后，代码 My_resView.h 中将会发生如下变化：

```
//Generated message map functions
protected:
    //{{AFX_MSG(CMy_resView)
    afx_msg void OnOperShow();
    //}}AFX_MSG
```

其中的 OnOperShow()就是对 ID_OPER_SHOW 菜单项的 COMMAND 消息的响

应函数。由此可见消息响应函数也不过就是成员函数而已，其特殊之处也就是声明在 AFX_MSG 这对宏之间。之所以放在这里，是因为放在这里可以得到"事件处理程序向导"的支持，如果不需要 ClassWizard 的支持，完全可以声明在 AFX_MSG 之外。此外，既然 OnOperShow 是一个成员函数，因此完全可以把它按照普通的成员函数来直接调用。

在 My_resView.cpp 文件的前半部分，读者会看到 ID_OPER_SHOW 对应的 COMMAND 消息的绑定，请见下述代码中斜体部分的内容。

```
BEGIN_MESSAGE_MAP(CMy_resView,CView)
    //{{AFX_MSG_MAP(CMy_resView)
    ON_COMMAND(ID_OPER_SHOW,OnOperShow)
    //}}AFX_MSG_MAP
    //Standard printing commands
    ON_COMMAND(ID_FILE_PRINT,CView::OnFilePrint)
    ON_COMMAND(ID_FILE_PRINT_DIRECT,CView::OnFilePrint)
    ON_COMMAND(ID_FILE_PRINT_PREVIEW,CView::OnFilePrintPreview)
END_MESSAGE_MAP()
```

在 My_ResView.cpp 文件的最后加入如下斜体标识的代码：

```
void CMy_ResView::OnOperShow()
{
    //TODO: Add your command handler code here
    m_bShow=!m_bShow;
    Invalidate();                                    //强制程序重新窗口
}
```

重新编译并运行程序，可以看到，"显示"菜单项已经可以控制程序是否显示字符串了。

通过以上三处，我们已经清楚地知道了 MFC 的 ClassWizard 在添加消息响应的时候为我们做了什么，其实如果大家熟悉了编程方法，完全可以在上述三处手工加入上述代码。当然，如果发现添加事件处理程序写错了，也要通过上述三处进行删除。

2. UPDATE_COMMAND_UI 消息的响应

UPDATE_COMMAND_UI 消息是在窗口将要绘制菜单项的时候产生，这里通常根据程序当前的状态，来决定对应菜单项的状态。

在上面的例子中，仅仅只是使用"显示"菜单项来控制是否显示似乎还不够，如果"显示"菜单项能够配合主程序体现出当前是否显示的状态可能会更好一些。就像一个文本编辑软件，菜单上是"10 号字"、"12 号字"的功能，如果不在菜单上标识出来，那么使用者可能就搞不清当前的字是多大的。

照图 10-8 中为 ID_OPER_SHOW 添加 UPDATE_COMMAND_UI 消息。在自动生成的 void CMy_resView::OnUpdateOperShow(CCmdUI * pCmdUI) 函数中加入如下斜体标识的代码：

```
void CMy_resView::OnUpdateOperShow(CCmdUI * pCmdUI)
{
    //TODO: Add your command update UI handler code here
    pCmdUI->SetCheck(m_bShow);
}
```

编译运行,可以看到随着 m_bShow 的值的改变,显示菜单项的状态与实际是否显示字符串的状态一致了,通过菜单项前面的"√"标记来体现。这里用到了 CCmdUI 类,表 10-2 对该类常用的方法进行介绍。

表 10-2 CCmdUI 类常用的方法

方　　法	功　　能	参　　数
void Enable(BOOL bOn=TRUE)	禁止或者允许该菜单项	TRUE 允许该菜单项;FALSE 禁止该菜单项
void SetCheck(int nCheck=1)	设置菜单项或者工具条按钮的 check 状态,显示标志为"√"	0 表示无 check 状态;1 表示 check 状态;2 表示不确定状态,该取值只对工具条按钮有效
void SetRadio(BOOL bOn=TRUE)	与 SetCheck 功能类似,显示标志为"·"	TRUE 表示 check 状态;FALSE 表示无 check 状态
void SetText(LPCTSTR lpszText)	设置菜单项的 Caption 属性	新的 Caption 属性。通常配合 SetCheck 与 SetRadio 使用

读者不妨将上述程序的 SetCheck 换为其他方法来体会一下每个方法的功能。

3. ON_COMMAND_RANGE 对 COMMAND 消息的响应

在前面响应 COMMAND 消息的时候遇到了 ON_COMMAND 宏,ON_COMMAND_RANGE 是为了响应连续 Object ID 的若干个 COMMAND 消息而提供的。

下面将介绍如何选择显示字符串颜色。根据前面所介绍的映射消息处理函数的方法,很容易对 ID_OPER_RED、ID_OPER_GREEN、ID_OPER_BLUE 操作分别响应其操作函数,但如果有 100 种颜色可以选择,那是否也逐个定义其响应函数呢?显然那样做太麻烦,而且工作量很大,我们可以使用 ON_COMMAND_RANGE。ON_COMMAND_RANGE 为处理具有连续 Object ID 的菜单项提供了一个方便的途径。既然是处理连续的菜单项,对于我们现在这个例题,首先请确认上述三个 ID 是否连续,如果 Resource.h 中三个 ID 由于某种原因不连续,请手工修改为连续的,且 ID_OPER_GREEN=ID_OPER_RED+1,ID_OPER_BLUE=ID_OPER_RED+2,否则程序运行结果可能会稍有不同。

既然是要处理连续 ID,那么很容易想到这个宏和相应的消息函数,可能要涉及 ID 范围的下界、ID 范围的上界以及当前的 ID。由于"事件处理程序向导"不支持该消息的自动映射(见图 10-8),因此我们只能通过手工来添加对这个消息的处理。添加过程仿照我们对 COMMAND 的分析过程。

在 My_resView.h 中加入如下代码,声明消息的处理函数,nID 表示调用该函数所处理的菜单项的 ID。

```
//{{AFX_MSG(CMy_resView)
afx_msg void OnOperShow();
afx_msg void OnUpdateOperShow(CCmdUI * pCmdUI);
afx_msg void OnOperColorChange(UINT nID);
//}}AFX_MSG
```

在 My_resView.cpp 的开头部分加入如下斜体标识的代码，完成消息映射，宏的第一个参数表示 ID 范围的最小值，第二个参数表示 ID 范围的最大值，最后一个参数是消息处理函数。

```
BEGIN_MESSAGE_MAP(CMy_resView,CView)
    //{{AFX_MSG_MAP(CMy_resView)
    ON_COMMAND(ID_OPER_SHOW,OnOperShow)
    ON_UPDATE_COMMAND_UI(ID_OPER_SHOW,OnUpdateOperShow)
    //}}AFX_MSG_MAP
    //Standard printing commands
    ON_COMMAND(ID_FILE_PRINT,CView::OnFilePrint)
    ON_COMMAND(ID_FILE_PRINT_DIRECT,CView::OnFilePrint)
    ON_COMMAND(ID_FILE_PRINT_PREVIEW,CView::OnFilePrintPreview)
    ON_COMMAND_RANGE(ID_OPER_RED,ID_OPER_BLUE,OnOperColorChange)
END_MESSAGE_MAP()
```

在 My_resView.cpp 的最后加入如下斜体标识的代码来实现该函数：

```
void CMy_resView::OnOperColorChange(UINT nID)
{
    m_nColorIndex=nID-ID_OPER_RED;
    Invalidate();
}
```

编译运行，现在已经可以通过菜单项来改变输出字符串的颜色了。

4. 对 UPDATE_COMMAND_UI 消息的响应

ON_UPDATE_COMMAND_UI_RANGE 与 ON_UPDATE_COMMAND_UI 的关系和 ON_COMMAND_RANGE 与 ON_COMMAND 的关系类似，实现若干菜单项的状态更新。

上面的例子中，也许给表示每个颜色的菜单项加上 check 功能看起来会更人性化一些。下面就是仿照前面手工加入 ON_COMMAND_RANGE 的过程加入 ON_UPDATE_COMMAND_UI_RANGE 宏。

在 My_resView.h 中加入如下代码：

```
afx_msg void OnUpdateOperColorChange(CCmdUI * pCmdUI);
```

在 My_resView.cpp 中加入如下代码：

```
ON_UPDATE_COMMAND_UI_RANGE(ID_OPER_RED,ID_OPER_BLUE,OnUpdateOperColorChange)
…
```

```
void CMy_resView::OnUpdateOperColorChange(CCmdUI * pCmdUI)
{
    pCmdUI->SetRadio(m_nColorIndex==(pCmdUI->m_nID-ID_OPER_RED));
}
```

由于CCmdUI类的成员m_nID就是调用OnUpdateOperColorChange时当前的菜单项ID,因此OnUpdateOperColorChange函数没有nID这个参数。

10.2.2 快捷菜单的创建及其应用

使用快捷菜单资源与使用主程序菜单资源十分类似,不同之处在于主程序菜单在程序框架初始化的时候被自动创建加载,而快捷菜单需要我们手工来创建加载。

【例10-2】 在例10-1的基础上增加快捷菜单,实现"操作"菜单的功能。

创建菜单资源,在"资源视图"菜单中右击Menu,选择Insert Menu,如图10-9所示,将新创建的资源命名为IDR_MENU_POPUP。然后按照表10-3所示创建快捷菜单。

图 10-9 Pop-up 菜单资源

表 10-3 快捷菜单属性设置

ID	Caption	Separator	Pop-up
	POP		√
ID_POP_SHOW	显示\tCtrl+W		
(无)	分隔线	√	
(无)	颜色		√
ID_OPER_RED	红色[&R]		
ID_OPER_GREEN	绿色[&G]		
ID_OPER_BLUE	蓝色[&B]		

这里需要使用 MFC 中的 CMenu 类，CMenu 类是一个特殊的类，它继承自 CObject 类，而不像大部分 Windows 可视组件继承自 CWnd 类，因此在一些需要 CWnd 类的场合，无法使用 CMenu 来完成工作。CMenu 在 MFC 类库中的层次位置如图 10-10 所示。

图 10-10　CMenu 类在 MFC 类库中的层次位置

CMenu 类提供了许多处理菜单和菜单项的方法，这些方法分别是构造方法、菜单操作方法、菜单项操作方法和虚拟方法。

构造方法是用来建立 Windows 菜单并在运行时将它们附加到 CMenu 对象上，表 10-4 是 CMenu 的构造方法。

表 10-4　CMenu 的构造方法

方　　法	说　　明
Attach()	把一个标准的 Windows 菜单句柄附加到 CMenu 对象上
CreateMenu()	创建一个空菜单并把它附加到 CMenu 对象上
CreatePopupMenu()	创建一个弹出式菜单并把它附加到 CMenu 对象上
DeleteTempMap()	删除由 FromHandle() 构造函数创建的任何临时 CMenu 对象
DestroyMenu()	去掉附加到 CMenu 对象上的菜单并释放该菜单占有的任何内存
Deatch()	从 CMenu 对象上拆开 Windows 菜单句柄并返回该句柄
FromHandle()	当给定 Windows 菜单句柄时，返回 CMenu 对象指针
GetSafeHmenu()	返回由 CMenu 对象封装的菜单句柄成员
LoadMenu()	从可执行文件装入菜单资源并把它附加到 CMenu 对象上
LoadMenuIndirect()	从内存中的菜单模板中装入菜单并把它附加到 CMenu 对象上

菜单操作方法中只有两个，DeleteMenu() 和 TrackPopupMenu()，用来处理菜单的顶层操作。DeleteMenu() 删除某个特定菜单中的菜单项，如果被删除的菜单项有相关的弹出式菜单，此弹出式菜单的句柄也要被删除并释放内存。TrackPopupMenu() 在一个 POINT 结构所指定的位置显示一个快捷菜单。

菜单项的操作方法是用来处理实际菜单项的，这些方法是对菜单操作方法的补充。菜单项操作特定的 CMenu 类方法如表 10-5 所示。

表 10-5　菜单项操作特定的 CMenu 类的方法

方　　法	说　　明
AppendMenu()	把一个新项加到给定的菜单的末端
CheckMenuItem()	在弹出式菜单中，把一个校验标记放到下一个菜单项或从一个菜单项中取消一个校验标记
CheckMenuRadioItem()	在此组中，把一个单选按钮放到菜单项旁边或从全部其他菜单项里取消一个已存在的单选按钮
EnableMenuItem()	激活(停止)一个菜单项
GetMenuItemCount()	获取菜单项个数
GetMenuItemID()	为设置在指定位置的菜单项获得菜单项标识符

续表

方法	说明
GetMenuState()	获得指定菜单项的状态
GetMenuString()	获得指定菜单项的标记
GetSubMenu()	获得指向弹出式菜单的指针
InsertMenu()	在指定位置插入新的菜单项
ModifyMenu()	在指定位置修改已存在的菜单项
RemoveMenu()	从指定菜单中删除与弹出式菜单结合的菜单项

在 My_resView.h 中添加如下代码，声明快捷菜单中对应的变量。

```
CMenu    m_PopMenu;              //Pop-up 快捷菜单
CMenu*   m_pPop;                 //Pop-up 快捷子菜单
...
afx_msg void OnRButtonDown(UINT nFlags,CPoint point);
```

在 CMy_resView 构造函数中，将菜单资源加载并绑定到 CMenu 的对象 m_PopMenu 上。

```
CMy_resView::CMy_resView()
{
    ...
    m_PopMenu.LoadMenu(IDR_MENU_VIEW);                //创建并加载菜单资源
}
```

在 CMy_resView 析构函数中，释放 m_PopMenu 占用的菜单资源。

```
CMy_resView::~CMy_resView()
    {
    m_PopMenu.DestroyMenu();                          //释放菜单资源
}
```

在 CMy_resView 类上单击鼠标右键，从快捷菜单中选择"属性"，然后从"属性"栏中选择 WM_RBUTTONDOWN 添加消息处理函数 OnRButtonDown*()，操作见图 10-11。

编写 OnRButtonDown() 的程序，代码如下：

```
void CMy_ResView::OnRButtonDown(UINT nFlags,CPoint point)
{
    //TODO: Add your message handler code here and/or call default
    m_pPop=m_PopMenu.GetSubMenu(0);                   //获得第一个子菜单
    UINT nCheck= m_bShow?MF_CHECKED: MF_UNCHECKED;
    //更新【Show】的 check 状态
    m_pPop->CheckMenuItem(ID_POP_SHOW,MF_BYCOMMAND|nCheck);
```

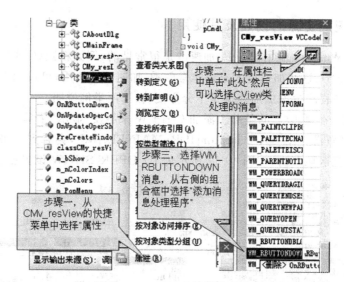

图 10-11　为 CMy_resView 类添加 WM_RBUTTONDOWN 的消息及处理函数

```
m_pPop->CheckMenuRadioItem(ID_OPER_RED,ID_OPER_BLUE,
ID_OPER_RED+m_nColorIndex,MF_BYCOMMAND);
//在文本的显示颜色的菜单项上加上圆按钮的标志
ClientToScreen(&point);              //将坐标由客户坐标转化为屏幕坐标
m_pPop->TrackPopupMenu(TPM_LEFTALIGN,point.x,point.y,this);
//显示 Pop-up 菜单
CView::OnRButtonDown(nFlags,point);
}
```

这里使用了两个 CMenu 类型的成员变量，其中 m_PopMenu 是用来创建加载整个 IDR_MENU_POP 的，如果在菜单条中还有其他多个子菜单，则一并加载。但显示的时候只能显示其中的某一个子菜单，因此需要调用 GetSubMenu 来获得需要显示的子菜单。

关于快捷菜单的消息响应，COMMAND 消息的处理方式与主程序菜单相同，只需要将对应的 ID 与对应的消息处理函数映射上就可以了。主菜单中的"显示"菜单项的 ID 虽然与快捷菜单中的"显示"菜单项不同，但是通过 ON_COMMAND 宏映射到同一个消息处理函数 OnOperShow() 上了，因此功能相同。而快捷菜单中的"红色"、"绿色"和"蓝色"三个菜单项的 ID 与主菜单中对应的项相同，因此不需要添加消息响应就可以完成功能要求。

快捷菜单对于 UPDATE_COMMAND_UI 的响应则与主程序菜单不同。在快捷菜单显示之前，并不会调用 UPDATE_COMMAND_UI 消息的处理函数，因此需要程序员在显示菜单之前自行处理，例如本例中对于 CheckMenuItem 和 CheckMenuRadioItem 方法的调用。对应于 CCmdUI 的 Enable、SetCheck、SetRadio 方法，CMenu 提供了 EnableMenuItem、CheckMenuItem、CheckMenuRadioItem 方法，通常第一个参数是菜单项的 ID 或者位置，第二个参数指明第一个参数是表示 ID 还是位置，并设置相应的状态表示，后面的参数取默认值即可。

10.2.3 加速键资源的创建及其使用

在常用的 Windows 应用程序中,加速键是很常见的,例如粘贴(Ctrl+V)、复制(Ctrl+C)、保存(Ctrl+S),这些加速键大家都非常熟悉,加速键的使用,可以大大提高操作效率。通过 VC IDE 向程序中添加加速键是十分方便的,下面举例说明。

【例 10-3】 在例 10-2 的基础上添加 Ctrl+W 来触发"显示"菜单项的功能。

首先打开"资源视图"|Accelerator|IDR_MAINFRAME,会看到一张加速键列表,在列表的最后高亮区域双击,按图 10-12 所示为 ID_OPER_SHOW 设置加速键 Ctrl+W。

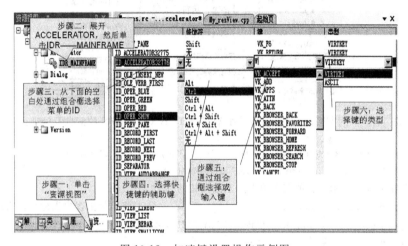

图 10-12 加速键设置操作示例图

设置好之后,编译运行,刚刚设置的加速键已经奏效了。由于 MFC 默认的框架提供了对加速键的支持,因此添加加速键的工作才变得如此简单。

10.2.4 工具条资源的创建及其使用

在 Windows 应用程序中,工具条可以看做是图形化的菜单,是一种更快捷、更有效、更直观的人机交互方式。在程序运行过程中有非常广泛的应用。在大部分 Windows 应用程序中,都会为最常用的菜单功能提供相应的工具条操作。对于一个基于单文档 SDI 或多文档 MDI 的应用程序,Visual C++ 的应用程序向导会在窗口中直接产生一个工具条。通常工具条上的一个按钮就对应某一个菜单项,只要将工具条按钮与菜单项的 ID 设为一致,不用为工工具条按钮设置消息响应就可以使它们功能一致。一个大型程序通常有多个工具条为不同的用户任务提供服务。

1. 工具条类的层次位置及其常用方法

CToolBar(工具条)类是从 CControlBar 类下派生的,MFC 的控制条类 CControlBar 是可用来接收命令输入并向用户显示状态消息的类,它们在 MFC 类库中的层次位置如图 10-13 所示。

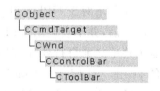

图 10-13 CToolBar 类在 MFC 类库中的层次位置

所有的控制条和工具条都是由 CWnd 类派生的,它们都连接到一个 Windows 应用程序窗口。因此,CWnd 的所有功能如创建、移动、显示和隐藏窗口等在用控制条工作时都是可用的。

CToolBar 类提供了许多工具条的处理方法,这些方法分别是构造方法、工具条按钮的操作方法和虚拟方法。

构造方法是用来建立 Windows 工具条 CToolBar 对象并在运行时将它们附加到框架窗口上,见表 10-6。

表 10-6 CToolBar 的构造方法

方　法	说　明
Create()	创建一个工具条并把它附加到 CToolBar 对象上
CreateEx()	创建一个定义了边界的工具条并把它附加到 CToolBar 对象上
SetSizes()	设置按钮及位图大小
SetHeight()	设置工具条的高度
LoadToolBar()	装载工具条资源
LoadBitmap()	装载包含工具按钮图像的位图
SetBitmap()	设置位图图像
SetButtons()	设置按钮并使每个按钮与位图图像相关

工具条按钮的操作方法是用来处理某一工具条按钮的,这些方法具体说明如表 10-7 所示。

表 10-7 工具条按钮的操作方法

方　法	说　明
CommandToIndex()	返回给定命令的工具条按钮索引
GetItemID()	返回指定索引的按钮或分隔符的 ID
GetItemRect()	返回指定索引的按钮的显示区域
GetButtonStyle()	获得按钮风格
SetButtonStyle()	设置按钮风格
GetButtonInfo()	获得按钮 ID、风格、图像号
SetButtonInfo()	设置按钮 ID、风格、图像号
GetButtonText()	获得显示在按钮上的文本
SetButtonText()	设置显示在按钮上的文本

在 MFC 中使用 CToolBarCtrl 类来控制工具条,表 10-8 是 CToolBarCtrl 类的主要成员函数。

CToolBarCtrl 对工具条的操作更丰富。当 CToolBar 不能满足用户的需要的时候,就需要考虑 CToolBarCtrl 类了。

2. 加入用户自定义的工具条

对于小型的程序,使用应用程序自动生成的工具条可能更好一些,但是对于大型的程序,用户很可能需要自己设计工具条并将它加入到程序中。添加自己的工具条一般需要以下几个步骤:

表 10-8 CToolBarCtrl 类的主要成员函数

成 员	描 述
CToolBarCtrl( )	构造 CToolBarCtrl 对象
Create( )	创建一个工具条,这里与具体的工具条资源绑定
GetState( )	获得指定按钮的信息,例如是否按下、是否被禁止等
HitTest( )	测试一点是否位于某一按钮内
AddButtons( )	添加按钮
InsertButton( )	加入按钮
AddStrings( )	加入按钮文字

1) 增加工具条资源

单击"资源视图"选择 Toolbar,从快捷菜单中选择"插入 tools bar"。这时在资源编辑器中可以看到一个新的工具条资源。用户可以根据需要设计自己的工具条,Visual C++ 会自动在资源文件(.rc)和头文件中加入工具条的定义代码。

2) 将工具条添加到窗口中

添加了资源后,需要应用程序框架窗口(CMainFrame)加入工具条的对象。首先需要在应用程序的 CMainFrame 类中加入工具条对象 m_wndToolBar。

```
protected:
CToolBar m_wndToolBar;                              //自己定义的工具条
```

然后在框架窗口类的 OnCreate() 函数中调用工具条类的 Create() 或 CreateEx() 成员函数创建该工具条,并调用 LoadToolBar() 成员函数将工具条对象和前面创建的工具条资源连接在一起。

```
if(!m_wndToolBar.Create(this,WS_VISIBLE|CBRS_TOP)||
    !m_wndToolBar.LoadToolBar(IDR_TOOLBAR))          //引入资源 IDR_TOOLBAR
{
    TRACE0("Failed to create toolbar\n");
    return-1;                                        //fail to create
}
```

调用 Create() 时可以设定工具条的风格,如表 10-9 所示。

表 10-9 工具条风格

标 志	简 单 描 述
CBRS_TOP	将工具条放在窗口顶部
CBRS_BOTTOM	将工具条放到窗口底部
CBRS_ALIGN_ANY	工具条放在窗口的任意位置
CBRS_NOALIGN	防止控制条在其父窗口改变大小时被复位
CBRS_FLOAT_FLOAT	工具条在主窗口中可以浮动
CBRS_TOOLTIPS	鼠标光标在按钮上暂停时,显示工具提示
CBRS_FLYBY	鼠标光标在按钮上暂停时,显示命令描述
CBRS_SIZE_DYNAMIC	工具条的大小可变
CBRS_SIZE_FIXED	工具条的大小不可变
CBRS_HIDE_INPLACE	隐藏工具条

3. 对工具条进行操作

创建完成工具条后，还可以调用工具条类中的成员函数对工具条进行操作，例如设定工具条风格，在窗口中移动工具条，控制工具条的显隐等。下面将分别简单说明。

如果在调用初始化函数 CToolBar::Create 时设置的工具条风格不满足需要，还可以调用函数 SetBarStyle()进行设置。

如下述代码设定工具条的风格为：当鼠标光标在按钮上暂停时，显示工具提示和命令描述，并设定工具条的大小是可变的。

```
m_wndToolBar.SetBarStyle(CBRS_TOOLTIPS|CBRS_FLYBY|CBRS_SIZE_DYNAMIC);
```

还可以在程序中设置允许用户在程序运行中在框架窗口内移动工具条。这是通过调用 CToolBar::EnableDocking 和 CFrame::EnableDocking 来实现的。二函数原型均如下：

```
void EnableDocking(DWORD dwStyle)
```

其中参数 dwStyle 为工具条风格，其取值如表 10-10 所示。

表 10-10　工具条停靠风格

风　格	意　义
CBRS_ALIGN_TOP	工具条可在客户区顶端停靠
CBRS_ALIGN_BOTTOM	工具条可在客户区底端停靠
CBRS_ALIGN_LEFT	工具条可在客户区左端停靠
CBRS_ALIGN_RIGHT	工具条可在客户区右端停靠
CBRS_ALIGN_ANY	工具条可在客户区任意位置停靠

下面这段代码是实现工具条移动的常用代码：

```
m_wndToolBar.EnableDocking(CBRS_ALIGN_ANY);
EnableDocking(CBRS_ALIGN_ANY);
```

工具条的显示或隐藏可以通过应用程序框架类 CMainFrame 的成员函数 ShowControlBar()来实现。该函数包含 3 个参数：第一个是工具条的指针；第二个是标志显示或隐藏的布尔值，TRUE 为显示工具条；第三个参数也是个布尔值，TRUE 表示延迟显示该工具条。下面通过实例介绍工具条资源的应用。

【例 10-4】　在例 10-3 中添加工具条，工具条中包含四个按钮，分别对应菜单的"显示"、"红色"、"绿色"和"蓝色"菜单项。该工具条可以在窗口中任意位置停靠，而且当鼠标停留在工具条按钮上时，将显示该按钮的功能。

打开"资源视图"|Toolbar|IDR_MAINFRAME，工具条编辑器如图 10-14 所示。选择要添加按钮的位置，使用右侧的绘图工具绘制图标，可以选择文本编辑器，在文本编辑器中输入"S"并设置为红色，绘制完毕后，双击编辑器的空白区域，在"属性"栏中 ID 选择 ID_OPER_SHOW。然后编译运行，新加入的工具条按钮与对应的菜单项行为完全一致。

按照上述操作方法，加入其他三个工具条按钮。如果打算将按钮分组，只需要将边界上的按钮向某一侧拖动，按钮之间就会出现空白区域。如果打算将按钮删除，只需要将对

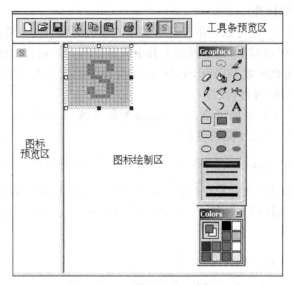

图 10-14 工具条编辑器

应图标从工具条预览区拖出即可。

在 Toolbar "属性"栏中,在 Prompt 栏中设置相关的内容,如为红色的按钮的 prompt 属性输入"red\n 显示红色文字""\n"后面的内容将是鼠标停留在该按钮上显示的内容,通常设为该按钮的功能提示;在 ID 栏中可以设置该按钮的 ID。

上面添加的工具条只是修改了一下 IDR_MAINFRAME 工具条,如果我们打算在程序中加入其他工具条,那该如何操作呢?不妨将上述四个按钮加入到另一个工具条,然后将这个工具条加入 My_Res 工程文件中。

下面具体介绍工具条的编程。

首先单击"资源视图",选择 Toolbar,然后单击鼠标右键,在弹出的快捷菜单中选择 Insert Toolbar,将新加入的工具条资源重新命名为 IDR_TOOLBAR_NEW。绘制四个按钮,并设置相应 ID。

在 MainFrm.h 中添加如下代码,声明一个 CToolBar 变量。

```
CToolBar m_wndToolBarNew;
```

在 MainFrm.cpp 文件的 int CMainFrame :: OnCreate (LPCREATESTRUCT lpCreateStruct)函数中添加如下代码:

```
if(!m_wndToolBarNew.CreateEx(this,TBSTYLE_FLAT,WS_CHILD|WS_VISIBLE|CBRS_TOP
    |CBRS_GRIPPER|CBRS_TOOLTIPS|CBRS_FLYBY|CBRS_SIZE_DYNAMIC)||
    !m_wndToolBarNew.LoadToolBar(IDR_TOOLBAR_NEW))
{
    TRACE0("Failed to create toolbar\n");
    return-1;                                       //fail to create
}
```

这段代码创建首先通过 CreateEx 函数创建一个工具条,然后通过 LoadToolBar 函数将创建的工具条与指定的资源(也就是我们刚才新建的工具条资源)绑定。编译运行程序,结果如图 10-15 所示。

CreateEx 函数的参数比较多,第一个参数是父窗口的指针;第二个参数是扩展风格,TBSTYLE_FLAT 表示扁平风格;第三个参数是工具条的一般风格,这里可以指定基本的窗口风格和基本的工具条风格,WS_CHILD 表示该工具条是子窗口,WS_VISIBLE 表示该工具条是可见的,通常这两个风格是必须设置的;其余参数一般使用默认值即可。

图 10-15 向程序中添加新工具条

LoadToolBar 函数参数相对简单,就是工具条资源的 ID。

为了使新增的工具条可以在窗口中自由停靠,在 OnCreate 函数中,还要增加如下代码:

```
m_wndToolBarNew.EnableDocking(CBRS_ALIGN_ANY);
                              //工具条可以在父窗口内任何一边停靠
EnableDocking(CBRS_ALIGN_ANY); //父窗口允许子工具条窗口在任何一边停靠
DockControlBar(&m_wndToolBarNew); //父窗口内按照前面指定的风格停靠该工具条
```

值得注意的是,工具条可以在父窗口内任何一边停靠的前提是父窗口允许这种行为。读者不妨修改 CreateEx 参数并对新创建的工具条调用 EnableDocking 与 DockControlBar 函数来验证一下各种风格的运行效果。

10.2.5 图标资源的创建及其使用

每个 Windows 应用程序在资源管理器中都有自己的图标,这个图标就是 ICON 资源。设计精美的图标,会给人留下深刻的印象。

【例 10-5】 在例 10-4 的基础上通过修改光标资源,使得执行程序的图标变为图 10-16 所示的样子。

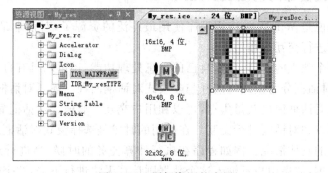

图 10-16 图标资源的应用

打开"资源视图"|Icon|IDR_MAINFRAME,就会看到图标编辑器,与工具条编辑器

十分类似,在这里可以选择图标的尺寸,默认的是 16×16 和 32×32。16×16 的图标用于程序运行时左上角图标、任务条图标、资源管理器的列表和详细信息模式;32×32 的图标用于程序运行时默认对话框图标、资源管理器图标模式;48×48 的图标用于资源管理器的平铺和缩略图模式,但注意图标分为 4 位,8 位,24 位,图标在不同的屏幕分辨率下显示是不同。如图 10-16 所示,选择图标的尺寸和分辨率,然后进行编辑。编译程序后,可见到执行文件的图标变成如图 10-16 所示的样子。

10.2.6 字符串资源的使用

字符串也是一种资源,字符串资源最主要的用途就是用于程序的多语言版本。如果要想动态切换界面语言,使用字符串资源是很好的选择。使用多语言版本而不采用动态切换,直接修改资源,那不是一种太好的方法,如果是开发者自己来完成这个任务,不妨将原有语言版本的资源做一个备份,然后修改其中需要修改的部分,再使用新版本进行编译,这样,新的语言版本就完成了。

在 MFC 中,可以通过 CString 类的 LoadString 方法来从资源载入字符串,如果要实现前面说过的动态切换界面语言版本则可能需要使用到该函数,对于一般应用基本上不需要。

具体操作是打开"资源视图"|String Table,在表中的空白的 ID 编辑框中输入 IDS_STRING_HELLO,"标题框"中输入"Hello,Visual C++ 2008!"。

在 My_ResView.cpp 文件的构造函数中,将原来的

```
m_strShow="Hello World!";
```

改为:

```
m_strShow.LoadString(IDS_STRING_HELLO);
```

这样我们的程序的输出就变为"Hello Visual C++ 2008!"了。

使用字符串资源的另一个好处就是开发者不需要在整个程序中去寻找某个字符串,如果某些字符串可能在将来会发生变更,那么开发者最好将它写在字符串资源中。

10.2.7 对话框资源的创建及其应用

对话框可以说是 Windows 应用程序使用最广泛的资源了,对话框是很灵活的,它主要起到了与用户进行交互的作用。

对话框是一个独立的窗口,具有自己的消息处理功能,还可以具有自己的子窗口。前面已经介绍过,对话框分为模式对话框与非模式对话框两种。模式对话框显示的时候,整个程序只有模式对话框窗口获得焦点,可以和用户交互。非模式对话框显示的时候,程序主体部分仍然可以和对话框进行交互。在使用的时候是选择模式对话框还是非模式对话框要取决于程序的具体情况。例如程序在执行计算任务的时候,当进行到某一步的时候需要用户输入数据,如果用户不输入这个数据则计算无法进行下去,这个时候就应当选用模式对话框。假如在计算过程中,可以弹出一个对话框动态显示计算结果,而这一行为不应该中断程序的运行,那么这个对话框就应该使用非模式对话框。

1. 资源的创建

首先要创建资源，单击"资源视图"|Dialog，单击鼠标右键选择 Insert Dialog，右侧的对话框资源编辑器便出现新创建的对话框资源。在对话框中单击鼠标右键，选择 Properties，如图 10-17 所示。设置其 ID 为 IDD_DIALOG_NEW。

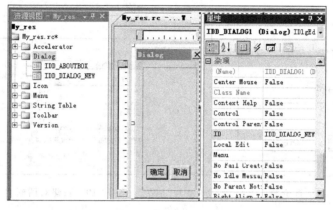

图 10-17 对话框资源编辑器

在 Dialog 和"属性"栏中可以设置对话框的各种属性如字体、字的大小等，这些属性基本都是所见即所得的，下面通过一个实例来介绍对话框资源的创建与应用。

【例 10-6】 本例要求在上例的基础上编写一个对话框用于接收用户输入，然后用这个输入来替换主程序原来显示的字符串。

根据例题需求，对话框需要的控件，设计方案如表 10-11 所示。

表 10-11 对话框中的控件属性

类 型	ID	控件图标	Caption	功 能
StaticText	IDC_STATIC	Aa	请输入新的字符串	显示提示信息
Edit Box	IDC_EDIT_INPUT	ab|		接收用户输入
Button	IDOK	▭	OK	确认按钮
Button	IDCANCEL	▭	Cancel	取消输入

创建结果如图 10-18 所示。

添加控件的方法很简单，只要将控件直接从控件栏拖到对话框上即可。不需要的时候，选中控件，按 Delete 键删除。在添加完控件后，就可以设置控件属性，对选中的控件，在"属性"栏中设置相应属性即可。通常需要设置的有 ID 和 Caption。

在 VC IDE 左下角有一个"工具条"按钮，点击后可预览对话框资源效果。在该按钮旁边还有几组按钮，是用来调整控件位置的。这些按钮通常用于调整一组控件的尺寸和位置。例如使所有控件高度相同、宽度相同、左对齐、下对齐、等间隔排列，十分有用。

2. 生成对话框类

在创建完对话框资源之后，需要生成一个相关的对话框类。确保当前 VC IDE 处于对话框编辑器状态，选择图 10-18 所示的对话框，然后从它的快捷菜单中选择"添加类"，弹出如图 10-19 所示的对话框,在"类名"中填入 CInputDlg 即可。

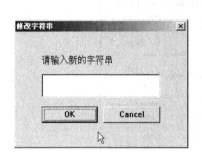

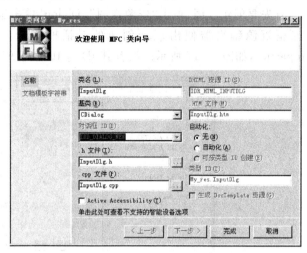

图 10-18 对话框资源　　　　　　　　图 10-19 新建对话框类

可以使用 DDX 技术来接受用户的输入,DDX 全称是对话框数据交换(Dialog Data eXchange),用来在控件变量和数据变量之间交换数据,简单来说,就是 MFC 通过 DDX 技术在控件和一个数据类型之间建立一种绑定关系,如果开发者改变了控件中的内容,那么数据变量随之改变,如果开发者改变了数据变量的内容,控件中的内容也会随之改变。

现在将对话框上的 IDC_EDIT_INPUT 控件与一个 CString 类型的变量绑定,建立一种映射关系。

在"类选项卡"选择 InputDlg,从它的快捷菜单中选择"添加成员变量",为 IDC_EDIT_INPUT 添加一个 CString 类的对象 m_strInput,这样就为 IDC_EDIT_INPUT 添加了一个 DDX 变量。

下面来分析一下上面的操作使 MFC 在幕后作了些什么。

在 InputDlg.h 文件中,MFC 加入了如下代码:

```
//Dialog Data
    //{{AFX_DATA(CInputDlg)
    enum {IDD=IDD_DIALOG_NEW};
    CString m_strInput;
//}}AFX_DATA
```

可以看到,MFC 在 CInputDlg 中加入了 m_strInput 这个变量。另外 IDD=IDD_DIALOG_NEW 一句将该类与对话框资源绑定了。

在 InputDlg.cpp 文件的构造函数中,MFC 加入了如下代码:

```
//{{AFX_DATA_INIT(CInputDlg)
    m_strInput=_T("");
//}}AFX_DATA_INIT
```

这里,进行了对 m_strInput 的初始化。

在 InputDlg.cpp 文件的 DoDataExchange 函数中，MFC 加入了如下代码：

```
//{{AFX_DATA_MAP(CInputDlg)
    DDX_Text(pDX,IDC_EDIT_INPUT,m_strInput);
    //}}AFX_DATA_MAP
```

在函数 DDX_Text 调用中，完成了控件与变量之间的数据交换。

现在为止，CInputDlg 已经是一个完整的类了，可以在别的类中调用该类了。

3. 使用对话框类

下面将要在 CMy_ResView 中使用新创建的对话框，在使用之前，先熟悉一下 CDialog 类的成员函数，如表 10-12 所示。

表 10-12 CDialog 类的成员函数

成 员	描 述
CDialog	构造 CDialog 对象
Create	创建一个对话框，通常用于非模式对话框的创建
DoModal	显示模式对话框
EndDialog	关闭模式对话框
GetDlgItem	获得窗口上指定 ID 的控件指针
OnInitDialog	当需要在对话框初始化的时候创建一些控件的时候重载该函数
OnOK	当需要自定义点击 IDOK 按钮的行为时，重载此函数
OnCancel	当需要自定义点击 IDCANCEL 按钮的行为时，重载此函数

首先为"操作"菜单增加菜单项"修改字符串"，其 ID 为 ID_OPER_STRING。增加 COMMAND 消息响应函数 OnOperString。然后在 My_ResView.cpp 文件头部 include 部分最后加入：

```
#include "InputDlg.h"
```

在 OnOperString 中加入如下代码：

```
void CMy_ResView::OnOperString()
{
    InputDlg dlgInput;                          //声明对话框变量
    if(dlgInput.DoModal()==IDOK)                //如果用户点击 OK 按钮
    {
        m_strShow=dlgInput.m_strInput;          //更改字符串
        Invalidate();                           //强制重绘
    }
}
```

10.2.8 位图资源的创建及其应用

如果界面只由标准控件构成，显然是比较单调的，如果能通过一些精美的图片来点缀，就活泼了，这个问题，可以选择位图资源来实现。

位图是一种数字化的图形表示形式,基本数据结构是像素,一个像素表示一个离散点的颜色值。常见位图有 2 色、4 色、16 色、256 色、16 位、24 位。其中 Visual C++ 6.0 的资源编辑器只支持 256 色以下(包括 256 色)的位图的编辑,而最新的 Visual C++ 7.0 已经支持 24 位真彩位图的编辑了。保存在文件中的位图可以看做是设备无关的,文件本身的数据用来描述位图的内容。

下面通过实例来讨论位图资源的应用。

【例 10-7】 在例 10-6 的基础上显示两幅图片,一幅是 256 色,另一幅是 24 位真彩,两幅图片都是通过资源来显示。

首先通过其他绘图软件将一幅图片分别保存为 256 色位图和 24 位位图,如图 10-20 所示。单击"资源视图"|My_Res Resource,单击鼠标右键,选择"添加资源",在弹出的对话框中的选择 Bitmap,单击右侧的"引入",选择一个 256 色的位图文件,在"属性"栏中将其 ID 设为 ID_BITMAP_256,然后以同样方法定义一个 24 位的位图,定义其 ID 为 ID_BITMAP_24bi。

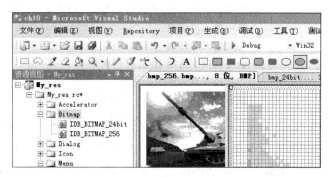

图 10-20 位图资源编辑器

在 CMy_ResView.cpp 的 OnDraw 函数中加入如下代码:

```
CDC dcMemory;                                        //创建内存缓冲 DC
dcMemory.CreateCompatibleDC(pDC);
CBitmap bmp1;                                        //加载 256 位图
bmp1.LoadBitmap(IDB_BITMAP_256);
BITMAP bmpInfo1;
bmp1.GetBitmap(&bmpInfo1);                           //获得位图的尺寸
CBitmap * pOldBitmap=dcMemory.SelectObject(&bmp1);   //选择位图到内存缓冲设备中
pDC -> BitBlt (200, 10, bmpInfo1. bmWidth, bmpInfo1. bmHeight, &dcMemory, 0, 0,
SRCCOPY);                                            //绘制到屏幕
CBitmap bmp2;                                        //加载 24 位位图
bmp2.LoadBitmap(IDB_BITMAP_24bit);
BITMAP bmpInfo2;
bmp2.GetBitmap(&bmpInfo2);
dcMemory.SelectObject(&bmp2);
pDC -> BitBlt (400, 10, bmpInfo2. bmWidth, bmpInfo2. bmHeight, &dcMemory, 0, 0,
SRCCOPY);
```

```
            dcMemory.SelectObject(pOldBitmap);                    //恢复设备中原来的位图
```

程序运行结果如图 10-21 所示。细心的读者可以观察出来,图 10-21 中两幅位图有差别,左边的分辨率低一些,右边的高一些,这就是 256 色位图和 24 位位图的质量差别。

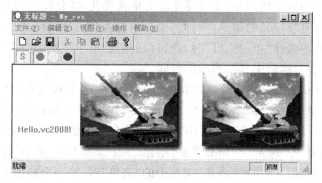

图 10-21 位图资源的显示

程序中的 CreateCompatibleDC 函数创建一个与参数兼容的设备,由于要往 pDC 上输出,因此需要创建与 pDC 格式相兼容的 DC。创建兼容 DC 是出于双缓冲考虑,可以防止绘图的闪烁;SelectObject 函数将指定的 GDI 对象按照调用 DC 的格式载入到 DC,返回 DC 中前一个该类型的 GDI 对象;BitBlt 函数将参数 DC 中指定的矩形区域逐 bit 复制到调用 DC。

10.3 小结

本章介绍用 Visual C++ 的资源编辑器编写资源文件。在本章的内容介绍中,始终贯穿一个综合应用,力图通过每一节内容的详细介绍,并在前面样例的基础上不断增加功能,帮助读者循序渐进地掌握用资源编辑器编写资源文件及其应用。

10.4 练习

10-1 菜单类的结构是如何定义的?
10-2 如何给菜单连接一个类?
10-3 工具条类的结构是如何定义的?
10-4 工具条需要哪些资源?
10-5 如何改变工具条的停靠风格?
10-6 创建一个包含有"文件"、"编辑"和"计算"三个菜单的应用程序,其中,"文件"菜单包含"打开"、"新建"、"打印"和"退出"等基本功能,"编辑"菜单包含"复制"、"粘贴"和"查找"等功能,"计算"菜单包含"录入数据"、"删除数据"、"修改数据"、"计算求和"和"计算平方和"等功能,而且,在未输入数据时,"计算"菜单中的其他选项不可用。

10-7 创建一个包含有"代码操作"菜单的应用程序,在"代码操作"菜单中包含有"显示 ASCII"、"显示 256 色"等动能,其中选择"显示 ASCII"选项时,在编辑框中显示 0~255 的 ASCII 字符,当选择"显示 256 色"时,在窗口中出现一个填充的矩形框,而且矩形框的填充色从 0~255 变化动态依次变化,变化间隔为 0.5 秒。

10-8 创建一个带有"时间"的菜单,"时间"菜单中包含"年、月、日"、"小时、分、秒"、和"退出"选项,其中选择"年、月、日"时,在窗口的对话框中显示当时的日期,选择"小时、分、秒"时,在对话框中显示当前的时间。

10-9 编写一个 Single Document 型的 MFC 应用程序,主菜单包含有"文件""编辑""帮助"三个子菜单,"文件"菜单中包含"新建"、"打开"、"保存"、"另存为"和"退出" 5 个菜单项;其中"新建"菜单项中包含"表格"、"图形"两个子菜单;"编辑"菜单中包含了"撤销"、"拷贝"、"剪切"和"粘贴"4 个菜单项;"帮助"菜单中包含"关于 12_6…"菜单项。当单击"新建"菜单中的"表格"时,将一个新的菜单"统计"插入到"帮助"菜单和"编辑"菜单之间,其中包含:"求和"、"均值"、"方差"、"均方差"4 个菜单项。当单击"新建"菜单中的"图形"时,在"编辑"和"帮助"菜单之间插入一个"绘图"菜单,包含:"直线"、"圆"、"矩形"、"多边形"。在单击"新建"或"打开"之前,"保存为"和"另存为"菜单不可用。在单击"剪切"和"拷贝"之前,"粘贴"和"撤销"菜单不可用。在插入的"绘图"菜单中单击一个菜单项时,在此菜单项前加入选中标志。

10-10 创建一个包含有"粗体"、"斜体"和"下划线"三个工具条按钮的应用程序,能够对显示文本的属性进行改变。

10-11 创建一个带有"圆","矩形"的工具条,选中"圆"工具条按钮,可以拖拉鼠标画一个圆,选中"矩形"工具条按钮,可以拖拉鼠标画一个矩形。

10-12 编写一个应用程序,含有"计算"菜单,包含菜单项"显示对话框"和"退出"。单击"显示对话框"选项时,弹出"模式对话框",此对话框中含有两个水平滚动条;四个按钮,分别为"加"、"减"、"乘"和"除";三个编辑框,单击四个按钮中的任何一个进行计算操作,移动滚动条,两个编辑框中出现滚动条的位置,另一个编辑框中出现计算的结果。

10-13 创建一个含有两个编辑框控件和两个按钮控件的应用程序,按钮功能分别是"显示字符"和"显示字符数",当在一个编辑框中输入某一个字符串并单击"显示字符"按钮时,在另外一个编辑框中输出此字符串;当单击"显示字符数"按钮时,在输出框中显示该字符串的字符个数。

第 11 章

单文档与多文档

目前常用的各种 Windows 程序中,很多是以文档、视图结构为基础的。该体系结构的基本概念是将数据管理和显示分开。这种做法可以使软件组件的分工更加明确,形成高度模块化的操作。本章将介绍 Visual C++ 中的文档/视图结构的工作机制。所涉及的内容比较广泛,如文档/视图结构、使用应用程序向导创建基于文档/视图结构的框架应用程序,以及文档类、视图类和文档模板类的应用。

11.1 概述

11.1.1 单文档界面与多文档界面

Visual C++ 中的 MFC 库支持三种不同的应用程序:单文档界面(SDI)、多文档界面(MDI)和基于对话框的应用程序。SDI 的应用程序只支持打开一个文档。Windows 中的 Notepad(记事本)就是 SDI 的应用程序的一个典型例子。而 MDI 的应用程序每次可以读写多个文件或文档,可以同时有多个子窗口,对多个文档进行操作。Windows 中的 Word(文字处理器)就是 MDI 的应用程序的典型例子。MFC 隐藏了两者之间的许多差别,使得用户在编写 MDI 应用程序与编写 SDI 程序没有多少不同。

现在更多的程序员喜欢单文档 SDI 程序,因为 SDI 改善了以文档为中心的用户界面。本章将主要讨论文档界面程序的开发。

11.1.2 文档/视图结构

利用应用程序向导生成单文档和多文档程序框架时,由它所创建的各个类在一起工作,构成一个相互关联的结构,称此结构为文档/视图结构。在这个框架中,数据的维护及其显示,分别由两个不同但又彼此紧密相关的类——文档类和视图类负责。

图 11-1 是一个典型 SDI 文档/视图应用程序的示意图。

由 CWinApp 类派生的应用程序对象(即一个运行的应用程序)扮演几种角色,管理应用程序的初始化、负责保持文档、视图、框架窗口类之间的关系、接收 Windows 消息、将消息调度到需要的目标窗口。

框架窗口对象提供了一个应用程序的主窗口,通常窗口包含了一个最大/最小化按钮、标题栏、系统菜单。它还可以用来处理工具条和状态条的创建、初始化和销毁。

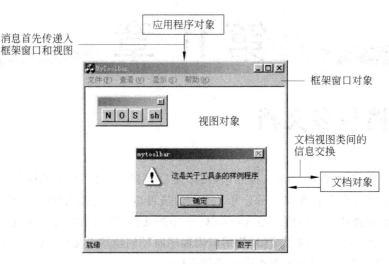

图 11-1　SDI 文档/视图应用程序示意图

而文档的任务是对数据进行管理和维护，数据通常被保存在文档类的成员变量中。

而视图类是文档和用户之间的中介。视图可以直接或间接的访问文档类中的这些成员变量，它从文档类中将数据读出来，然后在屏幕上显示。每个文档可以有多个视图，但每个视图只能对应于一个确定的文档。

对于多文档程序，文档/视图结构和 SDI 程序几乎相同，只是具有多个文档对象和视图对象。

11.1.3　SDI 程序中文档、视图对象的创建过程

SDI 程序中框架窗口、文档和视图的关联是在应用程序类的 InitInstance() 成员函数中通过文档模板类完成的。

```
CSingleDocTemplate * pDocTemplate;              //创建单文档模板类对象
pDocTemplate=new CsingleDocTemplate
    (IDR_MAINFRAME,
    RUNTIME_CLASS(CMyDoc),                      //CMyDoc 是应用程序中的文档类
    RUNTIME_CLASS(CMainFrame),                  //CMainFrame 是应用程序中的框架窗口
    RUNTIME_CLASS(CMyView)                      //CMyView 是应用程序中的视图类
    );
AddDocTemplate(pDocTemplate);                   //加载文档模板类对象到文档模板列表
...
CCommandLineInfo cmdInfo;
ParseCommandLine(cmdInfo);                      //初始化 CCommandLineInfo 对象
if(! ProcessShellCommand(cmdInfo))              //根据对象中的信息来启动程序
    return FALSE;
m_pMainWnd->ShowWindow(SW_SHOW);
m_pMainWnd->UpdateWindow();                     //显示和更新窗口
```

从上面的程序中可以看到：系统首先创建了一个单文档模板类，该类主要用来将程序中的文档类、视图类和框架窗口类联系在一起进行管理。在单文档模板类的构造函数的参数中含有资源的 ID，文档、视图和框架窗口的类名和 RUNTIME_CLASS 宏。该宏对于所制定的类返回指向 CRuntimeClass 的指针，主要目的是使得主结构可以在运行的时候动态创建这些类的对象。

如果是多文档应用程序，定义的文档模板对象是 CMultiDocTemplate 类的对象。如果多文档应用程序需要处理多种类型的文档对象，需要分别定义相应的文档模板对象。

11.1.4 SDI 程序的消息传递过程

在文档、视图和框架窗口被创建后，消息循环就开始工作了。MFC 的消息传递机制比较复杂，将某种类型的消息按照特定的顺序从一个对象传到另一个对象，直到该消息被某个消息处理函数处理，否则将消息传递到 DefWindowProc 进行默认的处理。

当用户选择了菜单项，单击了快捷键或工具条按钮，系统就会发送 WM_COMMAND 消息。框架窗口实际上是大多数 WM_COMMAND 消息的接收者，但 WM_COMMAND 消息还可以在视图、文档，甚至应用程序类中被处理。WM_COMMAND 消息的传递过程如图 11-2 所示。

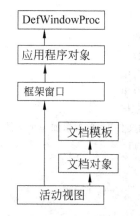

图 11-2 WM_COMMAND 消息在文档中的传递过程

首先 WM_COMMAND 消息发送给活动的视图，其次是相对应的文档和文档模板对象，如果都没有处理该消息，则传送到框架窗口和应用程序对象。最后如果都没有处理该消息，则调用 DefWindowProc 函数采用默认的处理。只要在传递中有一个对象接收并处理了此消息，那么后面的对象将都接收不到该消息。

需要注意的是只有 WM_COMMAND 消息和用户界面更新才遵循上面的消息传递机制，对于标准的 Windows 消息如鼠标键盘消息通常传递给视图，大多数其他的消息则传递给框架窗口。文档对象和应用程序对象从不接收非命令消息。

11.2 Doc/View 框架的主要成员

Doc/View 框架虽然可以调用成百上千个不同的类，但是核心类只有五个：CWinApp、CDocument、CView、CDocTemplate 和 CFrameWnd。

MFC 框架实际上是为用户提供了一个 Windows 程序的模板。之所以称之为模板，是因为它为应用程序提供了很多缺省的行为。

11.2.1 CWinApp 类

CWinApp 类代表主程序，CWinApp 本身是不可见的，它负责维护进程的启动、终止、消息循环、命令行参数、资源管理。表11-1是CWinApp类常用的成员,其中InitInstance与ExitInstance是最常重载的两个方法。其他成员提供了一些基本功能和基本信息。

表11-1 CWinApp类常用的成员

成 员	描 述
m_pszAppName	应用程序名
M_lpCmdLine	命令行参数
M_pMainWnd	应用程序主窗口指针
M_pszExeName	可执行文件名
M_pszProfileName	配置INI文件名
M_pszRegistrKey	配置注册表主键值
LoadCursor	加载光标资源
LoadIcon	加载图标资源
GetProfileInt	从配置读取整数
WriteProfileInt	向配置写入整数
GetProfileString	从配置读取字符串
WriteProfileString	向配置写入字符串
AddDocTemplate	添加一个文档模板
AddToRecentFileList	向"最近打开的文件"菜单项添加一个文件
InitInstance	MFC程序的入口
Run	事件循环
OnIdle	空闲时间处理
ExitInstance	MFC程序出口
PreTranslateMessage	筛选消息
DoWaitCursor	显示"沙漏"光标

在程序中需要使用上述成员的地方,调用AfxGetApp全局方法,可以获得CWinApp类型的指针,然后就可以访问上述成员了。

11.2.2 CDocument类

所有的文档类都以CDocument类为基类。CDocument类提供了文档类所需要的最基本的功能实现,它提供的方法主要有一般方法和虚拟方法。表11-2是CDocument的一般方法,为文档对象以及文档和其他对象(如视对象、应用程序对象以及框架窗口等)交互的实现提供了一个框架。CDocument类是从CCmdTarget类下派生的,它在MFC类库中的层次位置如图11-3所示。

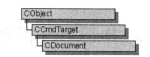

图11-3 CDocument类在MFC类库中的层次位置

CDocument类提供的虚拟方法使应用程序可以重写它们提供CDocument派生类中的方法,CDocument类的虚拟方法具体说明如表11-3所示。

这些函数中,最常用的是SetModifiedFlag()和UpdateAllViews()。文档内容被修改之后,一般要调用SetModifiedFlag()来设定一个标志,在MFC关闭文档之前提示用户

表 11-2 CDocument 类的一般方法

方　法	说　明
GetTitle()	获得文档标题
SetTitle()	设置文档标题
GetPathName()	获得文档数据文件的路径字符串
SetPathName()	设置文档数据文件的路径字符串
GetDocTemplate()	获得指向描述文档类型的文档模板的指针
AddView()	对与文档相关联的视图列表添加指定的视图
RemoveView()	从文档视图列表中删除视图
UpdateAllViews()	通知所有视图，文档已被修改，它们应该重画
DisconnectViews()	使文档与视图相分离
GetFile()	获得指向 CFile 类型的指针

表 11-3 CDocument 类的虚拟方法

方　法	说　明
OnNewDocument()	由 MFC 调用来建立文档
OnOpenDocument()	由 MFC 调用来打开文档
OnSaveDocument()	由 MFC 调用来保存文档
OnCloseDocument()	由 MFC 调用来关闭文档
CanCloseFrame()	确定观察文档的框架窗口是否被允许关闭
DeleteContents()	在未撤销文档对象时删除文档数据
ReleaseFile()	释放文件以允许其他应用程序使用
SaveModified()	查询文档的修改状态并存储修改的文档
IsModified()	确定文档从它最后一次存储后是否被修订过
SetModifiedFlag()	设置文档从它最后一次存储后是否被修订过的布尔值
GetFirstViewPosition()	获得视图列表头的位置
GetNextView()	获得视图列表的下一个视图

保存该数据。UpdateAllView()刷新所有和文档关联的视图。实际上该函数调用各个视图类的 OnUpdate()函数。这样做可以保证各个视图与文档内容之间的同步。

用户还可以通过使用函数 GetFirstViewPosition()和 GetNextView()得到和文档关联的视图的指针，从而进一步逐个对视图进行操作。通常代码如下：

```
POSITION pos=GetFirstViewPosition();        //得到视图列表头的位置
While(pos!=NULL)
{
    CView * pView=GetNextView(pos);         //获得视图列表中的视图指针
    …
    …
}
```

CDocument 类在现在流行的 MVC(Modal、View、Control)设计模式中相当于其中的 Modal,表示抽象数据模型。在诸如 Word、Excel 这一类程序中,它确实表示文件,但是在一个从串口接收实时数据的虚拟仪器程序中,它可以用来保存从串口读取的数据,此外还可以保存虚拟仪器的配置参数。总之文档就是抽象数据的表示。至于是什么数据,数据来自什么介质就无关紧要了。

文档最主要的功能如下:
- 打开保存文档。
- 维护文档相关的视图列表。
- 维护文档修改标志。
- 通过电子邮件发送文档。

用户修改文档数据的时候,会调用 SetModifiedFlag 方法来标志数据被更改过。当程序关闭该文档关联的最后一个视图的时候,文档会自动提示用户保存修改。

从 CDocument 类派生新的文档类的一般过程如下:
- 为每一个文档类型从 CDocument 类派生一个相应的文档类。
- 为文档类添加成员变量,这些变量主要用来保存文档的数据,并使其他的对象(如视图对象)可以访问这些成员变量,从而实现文档和视图的相互搭配使用。
- 重载 Serialize 成员函数,实现文档数据的串行化。

无论是保存文档或是打开文档,应用程序都是通过调用文档类的 Serialize 串行化成员函数来完成操作的。因此,在大多数情况下,我们都需要重载 Serialize 成员函数。Serialize 成员函数带有一个 CArchive 类型的参数,这是一个与所打开的文件相关联的对象。一般情况下,总是使用 CArchive 对象来保存和打开文档。

CArchive 对象是单向的,也就是说,同一个 CArchive 对象只能用于保存或读取两者之一,不能通过同一个 CArchive 对象既进行文档的保存,又进行文档的读取。在框架创建 CArchive 对象时,已根据用户选择的是"保存"("另存为")还是"打开"来设置了 CArchive 对象的类型,我们可以使用 CArchive 类的成员函数 IsStoring 来检索当前 CArchive 对象的类型,从而得知用户所期望的操作是保存还是读取,执行不同的操作。

11.2.3 CView 类

视图类(CView)是从 CWnd 类下派生的,它在 MFC 类库中的层次位置如图 11-4 所示。

从图 11-4 中可见,CView 类的基类为 CWnd。所以视图类都具有 CWnd 的所有功能如创建、移动、显示和隐藏窗口等。同样 CView 类可以接收任何 Windows 消息,而 CDocument 类则不行。

CView 类提供了文档类所需要的最基本的功能实现。它提供的方法分别是一般方法和虚拟方法。表 11-4 是 CView 的一般方法。

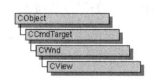

图 11-4　CView 类在 MFC 类库中的层次位置

表 11-4 CView 的一般方法

方　法	说　明
GetDocument()	获得指向与视图相关联的文档的指针
DoPreparePrinting()	设置文档标题

CView 提供的虚拟方法使应用程序可以重写它们来提供 CView 派生类中的方法，CView 虚拟方法的具体说明如表 11-5 所示。

表 11-5 CView 的主要虚拟方法

方　法	说　明
IsSelected()	确定文档是否被选中
OnScroll()	当用户滚动时，CView 的响应
OnInitialUpdate()	在类第一次构造后由 MFC 调用
OnDraw()	由 MFC 调用发出文档到设备描述表
OnUpdate()	由 MFC 调用对文档的修改进行响应
OnPrepareDC()	在调用 OnDraw() 前允许修改设备描述表由 MFC 调用

一个视图类可以通过 GetDocument() 函数得到和它关联的文档的指针，进一步可以得到文档中保存的数据。当一个文档对象的数据发生变化时，该文档对象可以通过调用成员函数 UpdateAllViews() 来作出响应，刷新所有的视图，这个函数是维护数据正确显示的常用手段。

CView 类中最常用的是 OnDraw 函数，该函数在屏幕发生变化或因为焦点的变化需要重绘时调用，没有该函数，就不可能在程序的切换后保证屏幕的正确显示，请注意 OnDraw 与前面用到的 WM_PAINT 是不同的，只要是需要重绘的时候都会调用 OnDraw，无论是往屏幕画还是往打印机画，而 WM_PAINT 只负责往屏幕上绘制，不负责往打印机打印的，OnDraw 包括了二者。正确处理了 OnDraw，可以轻松实现打印功能。

值得注意的是，尽量不要在 OnDraw 之外的函数调用绘图方法，因为那些方法不会在视图需要重新绘制的时候被自动调用。正确的方法应该是通过视图或者文档维护一个数据模型，在其他地方更改该数据模型，在 OnDraw 中根据该数据模型绘制，如果想在数据更新的第一时刻强制视图更新，可以在那里连续调用 Invalidate 方法和 UpdateWindow 方法来强制视图重绘。注意不要在 OnDraw 中调用这两个方法，否则会引起递归循环调用，导致程序失去响应。

在重绘的时候，为了防止闪烁现象，需要在 OnDraw 中使用双缓冲技术，并重载 WM_ERASEBKGND 消息来防止重绘背景。

OnUpdate 函数会在每次视图数据更新的时候被调用，对维护程序的正确显示负有重要的责任。函数 UpdateAllViews 则是实现单文档多视图程序所不可缺少的手段（在一个文档的任一视图发生变化时，通过该类实现各视图的正确显示）。

CView 有许多子类，如表 11-6 所示，这些类大大丰富了视图的功能。

表 11-6 CView 的子类

子 类	描 述
CEditView	简单的文本编辑器，类似 Notepad
CListView	基于列表的视图，类似文件夹浏览
CTreeView	基于树状控件的视图，类似文件浏览左侧的树状结构
CRichEditView	支持多种字体、OLE 和 RTF 格式的高级编辑器，类似 Wordpad
CScrollView	支持滚动条的视图
CFormView	窗体视图，支持在上边使用对话框控件
CRecordView	连接到 ODBC 数据库的视图
CDaoRecordView	连接到 DAO 数据库的视图

下面简要介绍表 11-6 中的部分子类。

- CEditView 类：类 CEditView 主要被设计来支持类似编辑控件所要实现的功能，我们常见的文本操作，基本上都是由该类支持实现的。值得注意的是，该类的直接基类不是 CView 类，而是 CCtrlView 类。
- CListView 类：该类与类 CTreeView 一样，更多的好处在于提供了一种简捷地实现数据的不同显示的途径。为数据的组织提供多种手段。
- CTreeView 类：该类主要提供一些树型控件所实现的功能的支持，它使一种数据的显示方式可以更富于变化。
- CRichEditView 类：该类主要提供 Rich 文本操作的支持（Rich 文本是既可以为文本，也可以为图形的一种特殊格式文本）。
- CScrollView 类：该类也是一个比较重要的类，但它主要提供视图的滚动显示。同时，需要注意的是，该类的直接基类是 CView 类，这决定了其动作特点的特殊性。

应用程序中可以使用 CView 或 CView 的派生类作为应用程序中视图类的基类。如果只是简单的接受了 Visual C++ 的默认设置，那么应用程序对文档的任何操作都要编写代码。当应用程序要创建一种具有一定特性的应用程序，那么选择具有该特性的合适的 CView 派生类作为应用程序的基类将是一种很好的选择。

11.2.4 CDocTemplate 类

文档模板类在应用程序中有着非常重要的作用，是它将原本独立的文档、视图和框架窗口对象联系在一起。

文档模板类(CDocTemplate)是从 CCmdTarget 类派生的，它在 MFC 类库中的层次位置如图 11-5 所示。

在 Doc/View 结构中，将文档、视图和框架关联起来的对象是 CDocTemplate。SDI 程序是 CSingleDocTemplate，MDI 程序是 CMultiDocTemplate。这两个类都是 CDocTemplate 的子类。

从图 11-5 中可见 CDocTemplate 类的基本类为

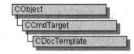

图 11-5 CDocTemplate 类在 MFC 类库中的层次位置

CCmdTarget。CDocTemplate 类提供了文档类所需要的最基本的功能实现。它提供的方法分别是一般方法和虚拟方法。如表 11-7 所示。

表 11-7 CDocTemplate 的一般方法和虚拟方法

方 法	说 明
GetDocString()	获得与文档相关的字符串
LoadTemplate()	加载指定的模板
AddDocument()	给文档模板添加指定的模板
RemoveDocument()	从文档模板列表中删除文档
GetFirstDocPosition()	获得与文档模板相关的第一个文档的位置
GetNextDoc()	获得文档及下一个文档
CreateNewDocument()	建立文档
CreateNewFrame()	建立包含文档和视图的框架窗口
OpenDocumentFile()	打开由路径名指定的文档
CloseAllDocument()	关闭所有文档
SetDefaultTitle()	显示文档窗口的标题栏中默认的标题
SaveAllModified()	查询文档模板的修改状态并存储与之关联的所有文档

文档模板类负责具体的关联文档、视图、框架的创建。其成员（如表 11-8 所示）主要用于打开、新建、保存一类的操作。当打开新文件的时候，MFC 框架会自动为用户匹配合适的文档模板来打开该文件。

表 11-8 文档模板类的主要成员

成 员	描 述
GetFirstDocPosition	获取列表中第一个文档的位置
GetNextDoc	获取当前位置下一个文档
GetDocString	从文档的资源字符串中返回一个域
CreateNewDocument	创建一个新的文档
CreateNewFrame	创建一个带有视图和文档的新框架窗口
InitialUpdateFrame	触发关联的视图的 OnInitialUpdate
SaveAllModified	保存所有关联的文档
CloseAllDocuments	关闭所有关联的文档
OpenDocumentFile	打开一个新的空文档
SetDefaultTitle	设置文档缺省标题

CDocTemplate 提供的虚拟方法使应用程序可以重写它们来提供 CDocTemplate 派生类中的方法。

在 Visual C++ 中，文档对象、与文档对象相关联的视图对象以及为视图对象提供显示的框架窗口都是由文档模板创建的。每一种文档类型都有一种文档模板与之相对应，文档模板负责创建和管理该文档类型的所有文档。

文档、视图和框架三者之间是相互关联、相互协调的。正如前面所介绍的，它们之间的这种联系是通过文档模板的构造函数来实现的。文档模板的构造函数的原型如下：

```
CDocTemplate(UINT nIDResource,        //与文档类型一同使用的各种资源的资源标识符
    CRuntimeClass * pDocClass,        //指向 CDocument 的派生文档类的对象的指针
    CRuntimeClass * pFrameClass,      //指向 CFrameClass 的派生框架类的对象的指针
    CRuntimeClass * pViewClass        //指向 CView 的派生视图类的对象的指针
);
```

从上面可以看出,在构造函数中出现了文档类、框架类和视图类。正是通过调用此构造函数才将原本独立的类关联在一起,互相协调完成任务。

在单文档 SDI 应用程序中只有一个文档模板对象,而 MDI 应用程序需要针对不同类型的文档定义不同的文档模板对象。

利用 MFC 应用程序向导,可以很简单地设定文档模板字符串。在 MFC 应用程序向导的第四步 MFC 应用程序向导-Step 2 of 6 对话框用于设置文档模板字符串。用此对话框可以设置文档参数以及用户使用时显示在标题条中的文本,在标题条中也将显示当前文档的名称;也可以直接编辑字符串资源中的 IDR_XXXTYPE,尤其在增加新的模板的时候,或者在应用向导阶段忘记指定文档类型,或者想要修改文档模板类型的时候,都需要手工来编辑该字符串,表 11-9 是七个子串表示的意义。

表 11-9 文档模板字符串及其含义

索引	成员	描述
0	CDocTemplate::windowTitle	显示在应用程序标题栏的标题,例如"Microsoft Word"
1	CDocTemplate::docName	默认的新文档名,例如"文档 n"中的"文档"
2	CDocTemplate::fileNewName	如果多于一个模板,先选择模板对话框中显示
3	CDocTemplate::filterName	文件对话框中文件类型下拉列表中显示的文件描述,例如"所有 word 文档(*.doc;*.dot)"。注意,该域只用于显示
4	CDocTemplate::filterExt	文件类型下拉列表实际的文件类型过滤扩展名,例如".doc",该域用于实际的过滤
5	CDocTemplate::regFileTypeId	该文档类型的注册名
6	CDocTemplate::regFileTypeName	该文档类型对应注册表中用户可见的名称

Doc/View 结构的五个基本成员经常需要互相访问,假设某个视图想要获得文档,或某个框架需要获得活动视图,可以通过表 11-10 中提供的方法进行解决。

表 11-10 MFC 提供的一些互相定位访问的方法

当前位置	被访问的位置	访问方法
文档	视图	GetFirstViewPosition 和 GetNextView
文档	模板	GetDocTemplate
视图	文档	GetDocument
视图	框架	GetParentFrame
框架	视图	GetActiveView
框架	文档	GetActiveDocument

续表

当前位置	被访问的位置	访问方法
MDI 主框架	MDI 子框架	MDIGetActive
MDI 子框架	MDI 主框架	GetParentFrame
任何位置	应用程序	AfxGetApp
任何位置	主框架	AfxGetMainWnd

注意，由于 MDI 程序中，MDI 主框架的子窗口是 MDI 子框架，因此用户在这里调用 GetActiveView 的时候，返回值永远都是 NULL，必须通过 MDIGetActive 获得子框架，再通过子框架来访问视图。

11.2.5 CFrameWnd 类

CFrameWnd 类在 Doc/View 结构中起着举足轻重的作用。具体来说，框架窗口维护了很多幕后的工作，例如工具条、菜单、状态条的显示、更新，视图的位置和显示，其他可停靠空间的停靠和动态尺寸调整。许多默认为 MFC 应用程序应该具备的基本功能都是 CframeWnd 类在默默进行着的，表 11-11 是 CFrameWnd 类的成员。

表 11-11 CFrameWnd 类的成员

成员	描述
M_bAutoMenuEnable	控制框架是否自动禁用没有消息处理的菜单项
RectDefault	在创建时缺省尺寸的矩形
Create	创建窗口的方法，可以重载来改变一些窗口属性
LoadFrame	从资源加载框架
SaveBarState	保存各种条的状态
LoadBarState	恢复各种条的状态
ShowControlBar	显示条，可以用来显示自己后添加的工具条、对话条等
EnableDocking	使一个控制条可以停靠
DockControlBar	停靠一个控制条
FloatControlBar	浮动一个控制条
GetControlBar	获取一个控制条
RecalLayout	基于当前视图和控制条重新计算显示区域
InitialUpdateFrame	调用所有关联的视图的 OnInitialUpdate
GetActiveFrame	获取活动框架（用于 MDI 程序）
SetActiveView	激活一个视图
GetActiveView	获取当前激活视图
CreateView	创建一个视图
GetActiveDocument	获取当前激活文档
GetMessageString	获取带有命令 ID 的消息
SetMessageText	在状态条显示一条消息
GetMessageBar	获取指向状态条的指针

在 SDI 程序中，使用的是 CFrameWnd，在 MDI 程序中，使用的是 CMDIFrameWnd 和 CMDIChildWnd，这两个类都是 CFrameWnd 类的子类。

11.3 文档操作中的一些重要概念

文档操作中经常要遇到串行化处理、文档的消息映射、文档消息传递和文件的打开保存等基本操作,下面简要介绍这些基本概念。

11.3.1 串行化处理

MFC 中使用串行化这个概念来描述将对象写入字节流和从字节流恢复对象的操作。之所以使用字节流而不是使用文件,是因为串行化除了可以使用文件保存对象之外,还可以通过网络、串口传输对象。

在 AppWizard 为用户生成的框架中,有如下代码:

```
void CMDIDoc::Serialize(CArchive& ar)
{
    if(ar.IsStoring())
    {
        //TODO: add storing code here
    }
    else
    {
        //TODO: add loading code here
    }
}
```

这里就是被称之为串行化的部分。使用串行化的好处是不需要重载文件打开、文件保存之类的方法,MFC 框架会自动为用户完成这些任务,并自动调用文档类的 Serialize 方法来完成串行化过程。如果文档的抽象数据只有一个字符串,那么用户只需要在 Serialize 中添加相应语句就可以完成串行化过程。如果不使用 MFC 提供的串行化框架,那么就需要重载一些函数,来获取文件名,然后自己来读写文件完成对象的串行化。

在进行串行化处理时,通常是通过 CArchive(档案)类来完成的,该类的常用成员如表 11-12 所示。

表 11-12 CArchive 类的常用成员

成员	描述	成员	描述
M_pDocument	使用该档案的文档	WriteString	写入字符串
Abort	在不发送异常的情况下关闭档案	GetFile	获取底层的 CFile 对象
Close	关闭档案	GetObjectSchema	读取对象版本号
Flush	将缓冲中的数据强制写入流中	SetObjectSchema	设置对象版本号
operator<<	将基本类型写入流中	IsLoading	是否处于读取状态
operator>>	从流中读取基本类型	IsStoring	是否处于保存状态
Read	读取字节内容	ReadObject	读取串行化对象
Write	写入字节内容	WriteObject	写入串行化对象
ReadString	读取字符串	ReadClass	读取类信息
WriteClass	写入类信息		

如果使用串行化,用户可以不关心文件打开关闭的具体过程,只需要完善 Serialize 方法即可,但是很多应用程序都希望亲自控制用户打开保存文件的过程,表 11-13 介绍了当打开或保存文件时应该重载的某一个缺省处理。

表 11-13　文件打开或保存时重载的某一个缺省处理方法

缺省处理方法	何时重载
CWinApp∷OnFileOpen	你想完成所有工作
CWinApp∷OpenDocumentFile	只想 MFC 帮助你获得文件名
CDocTemplate∷OpenDocumentFile	MFC 帮你获得文件名,并选择好一个模板
CDocument∷OnOpenDocument	MFC 帮你获得文件名,并选择好模板,创建好关联的框架、文档和视图
CDocument∷Serialize	MFC 完成所有,你只需要使用 CArchive 对象完成串行化
CDocument∷OnFileSave/OnFileSaveAs	你想完成所有工作
CDocument∷OnSaveDocument	MFC 帮助你获得文件名

其中的所有工作,对于打开文件包括以下几步(保存文件类似):
- 显示获取文件名对话框。
- 选择匹配文件的模板。
- 创建关联框架、文档和视图对象。
- 打开该文件。
- 将文件与档案绑定。
- 调用 Serialize。

其中"选择匹配文件的模板"和"创建关联框架、文档和视图对象"这两步实现起来比较麻烦。因此如果不打算使用 CArchive 类来完成串行化的时候可以重载 CDocument∷OnOpenDocument 方法来自己操作文件,这样就可能不需要"将文件与档案绑定"和"调用 Serialize"两步了。

文件保存由于不需要选择模板,创建文档视图,因此过程相对简单。

11.3.2　消息映射

通常的 MFC 程序都是使用 ClassWizard 来添加消息映射,但有些时候,ClassWizard 不支持某些类的消息映射,需要自己添加一些自定义的消息,这时都需要我们能够手工添加消息映射代码。

消息映射本质上就是一个数组,MFC 使用该数组来确定消息传递时具体要传递给哪一个函数。数组中存储了几部分重要的关键信息:
- 所处理的消息。
- 消息应用于的控件 ID,或者 ID 范围。

- 消息所传递的参数。
- 消息所期望的返回值。

当 MFC 收到消息后,便自动确定目标窗口和相应的 MFC 类的实例。然后它便搜索窗口的消息映射寻找匹配的项。若窗口中没有处理该消息的处理程序,MFC 便进一步搜索窗口的父类。如果父类也没有找到处理该消息的函数,MFC 便将消息传递给该窗口的原窗口过程。

在消息映射的时候,仅仅靠"添加消息处理函数"生成的宏是不够的,有时需要向已有的消息映射添加自己的宏,但所添加的宏一定要放在特殊注释之外。以下是由 AppWizard 产生的默认 MDI 视图的消息映射,另外添加了一个菜单项的处理和一个 WM_ERASEBKGND 消息的映射:

```
BEGIN_MESSAGE_MAP(CMDIView,CView)
//{{AFX_MSG_MAP(CMDIView)
ON_COMMAND(ID_OPER_TEST,OnOperTest)
ON_UPDATE_COMMAND_UI(ID_OPER_TEST,OnUpdateOperTest)
ON_WM_ERASEBKGND()
//}}AFX_MSG_MAP
//Standard printing commands
ON_COMMAND(ID_FILE_PRINT,CView::OnFilePrint)
ON_COMMAND(ID_FILE_PRINT_DIRECT,CView::OnFilePrint)
ON_COMMAND(ID_FILE_PRINT_PREVIEW,CView::OnFilePrintPreview)
END_MESSAGE_MAP()
```

位于 AFX_MSG_MAP 之间的宏一般由向导程序根据用户的选择的消息添加对应的消息映射项,但在每次添加时,向导程序会检查这些消息映射项,如果发现不是向导添加的,将会删除。因此,用户可在第二个 AFX_MSG_MAP 之后,这里的消息映射项是由 MFC 应用程序创建向导建立的消息映射项,用户可以添加自己的消息映射,添加消息映射的向导程序不会检查这里,当然,放在这里的消息映射是不会出现在添加消息映射的向导界面中的。

从上述代码片断可以看出,消息映射应该位于 BEGIN_MESSAGE_MAP 宏与 END_MESSAGE_MAP 宏之间。这里有一些宏是基于特定消息的特定宏,例如以上的 ON_WM_ERASEBKGND()宏,还有一些是通用的宏,例如 ON_COMMAND。表 11-14 将介绍常用的通用宏,这些宏在手工添加消息映射的时候,经常会用到。

以上的宏的格式都为 ON_XXXX(param1,param2… func),其中 func 必须为添加消息映射的类的成员方法(包括父类的方法)。

手工消息映射的核心部分就是在 BEGEN_MESSAGE_MAP 与 END_MESSAGE_MAP 之间添加消息映射宏。剩下的就是在类声明部分声明该成员方法,在类实现部分中实现该成员方法。表 11-14 列出了通用宏及其作用。

表 11-14 通用宏及其作用

宏/参数	描述

ON_COMMAND
    ID
    func
	处理 WM_COMMAND 消息
	WM_COMMAND 消息附带的控件 ID
	void func(void);

ON_COMMAND_RANGE
    IDFirst
    IDLast
    func
	处理一个 ID 范围内的 WM_COMMAND 消息
	范围内第一个 ID
	范围内最后一个 ID
	void func(WORD id);

ON_UPDATE_COMMAND_UI
    ID
    func
	处理 MFC 请求，用于更新界面状态
	控件 ID
	void func(CCmdUI * pCmdUI);

ON_UPDATE_COMMAND_UI_RANGE
    IDFirst
    IDLast
    func
	同上，处理一个 ID 范围
	范围内第一个 ID
	范围内最后一个 ID
	void func(CCmdUI * pCmdUI);

ON_NOTIFY
    Code
    ID
    func
	处理来自新风格控件的 WM_NOTIFY 消息
	NOTIFY 消息代码
	控件 ID
	void func(NMHDR * pNotifyStruct, LRESULT * result);

ON_NOTIFY_RANGE
    Code
    IDFirst
    IDLast
    func
	同上，处理一个 ID 范围
	NOTIFY 消息代码
	范围内第一个 ID
	范围内最后一个 ID
	void func(UINT id, NMHDR * pNotifyStruct, LRESULT * result);

ON_CONTROL
    Code
    ID
    func
	处理 WM_COMMAND 中的 EN_ 和 BN_ 消息
	NOTIFY 消息代码
	控件 ID
	void func(void);

ON_CONTROL_RANGE
    Code
    IDFirst
    IDLast
    func
	同上，处理一个 ID 范围
	NOTIFY 消息代码
	范围内第一个 ID
	范围内最后一个 ID
	void func(UINT id);

ON_MESSAGE
    Msg
    func
	处理任意消息，包括用户自定义消息
	消息 ID
	LRESULT func(WPARAM wParam, LPARAM, lParam);

ON_REGISTERD_MESSAGE
    Msg
    func
	处理使用 RegisterWindowMessage 注册的消息
	消息 ID
	LRESULT func(WPARAM wParam, LPARAM lParam);

11.3.3 消息传递

由于用户可以在很多 MFC 类中映射同一个消息,如可以在文档和视图中同时映射打开文件的消息,这样就需要消息有明确的来源,也有明确的接收者,因此需要判断消息传递的顺序。如对于 WM_COMMAND 消息,接收者可能有多个,MFC 会按照一定的顺序来查找消息处理函数。表 11-15 是 MFC 程序的消息处理搜索顺序。

表 11-15 MFC 程序的消息处理搜索顺序

搜索顺序	对象	搜索顺序	对象
1	当前视图	4	子框架窗口(只有 MDI 有该步骤)
2	当前文档	5	主框架窗口
3	与 1、2 关联的文档模板	6	应用程序对象

一旦 MFC 找到一级处理程序入口,便不再继续搜索,因此,对于同一个消息,不同对象的处理就可能意味着不同状态的处理。例如对于某一菜单项的处理,如果在 CView 中处理,则表示视图当前可见;如果调用了 CWinApp 中的处理,则表示当前无可用视图。这种消息自动搜索机制,经常会使得程序更加简洁,逻辑更加清晰。

在 MFC 中,对于消息映射使用了一种特殊手段,所以继承自 CCmdTarget 类的类都可以消息映射。CWinApp、CDocument、甚至 CWnd 都是继承自该类。但是非窗口对象,只能处理窗口对象转发给它们的消息。

11.4 SDI 编程实例

【例 11-1】 创建一个应用程序,其界面的标题为 MySdi。在应用程序的主窗口中显示一文本"您好,单文档界面的例程!",并始终出现在窗口的中央。在"编辑"菜单上有一个菜单项"改变显示文本",单击该项可以弹出一个对话框,通过这个对话框可以改变主窗口中的显示文本,如图 11-6 所示。

1. 创建工程文件和对话框资源

首先创建一个单文档(Single Document)的工程文件,取名为 MySdi。

展开"资源视图"中的各项,从 Dialog 的快捷菜单中选择"插入 Dialog",按照图 11-7 所示编辑该对话框资源。

为了使用对话框中编辑框中的内容,需要为对话框定义一个类,这个类的基类为 CDialog。具体操作:在"资源视图"中选中整个对话框,使对话框处于编辑状态,然后从快捷菜单中选择"添加类",打开如图 11-8 的添加类向导的对话框,对话框对应的"类名"为 DlgInput,"基类"选择 CDialog。然后切换到类视图中,就可以看到刚才创建的类了。在对话框编辑状态下,选择编辑框控件,为该控件(其 ID 为 IDC_EDIT1)添加相关联的成员变量 m_input,类型为 CString。

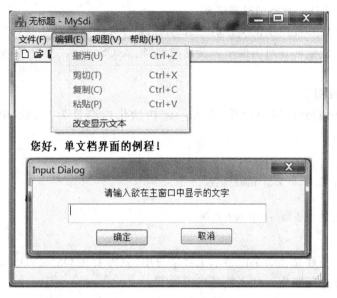

图 11-6　应用程序主窗口

图 11-7　对话框资源

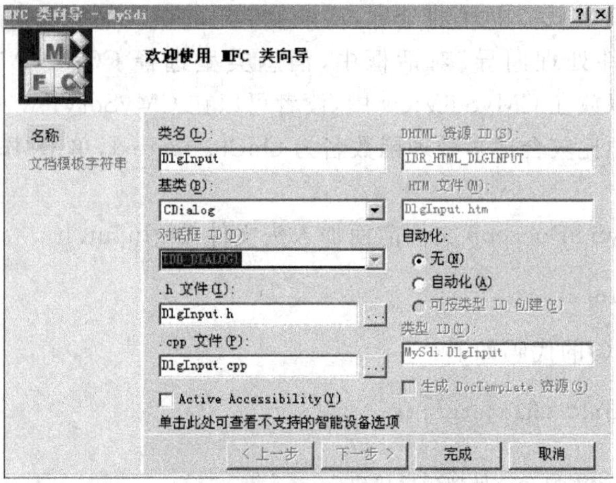

图 11-8　为对话框添加类 DlgInput

2. 为 CMySdiDoc 类添加成员变量

在类视图中展开程序中的类,选择 CMySdiDoc,从快捷菜单中选择"添加"|"添加变量",在添加成员变量向导对话框中,"变量类型"输入 CString,"变量名"输入 m_str,单击"完成"。

3. 文档变量初始化

打开 CMySdiDoc 的构造函数,将 m_str 初始化内容置为"您好,单文档界面的例程!",如下所示:

```
CMySdiDoc::CMySdiDoc()
: m_str(_T("您好,单文档界面的例程!"))
{
    //TODO: 在此添加一次性构造代码
}
```

为了使每次新建文档时都能显示上述字符串,就需要在 OnNewDocment() 函数中对成员变量 m_str 进行赋值。此函数的代码如下:

```
OOL CMySdiDoc::OnNewDocument()
{
    if(!CDocument::OnNewDocument())
        return FALSE;
    //TODO: 在此添加重新初始化代码
    //(SDI 文档将重用该文档)
    m_str=_T("您好,单文档界面的例程!");
    return TRUE;
}
```

4. 通过对话框来改变 CMySdiDoc 的成员变量 m_str 的内容

首先,在"资源视图"中,编辑菜单资源 IDR_MAINFRAME,在"编辑"菜单中加一条分隔线,再加入一条 caption 为"改变显示文本",ID 为 IDR_CHANGETEXT。接下来,为该菜单项添加 COMMAND 消息处理,从该菜单项的快捷菜单中选择"添加事件处理程序",在出现的"事件处理向导"对话框中,消息类型选择 COMMAND,类列表中选择 CMySdiDoc(也可以放在 CMySdiView 中,读者可以在 CMySdiView 中添加处理函数,但放在 CMySdiDoc 中比较合适),处理函数名为 OnChangetext,单击"添加编辑",在该函数中添加如下代码:

在打开的 CMySdiDoc.cpp 文件前面加入头文件 DlgInput.h。

```
#include "DlgInput.h"
```

OnChangetext() 的代码如下:

```
void CMySdiDoc::OnChangetext()
{
    //TODO: 在此添加命令处理程序代码
    DlgInput dlg;
```

```
if(dlg.DoModal()==IDOK)
{
    m_str=dlg.m_input;
    UpdateAllViews(NULL);
                    //在此函数中,参数为NULL表示刷新所有的与此文档相关联的视图
}
```

首先创建了一个 InputDlg 类对象 dlg,调用 DoModal()函数显示该模式对话框,操作成功后将编辑框中的文本内容 m_input 保存到文档对象的成员变量 m_str 中,最后调用文档类成员函数 UpdateAllView()刷新视图。

5. 视图的输出

在 MFC 应用程序中,文档类是和视图类一起协作以完成应用程序功能的。下面在 MySdi 程序视图类 CMySdiView 类的 OnDraw 成员函数中添加以下代码:

```
void CMySdiView::OnDraw(CDC * pDC)
{
    CMySdiDoc * pDoc=GetDocument();
    ASSERT_VALID(pDoc);
    //TODO: add draw code for native data here
    CRect rectClient;
    GetClientRect(rectClient);                           //获取当前客户区的指针
    CSize sizeClient=rectClient.Size();                  //获取当前客户区的大小
    CString str=pDoc->m_str;                             //从文件中读取数据
    CSize sizeTextExtent=pDC->GetTextExtent(str);        //用新选定的字体绘制字符串
    pDC->TextOut((sizeClient.cx-sizeTextExtent.cx)/2,(sizeClient.cy-sizeTextExtent.cy)/2,str);
}
```

首先调用 GetDocument()得到文档类的指针,将文档对象成员变量复制到字符串 str 中,再调用 TextOut()函数将文档类中成员变量 m_str 的内容显示到框架窗口中的视图中。

6. 文档串行化

下面,我们还要为本示例程序的完成保存及打开文档编写其实现代码。

为了把这些修改保存到磁盘文件中,并在需要时可以打开所保存的磁盘文件读取文档,需要重载 CMySdiDoc 类的 Serialize 函数来完成串行化。重载后的 Serialize 函数的代码如下:

```
void CMySdiDoc::Serialize(CArchive& ar)
{
    if(ar.IsStoring())
    {
        //TODO: add storing code here
        ar<<m_str;                                       //保存文档内容
```

```
    }
    else
    {
        //TODO: add loading code here
        ar>>m_str;                                          //读取文档内容
    }
}
```

至此，单文档程序已经编辑完成，编译链接后即可运行。

11.5 MDI 编程实例

前面我们比较详细地介绍了 SDI 程序的结构、创建过程、消息传递及处理过程，文档类、视图类、文档模板类的定义和方法。在 MDI 编程过程中，这一部分将通过和 SDI 程序的比较来简单的介绍 MDI 程序的编程过程。

多文档应用程序（MDI）和单文档应用程序的主要不同在于：它支持多个文档、甚至多个文档类型。从用户角度，它们有五点差别：

- MDI 允许用户同时打开多个文档，而 SDI 只能打开一个文档。
- MDI 应用程序甚至可以支持多种文档类型。例如：Word 不仅支持.doc 文件，还可以打开 web 页面文件.htm 等。
- MDI 应用程序通常包含一个 Windows 菜单，可以用它来切换显示同一个文档的不同视图，还可以切换显示不同文档的视图。
- SDI 应用程序仅有一个框架窗口，而 MDI 应用程序有两个：一个是顶层框架窗口，另一个是文档窗口。前者和 SDI 的框架窗口类似，后者则用来包含打开文档的视图。
- SDI 应用程序通常只含有一个菜单，而 MDI 应用程序通常含有两个，一个在没有文档打开时显示，另一个在有文档打开时显示。

SDI 和 MDI 应用程序在结构上的区别在于：

- MDI 应用程序的框架窗口从 CMDIFrameWnd 类中派生，而 SDI 应用程序的框架窗口从 CFrameWnd 类中派生。
- MDI 应用程序中包含文档视图的子框架窗口由 CMDIChildWnd 派生。而 SDI 应用程序不存在子框架窗口。
- MDI 应用程序和 SDI 应用程序的文档模板类不同。MDI 应用程序中使用 CMultiDocTemplate 类对象，而 SDI 应用程序使用 CSingleDocTemplate 类对象。
- MDI 应用程序至少含有两个菜单资源，而 SDI 只有一个。

由于 MDI 程序可以打开多个文档的特性，所以比起 SDI 应用程序来要处理很多琐碎的事情，例如切换视图，更新菜单等。但是由于 MFC 在 MDI 应用程序中自动加入了很多程序代码来处理这些事情，所以利用应用程序向导生成 MDI 应用程序框架后，下面的编程就和 SDI 程序非常类似了。由于篇幅的限制，在这里就不赘述了，读者可以在下面的例子中仔细地体会，还可以参考其他比较深入的书籍。

【例 11-2】 创建一个多文档的应用程序，程序运行后，可以打开两种类型的文档（如图 11-9 所示）。其中，MyMdi 是主窗口的标题，MyMdi1 是系统默认生成的文档，在此窗口中可以输入文字。MyMdi2 是另一个用户添加的文档类型，在此文档中，用户通过选择"画图种类"，然后在视图窗口中，拖动鼠标就可以画出一个图形。由于两种文档的操作对象和操作方式不同，程序运行时的界面与菜单就不同。

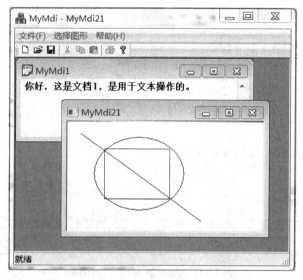

图 11-9 应用程序主窗口

1. 创建 MDI 工程文件

首先创建一个 MFC 应用程序(.exe)工程，并取名为 MyMdi。建立 MyMdi 工程文件的步骤与第八章建立工程文件的步骤相似，在 MFC AppWizard-Step 3 of 7 的窗口中，在"文件扩展名"一项中输入 mmd，如图 11-10 所示，完成后的应用程序的文件将使用

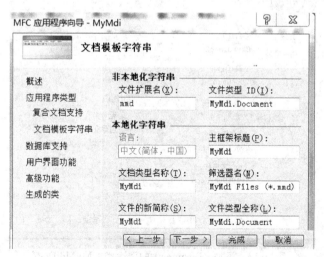

图 11-10 多文档模板字符串设置对话框

".mmd"为扩展名,应用程序的标题为 MyMdi,每次显示 FileOpen 或 File Save 对话框时,过滤器域显示为"MyMdi 文件(*.mmb)",在 MFC 应用程序向导的第 7 步中,为 CMyMdiView 类设置基类为 CEditView。其他的都保留默认设置。

2. 创建第二种文档和视图类

在类视图中,从项目名 MyMdi 的快捷菜单中,选择"添加"|"类",在对话框中选择"MFC 类",操作如图 11-11 所示。

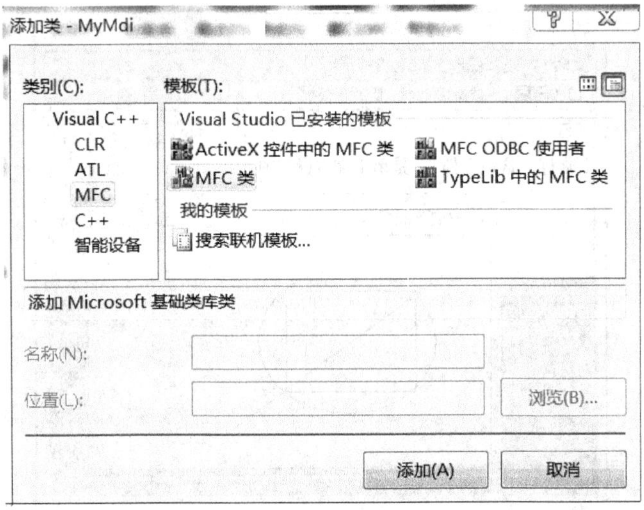

图 11-11 加入新 MFC 类对话框

双击"MFC 类",出现图 11-12 对话框,"类名"输入 CMyMdi2,"基类"选择 CDocument。

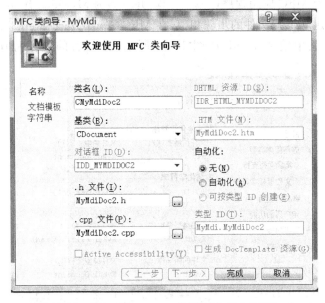

图 11-12 添加 CDocument 的派生类 CMyMdiDoc2

单击"完成"按钮,则应用程序中增加了 CDocument 的派生类 CMyMdiDoc2。用同种方法在应用程序中增加 View 的派生类 CMyMdiView2。

3. 创建资源

在 Resource.h 文件中,手工加入下列代码:

```
#define IDR_MYMDITYPE2     135
```

其中 135 紧跟前面的 ID 值,本例前面的 ID 值已经排到 134,添加后,最好将下面的一行的内容修改一下,其中 APS_NEXT_RESOURCE_VALUE 是下一个资源的 ID 值,以便以后添加内容时,MFC 就能正确给出 ID 值了。如本例中下一值就是 136,修改成以下内容就行了。

```
#define _APS_NEXT_RESOURCE_VALUE    136
```

这样就定义了第二类文档的文档、视图和框架窗口共同的资源 ID,以后定义的菜单、文档模板等资源均可以使用这个 ID。

1) 文档模板的资源

文档模板字符串的格式是:

```
nIDResource <WindowTitle>\n
            <DocName>\n
            <FileNewName>\n
            <FilterName>\n
            <FilterExt>\n
            <RegFileTypeID>\n
            <RegFileTypeName>\n
            <FilterMacName(FilterWinName)>
```

对于第一个文档,应用程序向导直接产生了一个文档模板,现在还必须按照上面这种格式。手工加入第二个资源模板字符串,具体的方法是打开 MyMdi.rc 文件,首先找到如下代码:

```
IDR_MYMDITYPE "\nMyMdi\nMyMdi\nMyMdi 文件(*.mmd)\n.mmd\nMyMdi.Document\nMyMdi
Document"
```

在它后面加入:

```
IDR_MyMdiTYPE2 "\nMyMdi2\nMyMdi2\nMyMdi2 文件(*.mm2)\n.mm2\nMyMdi2.Document\
nMyMdi2 Document"
```

2) 菜单、对话框资源

在"资源视图"选项卡,展开 MyMdi resources|Menu,将菜单 IDR_MYMDITYPE 复制一份,ID 为 IDR_MyMdiTYPE2。在新创建的菜单如图 11-13 所示。

各个菜单项的 ID 如表 11-16 所示。

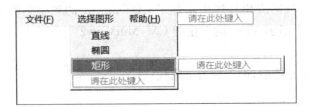

图 11-13 文档 2 的菜单

表 11-16 文档 2 的菜单项与 ID

ID	CAPTION	ID	CAPTION	ID	CAPTION
直线	ID_LINE	椭圆	ID_ELLIPSE	矩形	ID_RECTANGLE

4. 代码编辑

1) 创建文档模板类

因为本应用程序支持多种文档,所以在应用程序的 InitInstance()函数中,需要定义新的文档模板的对象,打开 MyMdi.cpp 文件,输入代码如下:

```
BOOL CMyMdiApp::InitInstance()
{
…
CMultiDocTemplate * pDocTemplate2;
    pDocTemplate2=new CMultiDocTemplate(
    IDR_MyMdiTYPE2,
    RUNTIME_CLASS(CMyMdiDoc2),        //MDI 派生文档类的 CRuntimeClass 对象的指针
    RUNTIME_CLASS(CChildFrame),       //MDI 派生子框架类的 CRuntimeClass 对象的指针
    RUNTIME_CLASS(CMyMdiView2));      //创建文档模板的对象
//然后,使用 CwinApp::AddDocTemplate()方法将新模板添加到应用程序的文档模板列表中
AddDocTemplate(pDocTemplate2);
…
}
```

为使 CMyMdiDoc2 类和 CMyMdiView2 类在 CMyMdiApp 类中成为可识别的类,必须在 MyMdiApp.cpp 文件中加入 CMyMdiDoc2 类和 CMyMdiView2 类的说明头文件 MyMdiDoc2.h 和 MyMdiView2.h。

```
//MyMdiApp.cpp : implementation of the CMyMdiApp class
#include "MyMdiDoc2.h"                              //加入头文件
#include "MyMdiView2.h"
```

2) 扩展 CMyMdiDoc2 类

(1) 添加成员变量。在类 CMyMdiDoc2 中增加 CPtrArray 类型的成员变量 m_data,CPtrArray 是一个集合类,它可以保存多个类的实例对象。本程序定义的 m_data 用于保存多图形信息。然后在应用程序中添加类 DrawData。DrawData 用于保存每一图形的信息,DrawData 的定义如下:

```
class DrawData {
POINT begin,end;
int type;
};
```

为了能在 CMyMdiDoc2 中使用该类,还需在 MyMdiDoc2.h 中加入头文件 DrawData.h。

```
#include "DrawData.h"
```

在 CMyMdiDoc2 添加一个用于保存当前图形的类型的整型变量 m_drawType,并在构造函数中初始化为 0。

(2) 添加菜单处理函数。

在 CMyMdiDoc2.h 中,加入消息响应成员函数 OnChangeDrawType(UINT nID),如下所示:

```
afx_msg void OnChangeDrawType(UINT nID);
```

在 CMyMdiDoc2.cpp 的消息映射部分添加选择图形类型的消息映射,代码如下:

```
BEGIN_MESSAGE_MAP(CMyMdiDoc2,CDocument)
    ON_COMMAND_RANGE(ID_LINE,ID_RECTANGLE,OnChangeDrawType)
END_MESSAGE_MAP()
```

OnChangeDrawType 的代码如下:

```
void CMyMdiDoc2::OnChangeDrawType(UINT nID)
    {
    m_drawType=nID-ID_LINE;
}
```

(3) 文档串行化。

为了把对视图中显示文本的修改保存到磁盘文件中,并在需要时可以打开所保存的磁盘文件读取文档,必须重载 CExampleDoc 类的 Serialize 函数来完成串行化。重载后的 Serialize() 函数的代码如下:

```
    //CMyMdiDoc2 serialization
void CMyMdiDoc2::Serialize(CArchive& ar)
{
if(ar.IsStoring())
{
    //TODO: 在此添加存储代码
    int size=m_data.GetCount();
    ar<<size;
    int i;
    for(i=0;i<size;i++)
    {
```

```
            DrawData * data=(DrawData * )m_data.GetAt(i);
            ar<<data->begin.x;
            ar<<data->begin.y;
            ar<<data->end.x;
            ar<<data->end.y;
            ar<<data->type;
        }
    }
    else
    {
        //TODO: 在此添加加载代码
        int size;
        ar>>size;
        int i;
        m_data.RemoveAll();                    //清空集合类
        for(i=0;i<size;i++)
        {
            DrawData * data=new DrawData;      //定义一个 DrawData 的指针,并分配内存
            ar>>data->begin.x;
            ar>>data->begin.y;
            ar>>data->end.x;
            ar>>data->end.y;
            ar>>data->type;
            m_data.Add(data);    //将文档中的数据读入到 data 所指的内存中后,加入到集合类中
        }
        UpdateAllViews(NULL);                  //通知视图进行更新
    }
}
```

说明:

(1) 本例中对 DrawData 对象进行串行化时,对类中成员进行逐个输入/输出,若要对 DrawData 类定义为可串行化的,就可以把对象作为一个整体进行输入/输出。有关类的串行化,读者可以参考其他资料,在此不再详述。

(2) 从文件中读入数据时,先要将 CMyMdiDoc2 中的成员 m_data 清空,不然,读入的数据与现有的数据混在一起进行输出是不对的。

(3) 读入的数据需要先放在一个 DrawData 对象中,但在程序不能使用局部变量,使用局部变量,当函数执行完成后,内存将被释放,在视类中就不能使用。用 new 关键字定义的指针,这样分配的内存是堆内存,将数据放在堆内存中。这样当函数运行完成后,数据仍然可以使用。

3) 视图的输出

首先,在视类 CMyMdiView2 中定义一个 DrawData 类的对象 m_drawData,此变量用于保存当前要绘图的信息。接着在视类 CMyMdiView2 的属性窗口中添加 WM_

LBUTTONDOWN 和 WM_LBUTTONUP 两个消息,并为这两个消息添加消息处理函数 OnLButtonDown 和 OnLButtonUp。当单击鼠标时,定义一个 DrawData 类的对象,用该类的成员 begin 记录单击鼠标时的坐标。当释放鼠标时,用定义的 DrawData 类的对象 end 记录释放鼠标时的坐标。根据文档类中图形的类型决定在用户区应该绘制什么样的图形。有关鼠标操作的事件处理代码如下所示:

```cpp
void CMyMdiView2::OnLButtonDown(UINT nFlags,CPoint point)
{
    //TODO: 在此添加消息处理程序代码和/或调用默认值
    CMyMdiDoc2 * pDoc=(CMyMdiDoc2 * )GetDocument();
    m_drawData=new DrawData;
    m_drawData->begin=point;
    CView::OnLButtonDown(nFlags,point);
}
void CMyMdiView2::OnLButtonUp(UINT nFlags,CPoint point)
{
    //TODO: 在此添加消息处理程序代码和/或调用默认值
    CMyMdiDoc2 * pDoc=(CMyMdiDoc2 * )GetDocument();
    m_drawData->end=point;
    CClientDC dc(this);       //定义一个用户区的 DC 类的对象,用该对象的成员就可以绘图
    CBrush * brush=CBrush::FromHandle((HBRUSH)GetStockObject(HOLLOW_BRUSH));
    //建立一个空画刷,绘图时就不会覆盖下面的图形
    dc.SelectObject(brush);
    CRect rect(m_drawData->begin,m_drawData->end);
    switch(pDoc->m_drawType)              //根据文档类中的成员决定绘图的类型
    {
    case 0:
        dc.MoveTo(m_drawData->begin);
        dc.LineTo(m_drawData->end);
        break;
    case 1:
        dc.Ellipse(rect);
        break;
    case 2:
        dc.Rectangle(rect);
        break;
    }
    m_drawData->type=pDoc->m_drawType;
    pDoc->m_data.Add(m_drawData);
                              //将保存图形信息的 m_drawData 保存到文档类的成员
    brush->DeleteObject();
    Invalidate(true);           //刷新客户区
    CView::OnLButtonUp(nFlags,point);
}
```

最后，要在视类的 OnDraw 函数中添加刷新的代码，OnDraw 函数中只须将文档类的成员 m_data 这个集合类中的成员在客户区中绘制一遍就可以了，此函数的代码如下：

```
void CMyMdiView2::OnDraw(CDC * pDC)
{
    CMyMdiDoc2 * pDoc=(CMyMdiDoc2 *)GetDocument();
    //TODO: 在此添加绘制代码
    CBrush * brush=CBrush::FromHandle((HBRUSH)GetStockObject(HOLLOW_BRUSH));
    pDC->SelectObject(brush);
    for(int i=0;i<pDoc->m_data.GetCount();i++)
    {
        m_drawData=(DrawData *)(pDoc->m_data.GetAt(i));
        CRect rect(m_drawData->begin,m_drawData->end);
        switch(m_drawData->type)
        {
        case 0:
            pDC->MoveTo(m_drawData->begin);
            pDC->LineTo(m_drawData->end);
            break;
        case 1:
            pDC->Ellipse(rect);
            break;
        case 2:
            pDC->Rectangle(rect);
            break;
        }
    }
    brush->DeleteObject();
}
```

在文件开始部分加入：

```
#include "MyMdiDoc2.h"
#include "DrawData.h"
```

至此，所有的代码均已输入完毕，经编译、链接即可运行。

11.6 小结

本章介绍了文档/视图结构、视图文档对象的创建过程、文档中消息传递的机制，并给出了有关文档类、视图类、文档模板类的方法。通过具体的实例，详细介绍了编写基于单文档和多文档的应用程序的一般过程。

11.7 练习

11-1 文档类的结构是如何定义的？
11-2 CDocument 类的派生类的构造步骤是如何进行的？

11-3 文档模板类的结构是如何定义的？
11-4 视图类的结构是如何定义的？
11-5 创建一个应用程序，在文档类中加入一个字符串成员变量和一个数字变量，为文档类连接两个视图进行显示，一个是直接显示字符串和数字，另一个是只输出字符串，数字作为字符串输出的颜色。
11-6 创建一个单文档的应用程序，可以拖拉鼠标画多个圆，并能把圆的坐标存储起来。
11-7 创建一个存储和显示学生信息的单文档应用程序，窗口中包含了"编号"、"姓名"、"年龄"、"性别"和"年级"的编辑框，还有"输入"和"显示"按钮，如图 11-14 所示。在编辑框中输入学生的信息，单击"输入"按钮后，把输入的内容存储到文档类中的一个学生信息类对象数组中，当在"编号"编辑框中输入学生的序号，单击"显示"按钮时，在编辑框中显示所需要的学生信息，在主菜单"编辑"中包含了"清空"子菜单，单击时删除所有的学生信息。

图 11-14 练习 11-7 示意图

11-8 编写一个单文档应用程序，在窗口中建立一个和客户区大小相同的 RichEdit 编辑框，菜单中包含 4 个菜单 File、Edit、Style、Help。File 菜单中包含了 New、Get Data From Document、Store Data To Document、Exit 四个菜单项。Edit 菜单中包含了 Undo、Cut、Copy、Paste、Clear。Style 菜单中包含了 Color、Font 两个弹出式菜单和 Default 菜单，Color 弹出菜单包含了 Red、Green、Blue、Yellow、Black 菜单项。Font 菜单包含了 Italic、Bold、Underline 菜单项。Store Data To Document 菜单实现的功能是将编辑框中的文本存储起来，Get Data From Document 将存储的文本重新输出到编辑框中，New 菜单是将存储的文本和当前编辑框中文本清除。Edit 菜单实现了拷贝剪切等操作。Style 菜单设置文本的属性，Color 改变文本的颜色，Font 改变字体。Default 将文本改为系统默认的属性。

第四篇

综合应用案例

第 12 章

多媒体应用程序的设计

多媒体的概念大家应该比较熟悉,电脑配上 3D 声卡、高速 CD-ROM 或 DVD-ROM,加上高保真音箱,就可以成为多媒体电脑,不过,电脑上的视听播放软件都是现成的应用软件,这些软件是如何设计的呢?如何设计定制功能的多媒体软件呢?由于时下的主流 PC 的多媒体性能已经大大提升,程序中经常要播放一段视频或者一段音频,对于专业的需要控制音频或者视频到帧这个单位的程序可以选择 DirectX 或者传统的 Windows 多媒体 API,对于简单的播放则只需要添加几行代码即可完成此任务。本章就来讨论一下声音、视频和图像三种媒体形式的程序设计。

12.1 利用音频函数实现多媒体程序设计

为了介绍多媒体程序的设计,我们先介绍一个非常简单的例子,希望读者能够通过这个简单的例子,了解音频文件的播放方法。

12.1.1 一个简单的应用实例

为了了解音频应用程序的编程,下面先介绍一个简单的例子。

【例 12-1】 设计一个简单的音频播放程序,当程序启动时,播放 Windows 系统启动时候的音乐。编写这个程序的具体步骤如下:

(1) 首先创建一个基于对话框的工程文件 ch12_1。

(2) 打开 Stdafx.h 文件,在 #ifndef _AFX_NO_AFXCMN_SUPPORT 语句的上一行顶头加入语句 #include<mmsystem.h>。

(3) 在图 12-1 中将与 mmsystem.h 文件对应的多媒体函数库 winmm.lib 与应用程序链接起来,为此可以通过选择"项目"菜单中的 ch12_1 菜单项,在打开的"属性"对话框窗口中选择"配置属性"|"链接器"|"输入",在"附加依赖项"的编辑框中输入 winmm.lib,如图 12-1 所示,然后单击"确定"按钮就可以了。

(4) 在 MCIStartDlg.cpp 文件的 CMCIStartDlg::OnInitDialog() 函数中,在语句 return TRUE 之前加上如下代码:

sndPlaySound("SystemStart",SND_ASYNC);

(5) 编译、链接、运行程序,我们也可以在启动程序的时候听到音乐了,和 Windows 的启动音乐一模一样!

图 12-1 连接 winmm.lib 库

12.1.2 几个常用的音频函数

例 12-1 中使用了 sndPlaySound 函数，在 Visual C++ 程序设计中，如果只是用到几个简单的音频处理，那么有 3 个最简单的音频函数可供选择，它们分别是 MessageBeep()、sndPlaySound() 和 PlaySound() 函数。下面我们逐一做介绍。

1．MessageBeep() 函数

MessageBeep() 函数应该说是 Visual C++ 中最简单的音频函数了，但其功能也是最少的，该函数就是用来播放系统提示音的。该函数的原型为：

```
BOOL MessageBeep(UINT uType);
```

参数 uType 是用来指定播放的系统声音类型，如表 12-1 所示。

表 12-1 uType 指定播放的系统声音类型

参 数 值	说 明
0xFFFFFFFF	系统默认声音
MB_ICONINFORMATION 或 MB_ICONASTERISK	与出现信息消息框时对应的声音
MB_ICONEXCLAMATION 或 MB_ICONWARNING	与出现警告消息框时对应的声音
MB_ICONHAND 或 MB_ICONSTOP 或 MB_ICONERROR	与出现错误消息框时对应的声音
MB_ICONQUESTION	与出现询问消息框时对应的声音
MB_OK	系统默认声音

2．sndPlaySound() 函数

sndPlaySound() 函数可以通过指定文件名或指定在注册表中注册了的条目来播放

wav 音频。该函数的原型如下：

```
BOOL sndPlaySound(LPCSTR lpszSound,UINT fuSound);
```

其中参数 lpszSound 为指定要播放的文件名或注册了的条目，参数 fuSound 为播放的标识，该标识如表 12-2 所示。

表 12-2　播放标识

参数值	说　　明
SND_ASYNC	采用异步播放的方式播放声音，在声音播放后函数立即返回。如要终止时通过再次调用这个函数，在第一个参数处写入文件名，第二个参数处为 NULL。本章开始时的例子就是这种播放方式，如要终止则可执行语句：sndPlaySound("SystemStart",NULL);
SND_LOOP	循环播放声音，必须与参数 SND_ASYNC 同时使用（SND_ASYNC|SND_LOOP），停止方法与上面同
SND_MEMORY	说明第一个参数指定的是 wav 声音在内存中的映像
SND_NODEFAULT	当无法正常播放声音时，不播放系统默认声音
SND_NOSTOP	如果有声音正在播放，则函数立即返回 FALSE，终止运行
SND_SYNC	采用同步播放的方式播放声音，只有在声音播放完成后函数才返回

例 12-1 中的"SystemStart"就是在注册表注册了的条目，是系统启动的声音。表 12-3 是 Windows 操作系统的注册条目，从表 12-3 可以看出，sndPlaySound() 函数可以实现 MessageBeep() 函数的所有功能。

表 12-3　操作系统预先注册的音频

注册条目值	说　　明
SystemAsterisk	出现信息消息框时对应的声音
SystemExclamation	出现警告消息框时对应的声音
SystemExit	系统退出时的提示声音
SystemHand	与出现错误消息框时对应的声音
SystemQuestion	与出现询问消息框时对应的声音
SystemStart	系统启动声音

3. PlaySound() 函数

MessageBeep() 函数实际上是 sndPlaySound() 函数的子集，而同时 sndPlaySound() 函数又是 PlaySound() 函数的子集，即 PlaySound() 函数可以实现 sndPlaySound() 函数的所有功能。就播放来源途径来说，除了 sndPlaySound() 函数的两种以外，它还可以播放来自资源中的声音，即共有三种来源途径。该函数的原型如下：

```
BOOL PlaySound(LPCSTR pszSound,HMODULE hmod,DWORD fdwSound);
```

其中参数 pszSound 为指定播放的声音，它可以是文件名、注册条目或资源标识。播放声音的来源通过参数 fdwSound 来决定，如果没有指定，则首先在注册表中寻找，如果没有找到,则认为指定的是一个文件名;如果这个参数为 NULL,则停止任何当前正在播放的 wav 声音,而要想停止非 wav 声音,必须在第三个参数中加入 SND_PURGE。参数 hmod 为包含被加载资源的文件的句柄。当第三个参数中没有 SND_RESOURCE 时,这个参数必须为 NULL。

第三个参数为播放声音的标识,刚才在谈 sndPlaySound() 函数时所提到的参数值就不在这里再列了,但大家要知道 sndPlaySound() 函数中的参数值在 PlaySound() 中全部可用。除此以外,PlaySound() 函数还增加有许多参数值,如表 12-4 所示。

表 12-4 PlaySound() 函数增加的播放参数值

参 数 值	说 明
SND_ALIAS	播放的声音来源为注册条目
SND_RESOURCE	播放的声音来源为资源
SND_FILENAME	播放的声音来源为文件名
SND_NOWAIT	如果设备正被使用,立即返回不再播放
SND_APPLICATION	使用应用程序指定的音频
SND_PURGE	停止声音播放
SND_ALIAS_ID	预先确定的声音标识

读者可以很容易地看出,这三个函数一个比一个功能更加强大,同时也一个比一个复杂。但是我们应该注意到,当我们需要对音频进行更多的调用处理时,如暂停、向前搜索、向后搜索,甚至对音频文件进行编辑操作等,这三个函数就显得捉襟见肘了,更多的功能可以通过 MCI 函数来完成。

12.1.3 用 MCI 控制波形声音的播放

MCI(Media Control Interface,媒体控制接口类)是一种接口,前面我们曾经介绍过设备无关性的概念,MCI 使得我们只需要使用 MCI 函数而不必考虑具体的多媒体设备,这样应用程序只需要与 MCI 打交道,而 MCI 则通过具体的设备驱动程序来控制相应的多媒体设备,这些设备称为 MCI 设备,对于不同类型的多媒体设备,MCI 可以发出相应的命令。

对 MCI 设备进行调用有两个方法,即 MCI 命令串 mciSendString() 函数和 MCI 命令消息 mciSendCommand() 函数。mciSendString() 函数是向指定的 MCI 设备发送命令字串,mciSendCommand() 函数是向指定的 MCI 设备发送命令消息。对于发送命令消息大家应该感到很熟悉,因为我们已经在前面反复向大家讲解了消息机制,正因为 Visual C++ 的核心是消息传递,发送命令消息比发送命令字串更加快速,而且更加节约资源。

函数 mciSendCommand() 的原型如下:

```
MCIERROR mciSendCommand(
    MCIDEVICEID    IDDevice,        //接收命令消息的 MCI 设备 ID
    UINT           uMsg,            //发送的命令消息
    DWORD          fdwCommand,      //命令消息的标志集
    DWORD_PTR      dwParam);        //包含命令消息参数的结构体地址
```

其中:

- 参数 IDDevice 是指要接收命令消息的设备的标识 ID，在使用中这个值通过命令消息 MCI_OPEN（初始化设备）获得。即当命令消息为 MCI_OPEN 时，此参数作为返回值使用；当命令消息为其他时，通过此参数指定消息发向的设备。由此我们可以看出，当使用 MciSendCommand() 函数实现声音播放时，第一个要执行的命令消息就是 MCI_OPEN。
- 参数 uMsg 为待发送的命令消息，Visual C++ 提供给 MCI 设备的消息如表 12-5 所示。

表 12-5 部分常用的 MCI 设备消息

命令消息	说明	适用设备的设备标识
MCI_BREAK	为一 MCI 设备设置终止键（默认为 Ctrl+Break）	全部设备
MCI_STATUS	获得一个 MCI 设备的信息	
MCI_CLOSE	释放出访问设备的通道	
MCI_SYSINFO	获得 MCI 设备的信息	
MCI_GETDEVCAPS	获取一个设备的静态信息	
MCI_INFO	获得一个设备的字串信息	
MCI_OPEN	初始化一个设备	
MCI_CAPTURE	获取缓冲区中每一帧的内容并将其存入指定文件	数字视频
MCI_CONFIGURE	显示一个对话框用以设置操作	
MCI_UNDO	撤销最近一次的操作	
MCI_LOAD	装载一个文件	
MCI_PUT	设置来源、目的和框架矩形	
MCI_UPDATE	更新显示矩形	
MCI_COPY	将数据拷贝到剪贴板	
MCI_WHERE	获得视频设备的剪贴板矩形	
MCI_WINDOW	指定窗口和窗口特性用于图形设备	
MCI_CUT	将文件中的数据剪切到剪贴板	
MCI_MONITOR	指定陈述的来源	
MCI_PASTE	将剪贴板上的数据粘贴到文件中	
MCI_QUALITY	定制音频、视频或静态压缩图片的质量	
MCI_RESERVE	为下面的记录分配一块磁盘空间	
MCI_RESTORE	将一幅位图由文件中拷到缓冲区中，与 MCI_CAPTURE 刚好相反	
MCI_SIGNAL	在工作区中设置一个指定位置	

续表

命令消息	说 明	适用设备的设备标识
MCI_PAUSE	暂停当前播放位置	CD 音频、数字视频、MIDI 序列、录像机、影碟机、WAV 文件
MCI_PLAY	设备开始输出数据	
MCI_SET	设置设备信息	
MCI_STOP	停止所有的播放和记录序列，释放缓存，停止视频图像的显示	
MCI_CUE	提示一个设备以使设备以最小的延迟开始播放或重放	数字视频、录像机、WAV 文件
MCI_RESUME	恢复被暂停的操作	
MCI_FREEZE	冻结显示中的画面	数字视频、录像机
MCI_LIST	获得可用输入设备关于数量和类型的信息	
MCI_SETAUDIO	设置与音频回放和捕捉相关的变量	
MCI_SETVIDEO	设置与视频回放相关的变量	
MCI_UNFREEZE	恢复执行了 MCI_FREEZE 命令的设备	
MCI_DELETE	删除文件中的数据	数字视频、WAV 文件
MCI_ESCAPE	直接发送一个字串到指定设备	影碟机
MCI_SPIN	使设备开始转动或停止	
MCI_INDEX	将屏幕上的显示置为 on 或者 off	录像机
MCI_SETTIMECODE	使用或禁用 VCR 设备录音的时间代码	
MCI_SETTUNER	设置调制器的当前频道	
MCI_MARK	记录或擦除以使 MCI_SEEK 命令获得更高寻找速度的标记	
MCI_RECORD	从当前位置或指定的起始和终止位置开始记录	录像机、WAV 文件
MCI_SAVE	保存当前文件	WAV 文件
MCI_SEEK	以最快的速度改变当前内容的(输出)位置	CD 音频、数字视频、MIDI 序列、录像机、影碟机
MCI_STEP	跳过一帧或几帧	数字视频、录像机、CAV 格式影碟机

- 参数 fdwCommand 为命令消息的标志集，除了几个标志是共同的以外，不同的命令还有着各自的标志集，这些标志用于对命令消息的补充说明和参数 dwParam 所提供的结构体中的那些变量有关。
- 参数 dwParam 为对应命令消息的结构体地址，包含执行命令时所需的基本信息。

例如打开某一个音频文件时,预先将文件名存入结构体 MCI_OPEN_PARMS 中,在参数 fdwCommand 中包含 MCI_OPEN_ELEMENT(要打开文件名存在于参数 dwParam 中)。程序在执行时将通过读取参数 fdwCommand 了解到参数 dwParam 的结构体中含有文件名,在通过读取 dwParam 得到将要打开的文件。

当某一个声音播放结束后,函数会向系统发送 MM_MCINOTIFY 消息,还有一个很有用的参数,就是 MCIERROR,它记录了控制 MCI 设备的返回值。当控制 MCI 设备成功时返回 0,当失败时,错误代码就存在 DWORD 类型的 MCIERROR 中。低字节存储错误值,当设备类型明确时,在高字节存储设备标识。能够完善地处理各种错误陷阱是一个高质量程序的基本要素,因此错误监测函数就是必不可少的,在调用 MCI 设备时可用 mciGetErrorString()检测错误,该函数的原型如下:

```
BOOL mciGetErrorString(
    DWORD fdwError,                    //错误代码
    LPTSTR lpszErrorText,              //指向错误内容字串的指针
    UINT cchErrorText                  //错误内容的缓冲区容量
);
```

下面通过一个实例来学习音频函数的应用。

【例 12-2】 编写一个音频播放器程序,可以选择音频文件,并控制其播放、暂停播放、暂停后的继续播放以及停止播放的功能。

编写该程序的具体步骤如下:

(1) 创建一个基于对话框的工程文件,名为 MCIPlayer。

(2) 编辑对话框界面,保留"确定"按钮,删除对话框中原来的东西。增加六个按钮,按钮的 Caption 分别为(括号中为按钮的 ID):"打开音频文件"(IDC_OPEN_BUTTON)、"关闭音频文件"(IDC_CLOSE_BUTTON)、"播放"(IDC_START_BUTTON)、"暂停/继续"(IDC_PAUSE_BUTTON)、"停止"(IDC_STOP_BUTTON)和"退出"(IDC_EXIT_BUTTON),如图 12-2 所示。

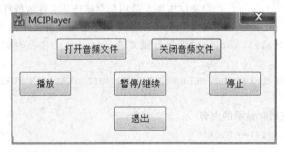

图 12-2 界面布局

(3) 将头文件 mmsystem.h 加入到文件 Stdafx.h 中,将多媒体函数库 winmm.lib 通过选择"项目"菜单中的 MCIPlayer 菜单项,在打开的"属性"对话框中窗口中选择"配置属性"|"链接器"|"输入",在"附加依赖项"的编辑框中输入 winmm.lib。

(4) 在 CMCIPlayerDlg 类上增加 Protected 类型的成员变量，具体如下：

```
BOOL m_PSign(作为判断正在播放的标识)
BOOL m_ASign(作为判断正在暂停的标识)、
DWORD dwError(用来储存错误代码)、
MCIDEVICEID m_MCIDeviceID(用来储存打开设备的 ID 值)
Char szErrorBuf[MAXERRORLENGTH](用来储存出错内容)
```

(5) 代码编写。

建立初始化标识，由于初始时的播放状态、暂停状态以及设备的状态均未能处于激活状态，因此，全部初始化为 FALSE 状态，这个初始化操作在 OnInitDialog() 函数中完成，如下所示：

```
BOOL CMCIPlayerDlg::OnInitDialog()
{
    CDialog::OnInitDialog();
    …
    //TODO: Add extra initialization here
        m_PSign=FALSE;                          //初始化正在播放标识
        m_ASign=FALSE;                          //初始化正在暂停标识
        m_MCIDeviceID=0;                        //初始化设备标识
    return TRUE;                   //return TRUE unless you set the focus to a control
}
```

分别双击各个按钮创建相应的处理函数，代码如下：

```
void CMCIPlayerDlg::OnOpenButton()               //打开一个文件
{
    //TODO：在此添加控件通知处理程序代码
    CString filename;           //定义 CString 类的 filename 用来存储文件名
    CString fileext;            //定义 CString 类的 fileext 用来存储文件扩展名
    MCI_OPEN_PARMS mciOpenParms;
                    //定义结构体变量用来存储打开文件的信息和返回的设备标识信息
    DWORD dwError;        //定义 dwError 用来储存返回的错误标识
    static TCHAR szFilter[]=L"波形音频文件(*.wav)|*.wav|MIDI序列(*.mid)|*.mid\0";
    CFileDialog dlg (TRUE, NULL, NULL, OFN_HIDEREADONLY | OFN_OVERWRITEPROMPT,
     szFilter);
    //通过打开按钮时显示的内容
    if(dlg.DoModal()==IDOK)
    {
        filename=dlg.GetFileName();             //获取打开的文件名
        fileext=dlg.GetFileExt();               //获取打开的文件扩展名
        if(m_PSign)                             //如果程序正在播放,则关闭
        {
            dwError=mciSendCommand(m_MCIDeviceID,MCI_CLOSE,0,NULL);
```

```cpp
                                            //关闭正在播放的声音
            if(dwError)                     //如果关闭不成功,则显示出错的原因
            {   if(mciGetErrorString(dwError,(LPTSTR)szErrorBuf,MAXERRORLENGTH))
                MessageBox(szErrorBuf,L"MCI 出错",MB_ICONWARNING);
                else
                    MessageBox(L"不明错误标识",L"MCI 出错",MB_ICONWARNING);
                                            //给出相应报告
                return;
            }
        }
        //如果没有声音正在播放,则获取打开文件的后缀,并根据后缀决定相应的打开类型
        if(!_tcscmp(L"wav",fileext))        //当后缀为 wav 时
            mciOpenParms.lpstrDeviceType=L"waveaudio";
        else if(!_tcscmp(L"mid",fileext))   //当后缀为 mid 时
            mciOpenParms.lpstrDeviceType=L"sequencer";
        mciOpenParms.lpstrElementName=filename;
                            //将打开的文件名存入 mciOpenParms 结构体中
        dwError=mciSendCommand(0,MCI_OPEN,MCI_OPEN_TYPE|MCI_OPEN_ELEMENT,
         (DWORD)(LPVOID)&mciOpenParms);
        //发送打开文件命令,MCI_OPEN_TYPE 参数说明设备类型名包含在 mciOpenParms 结
        //构体中
        //MCI_OPEN_ELEMENT 参数说明要打开的文件名包含在 mciOpenParams 结构体中
        if(dwError)                         //如果打开不成功,则显示出错的原因
        {
            if(mciGetErrorString(dwError,(LPTSTR)szErrorBuf,MAXERRORLENGTH))
                MessageBox(szErrorBuf,L"MCI 出错",MB_ICONWARNING);
            else
                MessageBox(L"不明错误标识",L"MCI 出错",MB_ICONWARNING);
            return;
        }
        m_MCIDeviceID=mciOpenParms.wDeviceID;
                            //将获取的设备 ID 值赋给全局变量 m_MCIDeviceID
        m_PSign=FALSE;      //设置正在播放标识为 FALSE
        m_ASign=FALSE;      //设置正在暂停标识为 FALSE
    }
}
void CMCIPlayerDlg::OnBnClickedPlayButton()
{
    //TODO:在此添加控件通知处理程序代码
    MCI_PLAY_PARMS mciPlayParms;
                            //定义 MCI_PLAY_PARMS 结构体变量用来存储播放相关信息
    if(!m_PSign)            //如果没有正在播放的声音
    {
        mciPlayParms.dwCallback=(long)GetSafeHwnd();
                            //为发送 MM_MCINOTIFY 消息指定窗口句柄
```

```cpp
        mciPlayParms.dwFrom=0;                    //设置播放位置为0(即从头开始播放)
    dwError=mciSendCommand(m_MCIDeviceID,MCI_PLAY,MCI_FROM|MCI_NOTIFY,(DWORD)
    (LPVOID)&mciPlayParms);
        //开始播放声音,参数 MCI_FROM 说明开始播放的位置包含在 mciPlayParms 结构体中
        //参数 MCI_NOTIFY 的意义是播放完后发送 MM_MCINOTIFY 消息
        if(dwError)
        {
            if(mciGetErrorString(dwError,(LPTSTR)szErrorBuf,MAXERRORLENGTH))
                MessageBox(szErrorBuf,L"MCI 出错",MB_ICONWARNING);
            else
                MessageBox(L"不明错误标识",L"MCI 出错",MB_ICONWARNING);
            return;
        }
        m_PSign=TRUE;                             //设置正在播放标识为 TRUE
    }
}
void CMCIPlayerDlg::OnBnClickedPauseButton()
{
    //TODO:在此添加控件通知处理程序代码
    if(m_PSign)                                   //如果有正在播放的声音
    {
        if(!m_ASign)                              //如果不是暂停状态
        {
            dwError=mciSendCommand(m_MCIDeviceID,MCI_PAUSE,0,NULL);
                                                  //则暂停播放
            if(dwError)
            {
                if(mciGetErrorString(dwError,(LPTSTR)szErrorBuf,MAXERRORLENGTH))
                    MessageBox(szErrorBuf,L"MCI 出错",MB_ICONWARNING);
                else
                    MessageBox(L"不明错误标识",L"MCI 出错",MB_ICONWARNING);
                return;
            }
            m_ASign=TRUE;                         //设置正在暂停标识为 TRUE
        }
        else                                      //如果已经是暂停状态
        {
            dwError=mciSendCommand(m_MCIDeviceID,MCI_RESUME,0,NULL);
                                                  //则继续播放
            if(dwError)
            {
                if(mciGetErrorString(dwError,(LPTSTR)szErrorBuf,MAXERRORLENGTH))
                    MessageBox(szErrorBuf,L"MCI 出错",MB_ICONWARNING);
                else MessageBox(L"不明错误标识",L"MCI 出错",MB_ICONWARNING);
                return;
            }
```

```cpp
            m_ASign=FALSE;                                //设置正在暂停标识为FALSE
        }
    }
}
void CMCIPlayerDlg::OnBnClickedStopButton()
{
    //TODO: 在此添加控件通知处理程序代码
    dwError=mciSendCommand(m_MCIDeviceID,MCI_STOP,MCI_WAIT,NULL);
    //发送停止命令消息,参数MCI_WAIT说明当命令执行结束后函数才返回值
    if(dwError)
    {
        if(mciGetErrorString(dwError,(LPTSTR)szErrorBuf,MAXERRORLENGTH))
            MessageBox(szErrorBuf,L"MCI 出错",MB_ICONWARNING);
        else
            MessageBox(L"不明错误标识",L"MCI 出错",MB_ICONWARNING);
        return;
    }
    m_PSign=FALSE;                                //设置正在播放标识为FALSE
    m_ASign=FALSE;                                //设置正在暂停标识为FALSE
    MessageBox(L"如要播放新的文件,请在打开前先关闭现有文件",L"注意",MB_ICONQUESTION);
    //提请用户注意先关闭现有文件
}
void CMCIPlayerDlg::OnBnClickedStopButton()
{
    //TODO: 在此添加控件通知处理程序代码
    dwError=mciSendCommand(m_MCIDeviceID,MCI_STOP,MCI_WAIT,NULL);
    //发送停止命令消息,参数MCI_WAIT说明当命令执行结束后函数才返回值
    if(dwError)
    {
        if(mciGetErrorString(dwError,(LPTSTR)szErrorBuf,MAXERRORLENGTH))
            MessageBox(szErrorBuf,L"MCI 出错",MB_ICONWARNING);
        else
            MessageBox(L"不明错误标识",L"MCI 出错",MB_ICONWARNING);
        return;
    }
    m_PSign=FALSE;                                //设置正在播放标识为FALSE
    m_ASign=FALSE;                                //设置正在暂停标识为FALSE
    MessageBox(L"如要播放新的文件,请在打开前先关闭现有文件",L"注意",MB_ICONQUESTION);
    //提请用户注意先关闭现有文件
}
void CMCIPlayerDlg::OnBnClickedExitButton()
{
    //TODO: 在此添加控件通知处理程序代码
```

```
    OnBnClickedStopButton();              //先执行关闭文件的操作
    CDialog::OnOK();                      //关闭窗口
```

手动加入 MM_MCINOTIFY 消息的处理函数。首先在文件 MCIPlayerDlg.h 中的函数 class CMCIPlayerDlg : public CDialog() 的"//}} AFX_MSG"和"DECLARE_MESSAGE_MAP()"语句之间加入如下代码：

```
afx_msg LRESULT MciNotify(WPARAM wParam,LPARAM lParam);
```

其次，在 MCIPlayerDlg.cpp 文件中的消息映射入口处加入如下代码：

```
ON_MESSAGE(MM_MCINOTIFY,MciNotify);
```

样式如下：

```
BEGIN_MESSAGE_MAP(CMCIPlayerDlg,CDialog)
    //{{AFX_MSG_MAP(CMCIPlayerDlg)
    ON_WM_SYSCOMMAND()
    ON_WM_PAINT()
    ON_WM_QUERYDRAGICON()
    ON_BN_CLICKED(IDC_OPEN_BUTTON,OnOpenButton)
    ON_BN_CLICKED(IDC_START_BUTTON,OnStartButton)
    ON_BN_CLICKED(IDC_PAUSE_BUTTON,OnPauseButton)
    ON_BN_CLICKED(IDC_STOP_BUTTON,OnStopButton)
    ON_BN_CLICKED(IDC_CLOSE_BUTTON,OnCloseButton)
    //}}AFX_MSG_MAP
    ON_MESSAGE(MM_MCINOTIFY,MciNotify)
END_MESSAGE_MAP()
```

最后再将函数 McINotify 加入应用程序中，具体如下：

```
LRESULT CMCIPlayerDlg::MciNotify(WPARAM wParam,LPARAM lParam)
{
    if(wParam==MCI_NOTIFY_SUCCESSFUL)     //成功播放完成后重置标识
    {
        m_PSign=FALSE;                    //设置正在播放标识为 FALSE
        m_ASign=FALSE;                    //设置正在暂停标识为 FALSE
        return 0;
    }
    return-1;                             //否则返回错误
}
```

12.2 利用 Windows Media Player 控件实现多媒体程序设计

对于简单的应用，可以采用 Windows Media Player 控件来完成该任务。下面举例说明 Windows Media Player 控件的应用。

【例 12-3】 编写应用程序，使得用户可以分别选择视频和音频文件来播放或者分别播放。

首先使用应用程序向导建立一个基于对话框的应用程序，项目名称为 PlayMedia。

在资源视图中使对话框处于编辑状态下，单击鼠标右键，从快捷菜单中选择"插入 ActiveX 控件"，从弹出的对话框的列表中选择 Windows Media Play，如图 12-3 所示。调整对话框中的 ActiveX 控件大小和位置如图 12-4 所示。

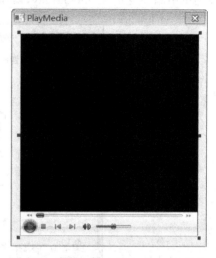

图 12-3 插入 ActiveX 控件　　　　图 12-4 在对话框上放入 ActiveX 控件

接下来要在应用程序中加入支持播放视频/音频的类。从"项目"|"添加类"|"ActiveX 控件中的 MFC 类"，单击"添加"按钮，出现图 12-5 的对话框。添加类的来源选

图 12-5 添加 ActiveX 控件类向导

择"文件",文件的绝对位置是 c:\windows\system32\wmp.dll。紧接着"接口"列表中的 CWMPPlayer4 添加到"生成的类"的列表框中,单击"完成"。

接下来在 PlayMediaDlg.h 文件的头部加入

```
#include "CWMPPlayer4.h"
```

回到资源视图中的对话框的编辑状态下,从添加的 Windows Media Play 的控件的快捷菜单中添加变量 m_mediaPlay,操作如图 12-6 所示。

图 12-6 为 Windows Media Play 控件添加变量 m_mediaPlay

为 Windows Media Play 控件添加一个鼠标双击事件处理程序,当程序运行时,在双击 Windows Media Play 控件时,出现一个选择视频/音频文件的文件对话框,选择正确格式的文件时,Windows Media Play 就会播放文件。鼠标双击事件的代码如下:

```
void CPlayMediaDlg::DoubleClickOcx1(short nButton,short nShiftState,long fX,
long fY)
{
    CFileDialog dlg(TRUE,NULL,L"*.*",OFN_FILEMUSTEXIST,
    L"ActiveStreamingFormat(*.asf)|*.asf|"
    L"AudioVideoInterleaveFormat(*.avi)|*.avi|"
    L"RealAudio/RealVideo(*.rm)|*.rm|"
    L"WaveAudio(*.wav)|*.wav|"
    L"MIDIFile(*.mid)|*.mid|"
    L"所有文件(*.*)|*.*||");
if(dlg.DoModal()==IDOK)
    {
    m_mediaPlay.put_URL(dlg.GetPathName());     //传递媒体文件到播放器,并开始播放
    }
```

}

编译运行程序后,双击 Windows Media Play 控件选择文件后,界面如图 12-7 所示。

图 12-7 使用 Windows Media Play 控件的程序运行结果

12.3 常见格式图片的显示

Windows 程序中经常要显示各种图片,对于普通的 BMP、DIB 等位图格式文件,GDI 的 LoadImage、LoadBitmap 函数已经提供了支持,但是对于网页中常见的 PNP、JPG、GIF 以及矢量格式的 WMF 图片,Visual C++ 自带了一个实现这个功能的函数——OleLoadPicture。但是由于 MSDN 中只提到该函数支持 BMP、ICO、WMF 格式,因此该函数经常被大家忽视,这里将介绍如何使用该函数来显示各种格式的图片。

【例 12-4】 使用 AppWizard 创建 MFC SDI 应用程序,用来装载并显示图片。

为此,我们可以创建一个工程文件,名称为 ImageViewer。为显示图片,为 CImageViewerView 添加成员 m_pPicture 以装载图形,并定义载入图片的函数的声明:

```
LPPICTURE m_pPicture;
private: void LoadPicture(CString strFile);
```

接下来为 m_pPicture 成员添加初始化和释放的代码:

```
CImageViewerView::CImageViewerView()
{
    m_pPicture=NULL;
}
CImageViewerView::~CImageViewerView()
{
    if(m_pPicture)
```

```
    m_pPicture->Release();
}
```

为实现打开文件,我们添加"操作 &O"菜单,并增加菜单项"载入图片",其 ID 为 ID_OPER_OPEN,然后通过 ClassWizard 映射消息响应函数,代码如下:

```
void CImageViewerView::OnOperOpen()
{
    TCHAR szFile[MAX_PATH];                              //保存文件名的缓冲
    ZeroMemory(szFile,MAX_PATH);                         //初始化该缓冲
    OPENFILENAME ofn;                                    //打开文件的关键结构
    ZeroMemory(&ofn,sizeof(OPENFILENAME));               //初始化该结构
    ofn.lStructSize=sizeof(OPENFILENAME);                //设置该结构的大小
    //设置属性:文件必须存在、路径必须存在、隐藏只读文件
    ofn.Flags=OFN_FILEMUSTEXIST|OFN_PATHMUSTEXIST|OFN_HIDEREADONLY;
    ofn.hwndOwner=m_hWnd;                                //设置该文件框的父窗口
    ofn.lpstrFilter=_T("Supported Files Types(*.bmp;*.gif;*.jpg;*.ico;*.
                    emf;*.wmf)\0
                    *.bmp;*.gif;*.jpg;*.ico;*.emf;*.wmf\0Bitmaps(*.
                    bmp)\0*.bmp\0
                    GIF Files(*.gif)\0*.gif\0JPEG Files(*.jpg)\0*.jpg\
                    0Icons(*.ico)\0*.ico\0
                    Enhanced Metafiles(*.emf)\0*.emf\0Windows Metafiles(*.
                    wmf)\0*.wmf\0\0");                   //设置支持的文件扩展名
    ofn.lpstrTitle=_T("选择图片");                        //对话框标题
    ofn.lpstrFile=szFile;                                //设置返回文件名的缓冲
    ofn.nMaxFile=MAX_PATH;                               //设置缓冲的长度
    if(IDOK==GetOpenFileName(&ofn))                      //调用对话框
        LoadPicture(szFile);                             //载入该文件
}
```

下面实现关键函数——LoadPicture:

```
void CImageViewerView::LoadPicture(CString strFile)
{
    HANDLE hFile=CreateFile(strFile,GENERIC_READ,0,NULL,OPEN_EXISTING,0,
    NULL);//打开文件
    _ASSERTE(INVALID_HANDLE_VALUE !=hFile);
    DWORD dwFileSize=GetFileSize(hFile,NULL);            //获得文件大小
    _ASSERTE(-1 !=dwFileSize);
    LPVOID pvData=NULL;
    HGLOBAL hGlobal=GlobalAlloc(GMEM_MOVEABLE,dwFileSize);
                                                         //分配全局内存,获得内存句柄
    _ASSERTE(NULL !=hGlobal);
    pvData=GlobalLock(hGlobal);                          //锁定内存,获得内存指针
    _ASSERTE(NULL !=pvData);
```

```cpp
    DWORD dwBytesRead=0;
    BOOL bRead=ReadFile(hFile,pvData,dwFileSize,&dwBytesRead,NULL);
                                                            //读取文件
    _ASSERTE(FALSE!=bRead);
    GlobalUnlock(hGlobal);
    CloseHandle(hFile);
    LPSTREAM pstm=NULL;
    HRESULT hr=CreateStreamOnHGlobal(hGlobal,TRUE,&pstm);
                                                //从内存数据创建 IStream *
    _ASSERTE(SUCCEEDED(hr)&& pstm);
    if(m_pPicture)                              //创建 IPicture
        m_pPicture->Release();
    //从 IStream 接口中载入图片到 IPicture 中
    hr=::OleLoadPicture(pstm,dwFileSize,FALSE,IID_IPicture,(LPVOID*)&m_pPicture);
    _ASSERTE(SUCCEEDED(hr)&& m_pPicture);
    pstm->Release();                            //释放 IStream 接口
    Invalidate();                               //强制重新绘制窗口
}
```

通过以上调用,我们的程序已经将位图文件成功载入到 m_pPicture 变量中了。下面就是显示的步骤,与一般的绘图程序类似,显示代码也是在 OnDraw 中完成。

```cpp
#define HIMETRIC_INCH   2540
void CImageViewerView::OnDraw(CDC* pDC)
{
    CImageViewerDoc* pDoc=GetDocument();
    ASSERT_VALID(pDoc);
    //TODO: add draw code for native data here
    if(m_pPicture)
    {
        long hmWidth;
        long hmHeight;
        m_pPicture->get_Width(&hmWidth);
        m_pPicture->get_Height(&hmHeight);
        //convert himetric to pixels
        int nWidth=MulDiv(hmWidth,GetDeviceCaps(pDC->GetSafeHdc(),
            LOGPIXELSX),HIMETRIC_INCH);
        int nHeight=MulDiv(hmHeight,GetDeviceCaps(pDC->GetSafeHdc(),
            LOGPIXELSY),HIMETRIC_INCH);
        CRect rc;
        GetClientRect(&rc);
        //display picture using IPicture::Render
        m_pPicture->Render(pDC->GetSafeHdc(),0,0,nWidth,nHeight,0,hmHeight,
            hmWidth,-hmHeight,&rc);
    }
```

}

至此，程序已经完成显示图片的功能了。但是很多时候，我们显示的图片的大小并不令人满意，因此需要缩放显示，下面通过实例介绍缩放显示程序的编写。

【例 12-5】 在例 12-4 的基础上对所载入的图片进行 50% 压缩显示。

为解决压缩问题，我们在菜单里添加菜单项"压缩 50%"，其 ID 为 ID_OPER_SIZE，为了控制显示模式，为 View 类添加一个控制变量：

```
BOOL m_bScale;
```

在 View 的实现中添加对该变量的初始化，以及对应菜单项的处理：

```
CImageViewerView::CImageViewerView()
{
    m_pPicture=NULL;
    m_bScale=FALSE;
}
void CImageViewerView::OnOperSize()
{
    m_bScale=TRUE;
    Invalidate();
}
void CImageViewerView::OnUpdateOperSize(CCmdUI * pCmdUI)
{
    pCmdUI->SetCheck(m_bScale);
}
```

下面需要实现显示函数，GDI 提供的 StretchBlt 可以实现图片的缩放显示，这里便是通过该函数来显示。请读者在上例的 OnDraw 函数的最后一行前面加入如下斜体代码的内容：

```
if(m_pPicture)
{
    long hmWidth;
    long hmHeight;
    m_pPicture->get_Width(&hmWidth);
    m_pPicture->get_Height(&hmHeight);
    //convert himetric to pixels
    int nWidth=MulDiv(hmWidth,GetDeviceCaps(pDC->GetSafeHdc(),LOGPIXELSX),
    HIMETRIC_INCH);
    int nHeight=MulDiv(hmHeight,GetDeviceCaps(pDC->GetSafeHdc(),LOGPIXELSY),
    HIMETRIC_INCH);
    CRect rc;
    GetClientRect(&rc);
    if(m_bScale)                                        //缩放
    {
```

```
    CDC memdc;                                          //创建内存DC
    memdc.CreateCompatibleDC(pDC);
    CBitmap bmp;                                        //创建位图
    bmp.CreateCompatibleBitmap(pDC,nWidth,nHeight);
    memdc.SelectObject(bmp);                            //将位图选入内存DC

    m_pPicture->Render(memdc.GetSafeHdc(),0,0,nWidth,nHeight,
     0,hmHeight,hmWidth,-hmHeight,&rc);    //将图片以原始尺寸绘制到内存DC中
     pDC->StretchBlt(0,0,nWidth/2,nHeight/2,&memdc,0,0,nWidth,nHeight,
     SRCCOPY);
                                           //从内存DC缩放拷贝到显示DC
}
else
//display picture using IPicture::Render,原始尺寸显示
m_pPicture->Render(pDC->GetSafeHdc(),0,0,nWidth,nHeight,0,hmHeight,
 hmWidth,-hmHeight,&rc);
}
```

12.4 小结

本章介绍了多媒体程序设计中常用的音频和视频应用程序的设计以及常用的图形显示方法,使读者初步掌握编写多媒体程序的基本方法和步骤。

12.5 练习

12-1 多媒体程序设计中常见的音频函数有哪些?
12-2 如何在多媒体程序设计中加载图形?
12-3 编写一个应用程序,能够播放音频和视频文件,能够暂停播放和继续播放。
12-4 编写一个应用程序,实现简单的图像处理。

第 13 章

数据库应用程序的开发

数据库技术是 IT 业中非常重要的应用,自 60 年代以来,一直活跃在数据处理的领域,至今已经有了很大的发展,已经成为计算机技术的一个重要分支。

对于数据管理,没有数据库技术之前,大家可能需要把数据记录在纸介质上,这样查找数据的效率就很低,安全性能差。现在有了数据库技术的支持,我们就可以非常方便的建立起自己的数据库,并进行管理和操作。

数据处理是个热门话题,现行的数据处理方法有很多,由于本教材的定位是 Visual C++ 的程序设计技术,因此不在这里介绍数据库的原理和概念,只介绍我们编程过程中可能涉及的一些相关概念与操作。关于数据库的详细内容,有兴趣的读者请参见有关参考资料。

13.1 有关数据库的基础知识

现行的数据库模型主要有四种:层次模型,网状模型,关系模型,面向对象模型。现在最流行的数据库软件都是关系模型,最有希望的模型就是面向对象模型。现有的数据库软件有很多,如大型数据库 Oracle、SQL Server,小数据库 Access 等,都支持关系模型。至于数据库系统的选择完全看用户的需求了。

Visual C++ 从 4.0 版本开始就引进了对数据库的支持,而且在随后的版本中逐步丰富了多种方法,如 ODBC、ADO 和 DAO 等,本章将针对 ODBC 在数据库中的编程进行介绍。

13.2 ODBC 介绍和引用

13.2.1 ODBC 简介

Microsoft 对于数据库的支持是多方面的,为了适应这种需求,Microsoft 推出了开放数据库互连技术(Open Database Connectivity),简称 ODBC。它包含访问不同数据库所要求的 ODBC 驱动程序。只要调用 ODBC 所支持的函数,动态链接到不同的驱动程序上即可。随着 ODBC 技术的推出,许多开发工具软件都把 ODBC 技术集成到自己的软件中,如 Visual Basic、Visual C++、Power Builder 等等。

一个基于 ODBC 的应用程序对数据库的操作不依赖任何 DBMS,不直接与 DBMS 打交道,所有的数据库操作由对应的 DBMS 的 ODBC 驱动程序完成。也就是说,不论是 Oracle、SQL Server 还是 Access 数据库,均可用 ODBC API 进行访问。由此可见,ODBC 的最大优点是能以统一的方式处理所有的数据库。在 Visual C++ 中也是一样,从 ODBC API 到 ODBC 的 MFC 类,还有 ADO,OLE DB 支持,这都是微软对于数据前台工具开发的支持,再加上 Visual C++ 的界面处理,可以非常轻松的编写出数据库前端处理软件。读者在下面的学习中可以体会到这一点。

ODBC 数据源控制台就是 Windows 系统管理数据源的控制台,所有的数据库驱动,以及数据源登记都要在此发布,并向系统发出请求。通过使用 ODBC API 和 MFC ODBC 类,可以访问任何数据资源,无论这个数据源是本地的,还是远程的。只要应用程序的用户的终端机器上面有 ODBC 的驱动,都可以访问任何地方的数据源。

ODBC 是一种接口,它是通过相应的各个数据库的 ODBC 驱动来访问各种数据库中的数据。使用 ODBC,能够使应用程序独立于数据库的硬件环境,ODBC 提供的 API 函数独立于数据库管理系统。

ODBC 是 Microsoft 的 Windows 系统下的数据库服务的一部分。它是由下面几个部分构成的:

- ODBC API:包含在一个动态库中的函数集合、一个错误代码的集合、一个标准的 SQL 语句集合,用来调用 DBMS 中的数据。
- ODBC Driver Manager:一个动态库文件(ODBC32.dll)来加载 ODBC 驱动,这个 DLL 对用户的应用程序是透明的。
- ODBC database drivers:由一个或是多个 DLL 构成,其中含有 ODBC API,这些 DLL 由其拥有者 DBMS 调用。
- ODBC Cursor Library:这也是一个动态连接库文件。
- ODBC Administrator:这是一个 ODBC 控制台,用来管理不同的数据源。

应用程序正是通过 ODBC 驱动来保证其独立于不同的 DBMS 系统。否则应用程序需要直接与 DBMS 系统打交道,这将是很麻烦的,当应用程序还要运行于不同的 DBMS 下的时候,还要考虑兼容性问题。这些 ODBC 驱动做的事情,简单的一句话就是将应用程序的调用翻译为 DBMS 系统能够理解的命令。

有一点是很重要的,这就是:ODBC 是用来释放数据库的能力的,而不是这些数据库的补充。因此,读者不要希望使用 ODBC 会使一个简单的数据库马上变成一个标准的关系数据库引擎。它只是一个桥梁,将访问数据库的鸿沟给掩盖了,使得开发人员不必了解太多的 DBMS 的特征。

13.2.2 MFC 对 ODBC 的封装

MFC 中对于数据库的封装是完善的,它将数据库的读、写和删除,加入以及生成新的表单都封装到几个类中了,用户可以像用类库一样来操作数据,这样就隐藏了烦琐的底层的数据操作,大大减轻了程序员的工作量,并且能够将精力放在界面的处理上。

图 13-1 是一个用 MFC 开发的 32 位的应用程序,它是通过 ODBC32.dll 来访问不同的 32 位数据库驱动,然后才得到数据源。然而使用了 MFC 的数据库类后,我们可以不

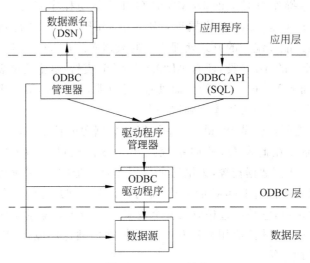

图 13-1 ODBC 结构

必关心底层的运作,因为 MFC 自动将它完成了。一般 ODBC32.dll 由 Windows 系统给出,驱动和数据源由相应的数据库给出。

13.2.3 如何访问数据库

在运行访问数据库的前台软件之前,要在控制面板上的 ODBC 数据源控制台中注册一下。为方便起见,假如使用 Access 数据库,读者可以根据以下步骤访问 Access 数据库。

1. 建立 ODBC 数据源

打开 ODBC 控制台,如图 13-2 所示,选择"系统 DSN",然后单击"添加"按钮,在弹出的"创建新数据源"对话框(如图 13-3 所示)中选择 Microsoft Access Driver(*.mdb)就可以完成了。

图 13-2 ODBC 数据库管理器

图 13-3　创建新的数据源

2. 连接数据源

要想访问数据源中的数据,首先就要进行对数据源的连接,因此,程序必须建立一个数据源的连接。这些连接都封装到了 CDatabase 类中,一旦 CDatabase 建立了对数据源的连接,用户就可以完成对数据的读取、修改、更新和处理。连接一个数据源后读者就可以做以下的工作:

- 构造 CRecordset 派生类的对象,并从相应的数据库中读出相应的选择记录,将它们保存在 CRecordset 派生类中。
- 管理事务。
- 或是直接执行 SQL 语句。

要想正确使用 CDatabase 类,必须在控制面板的 ODBC32 数据源控制台里面正确注册。在同一个应用程序中,可以有多个数据源,相应的对应多个 CDatabase 对象,也可以使用多个 CDatabase 对象来连接同一个数据源。

3. 选择和处理记录

在数据库操作中可以使用标准 SQL 语句,如 SELECT,从数据源中选取出一个数据库,或是一些数据库的集合。在 MFC 中,这些数据库就封装在 CRecordset 对象中,CRecordset 类一般要派生出一个新的子类,来对应相应的数据库,因为在 CRecordset 派生类中的数据就对应着相应的数据库中的相应的行(也称为记录)。使用类向导或是应用程序向导都会自动的创建到指定的数据源的连接,用户需要重载 CRecordset 类中的 GetDefaultSQL 函数来返回使用的表的名字。

一般 CRecordset 对象要完成这样一些的任务:
- 查看当前的记录的数据域。
- 对数据库的数据进行处理。
- 定制默认的 SQL 语句,以便在默认的时候,程序知道执行什么动作。

- 在数据库中移动记录指针。
- 增加、删除和更新数据源。

一旦不需要某个数据库的相应的 CRecordset 对象的时候，就要将它释放掉，回收其占用的系统资源。

4．数据库应用程序中的文档和视图

文档、视图和数据库有很密切的关系，它关系到程序的设计结构。MFC 的应用程序大多是采用视图文档的结构，典型的结构就是：视图负责显示数据，文档对象（有多个）用来存取不同的数据，同时视图还负责和文档的数据交换和更新。但是有时候这样的结构是多余的，比如当只操作一个数据源中的一个数据库时。

如果你不需要文档的存取功能，即无串行化功能，选择 AppWizard database 选项"不支持文件的数据库视图"（如图 13-4 所示），这种文档可以方便地存放 CRecordset 的派生类。这样的方式类似于 Visual C++ 中提到的文档——视图结构，就是视图负责显示，文档负责存放数据。

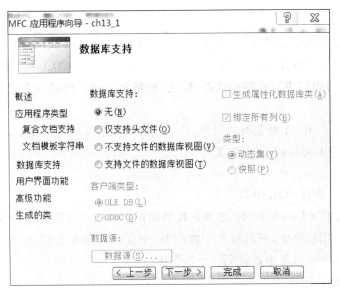

图 13-4　选择数据库支持

当需要与文档相关的功能，比如串行化的功能，要在图 13-4 中选择"支持文件的数据库视图"。

在应用程序中，如果用户所面对的始终是一个完整的数据源文件，这时最好要文档；如果应用程序操作的是数据源中的一条记录，用户只是与一条记录打交道，则可以不必要用文档的操作。

有的时候需要多个视图显示一个数据源，这时就需要一个文档类来简单地记录数据源的记录，然后管理多个视图。

有的时候应用程序只是需要在后台运行，不需要界面显示，完全可以将数据库的读取放在应用程序的主应用框架中去。当然这样的话,在编程调试的时候较为麻烦。

13.2.4 在数据库应用程序中常用的几个类

许多的数据访问程序都是使用表单(FORM)来访问并显示所选取的数据,在 MFC 中有一个从 CFormView 派生出来的类 CRecordView,可以用来显示和操纵数据,CRecordView 使用 DDX (动态数据交换)机制来完成对当前的控件值和数据库中的表的交换。相应的,CRecordset 对象数据成员是使用 RFX(记录域交换)和数据源中的表中的数据进行交换。图 13-5 是 CRecordView 类在 MFC 类库中的层次位置。

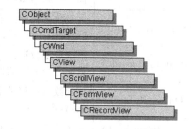

图 13-5 CRecordView 类在 MFC 类库中的层次位置

利用应用程序向导或者类向导,可以方便地将 CRecordView 类和相应的数据库中的表联系上。

1. CRecordView 类

这个类在头文件 afxdb.h 中定义。一个 CRecordView 对象就是用一个视图中的控件来显示数据库中的记录。这个视图对象直接连接到一个数据源中的数据库。这个视图是由对话框模板生成的。CRecordView 类使用了动态数据交换(DDX)和数据库交换(RFX),在视图上的控件和数据源中的数据库中进行数据交换。同样,CRecordView 类支持默认的游标(即指向当前记录的指针)功能,能够跳到数据库头,跳到数据库末,或是记录尾,或是向前移动一个,向后移动一个;同样还留有一个接口用来更新数据源的数据。

最方便的生成数据库的视图的方法就是使用应用程序向导。应用程序向导不但生成相应于数据库的视图类 CRecordView,还生成相应的数据库类 CRecordset,将它和相应的数据源关联,并将它放入到应用程序的框架中去。也可以在开发过程中通过类向导生成一个数据库的视图类(CRecordView)和一个数据库的类(CRecordset),这将会在处理数据源的时候有更多的灵活性,对于同一个数据库,可以用多个视图来显示。

为了使用户能够在视图中从一个记录跳到另外的记录,应用程序向导使用菜单还有工具栏来控制游标的位置。让用户方便地在数据库中移动游标。如果是用类向导生成的一个 CRecordView 类和一个 CRecordset 类,那用户就需要自己手动来加入菜单资源和工具栏,并且将它们和游标关联起来。

CRecordView 类的成员函数如表 13-1 所示。

从 CRecordView 类派生一个子类时,要调用构造函数来初始化子类,必须给出与子类相关联的对话框模板资源的名字或是 ID,建议使用 ID 标识来传递对话框模板信息。派生类中要自己动手实现子类的初始化工作。在子类构造函数里面,要有调用到父类中的构造函数 CRecordView::CRecordView 的语句。

表 13-1 CRecordView 类的成员函数

成员函数	功能
CRecordView()	CRecordView 类的构造函数,是个重载函数,有两个版本,一个版本的参数是指向一个对话框模板资源的名字的字符串;另外的一个版本的参数是一个对话框模板资源的 ID 号
OnInitialUpdate()	该函数会调用函数 UpdateData,UpdateData 将会调用函数 DoDataExchange,然后将与 CRecordView 子类关联的变量与相应的数据库的数据关联起来
IsOnFirstRecord()	该成员函数返回一个布尔值,当当前指向的记录是数据库中的第一个记录时,就返回一个非零的值,否则返回一个零值
IsOnLastRecord()	该函数返回值是个布尔值,如果当前的记录是数据库中最后的记录,就返回非零值,否则返回零值
OnGetRecordset()	该函数返回一个 CRecordset 类型的指针
OnMove()	调用该函数是为了在数据库中移动游标的位置,并且将记录显示在视图中的控件里面,如果移动成功,返回非零值,否则就返回零值,它经常与函数 throw (CDBException)合用,以便在函数调用失败后给出一个出错信息

值得注意的是,当用户将游标移出了数据库的最后一条记录,而 CRecordView 又没有检测到数据库的末端,那就有可能返回错误的值。所以要注意在移动到接近数据库结束地方的时候,要小心地检测。如果已经移出数据库的边界,马上又移回到最后一条记录,CRecordView 类会自动将向后移动一个记录的功能和移到最后一个记录的功能关闭掉。IsOnLastRecord 函数在调用了函数 OnRecordLast 后,或是 CRecordset::MoveLast 函数被调用后,返回值将是不可靠的值。

OnGetRecordset 是一个虚函数,如果一个 CRecordset 的派生类被成功构造,就返回一个指向其派生类的指针,否则就是一个空的指针。

OnMove 是一个虚函数,其参数下面的几个特定的值:

- ID_RECORD_FIRST:移动到数据库的第一个记录。
- ID_RECORD_LAST:移动到数据库的最后一个记录。
- ID_RECORD_NEXT:在数据库中向后移动一个记录。
- ID_RECORD_PREV:在数据库中向前移动一个记录。

在这个函数里面有一个默认的动作就是调用 CRecordset 类的 Move 函数来配合 CRecordView 的移动。默认情况是当用户在视图中修改数据后,OnMove 将用户的修改反映到数据源中去,进行数据源的修改。

【例 13-1】 创建一个数据库应用程序,可以显示 Access 数据库表中的记录,可以向前或向后移动一个记录,也可以跳到第一个记录或最后一个记录。如果已经达到了最后一个记录,用户仍然发出向后移动命令的时候。视图将一直显示最后一个记录的数据。如果已经到了数据库的最前面一个记录,用户仍然发出向前移动的命令,视图将只是显示数据库里面的第一个记录的数据。

下面介绍这个程序的编写步骤:

- 用应用程序向导来生成一个单文档的 ODBC 工程文件。
- 选中视图文档支持,然后在应用程序向导的第二步中选择数据支持的时候选择

"不支持文件的数据数据库视图"。
- 然后选择数据源,按下 Data Source 的按钮。出现如图 13-6 所示的对话框,在 ODBC 一项中选择 my_db(参照前述的创建 ODBC 数据源),然后单击"确定"按钮。

图 13-6　选择 Access 数据库

- 选择已经创建好的数据库 My_Access_db.mdb 表单,如图 13-7 所示,表单内容如图 13-8 所示。然后生成一个工程文件。

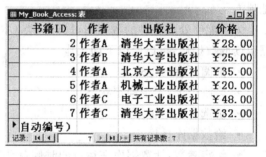

图 13-7　选择数据表　　　　图 13-8　My_Access_db.mdb 表单内容

在 Cch13_1View.cpp 的 DoDataExchange(CDataExchange * pDX)函数中加入如下代码,将对话框中的编辑框控件与数据库中的字段关联起来。

```
void Cch13_1View::DoDataExchange(CDataExchange * pDX)
{
    CRecordView::DoDataExchange(pDX);
    DDX_FieldText(pDX,IDC_EDIT1,m_pSet->m_ID,m_pSet);
    DDX_FieldText(pDX,IDC_EDIT2,m_pSet->column1,m_pSet);
    DDX_FieldText(pDX,IDC_EDIT3,m_pSet->column2,m_pSet);
    DDX_FieldText(pDX,IDC_EDIT4,m_pSet->column3,m_pSet);
}
```

编译后的运行结果如图 13-9 所示。

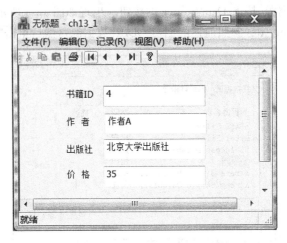

图 13-9　显示数据库数据的前台程序

2. CRecordset 类

CRecordset 类在 afxdb.h 中定义,用来表示从数据源读取出来的数据库。CRecordset 类使用两种典型的表：dynasets 和 snapshots。dynasets 表示动态保持数据库中的数据,将其他用户的修改随时反映过来。snapshots 是一个静态的数据库。每一个表都是一个从打开的数据源读取出来的,但是当用户在一个 dynasets 中翻阅记录时,会随时显示其他或自己对某个数据的修改,不论对这个数据的修改是在应用程序中或是其他地方。

为了能够处理各种的数据库,最好从类 CRecordset 派生出一个子类来。数据库从数据源读取数据后,可以做以下的工作：

- 翻阅所有的记录。
- 修改记录,设定锁定状态。
- 挑选有用的记录。
- 给数据库排序。
- 给定参数,让数据库在运行的时候自动选择数据。

为了使用户能够使用数据库,在打开一个数据源的时候,需要构造一个 CRecordset 类。然后调用 CRecordset 的 open 函数,可以在这个函数中设定将数据源读出来后是当成一个 dynasets 还是一个 snapshots。在调用 Open 函数从数据源中读取数据后,可以在 CRecordset 的派生类用它的成员函数来浏览记录和处理记录。操作的实现取决于数据库打开的方式是 dynaset 还是 snapshot,当然还要考虑数据源是否是可以修改的。为了使修改生效,要调用成员函数 Requery 来完成。在退出的时候要调用成员函数 Close 来关闭这个派生类。

在 CRecordset 的派生类中,使用 RFX 或 bulk record field exchange(Bulk RFX)来完成大容量的数据交换。下面简要介绍 CRecordset 类。表 13-2 是 CRecordset 类的成员。

表 13-2 CRecordset 类的成员

成员变量	说明
m_hstmt	包含描述 ODBC 数据源的句柄,在调用 Open 函数之前,该句柄无效
m_nFields	数据库的属性变量,它指示了从数据源读取的记录个数
m_nParams	用来指示 CRecordset 的派生类中的参数个数,默认值为 0
m_pDatabase	指向 CDatabase 的指针,是指向当前数据库打开的数据源
m_strFilter	在构造了 CRecordset 类后,在调用 Open 函数之前,使用这个变量来填写一个 CString 类型变量。它起的作用就如 SQL 语句的 WHERE 语句后面跟的条件
m_strSort	在构造了 CRecordset 类后,在调用 Open 函数之前,使用这个变量来填写一个 CString 的变量。它起的作用就如 SQL 语句的 ORDER BY 后面跟的条件语句

表 13-3 中,有两个函数要重点介绍一下,它们分别是 Open 函数和 Move 函数。

表 13-3 CRecordset 类的成员函数

成员函数	说明
Open	打开一个数据源,成功返回非零值,否则返回零值,一般都是与 throw 函数合用
Close	关闭一个 CRecordset 数据库
CanAppend	判断打开的数据源是否允许加入新的记录,若允许,返回非零值,否则返回零值
CanBookmark	判断数据源是否支持书签的功能,要是支持,返回值是非零值,否则返回零值
CanRestart	判断数据源是否支持重新执行查询语句,要是支持,就返回非零值,否则返回零值
CanScroll	判断数据源是否支持翻阅的功能,要是支持返回非零值,否则返回零值
CanTransact	判断数据源是否支持事务,要是支持,返回非零值,否则返回零值
CanUpdate	判断数据源是否能够更新。要是能够更新,就返回非零值,否则返回零值
GetRecordCount	用来数据库中的记录的个数,返回值就是记录的个数
GetStatus	用来得到数据源的状态,它是通过一个 CRecordsetStatus 类型的指针来返回的
GetTableName	用来得到一张表的名字,返回值就是指向表名的指针
GetSQL	用来得到一个 CString 的指针,包含一个 SQL 语句
IsOpen	判断数据源是否打开了,要是打开了,就返回非零值,否则为零值
IsBOF	判断数据库是否还有记录,若数据库为空,则返回非零值,否则为零值
IsEOF	判断是否到了最后一条记录,若到了最后一个记录,则返回非零值,否则为零值
IsDeleted	判断所指向的记录是否是一个被删除的记录,如果是,返回真值,否则为假
AddNew	加入一个新的记录,要调用 Update 函数才能将用户所修改的记录加到数据源中去
CancelUpdate	取消对数据源的修改动作,它要在调用 Update 函数之前,在调用了 AddNew 或 Edit 函数后,调用才有效

续表

成员函数	说明
Delete	删除当前指向的记录,当将游标移走后,被删除的记录无法恢复
Move	在数据库中移动记录指针,一般和 MoveNext、MovePrev、MoveFirst、CRecordset::MoveLast、SetBookmark、SetAbsolutePosition 函数合用
GetDefaultConnect	指向了一个默认连接的数据源
GetDefaultSQL	得到相应的默认的 SQL 语句
Requery	刷新数据库。为了让对数据库的修改可见,在显示记录之前,要调用 Requery 函数。若数据库是 snapshots,则必须调用函数来刷新,但 dynasets 数据库,则不用调用此函数。值得注意的是,在调用 Requery 函数之前要调用 Open 函数

(1) Open 函数的原型如下:

`virtual BOOL Open(UINT nOpenType,LPCTSTR lpszSQL,DWORD dwOptions);`

其中,nOpenType 用来指定数据源打开的方式:

- AFX_DB_USE_DEFAULT_TYPE 默认方式;
- dynaset 方式打开;
- snapshot 方式打开;
- dynamic 方式打开;
- forwardOnly 只能向前翻阅。

lpszSQL 是一个指向一句 SQL 语句的字符串的指针。

dwOptions 是用来指定打开数据的风格。

(2) Move 函数的原型如下:

`virtual void Move(long nRows,WORD wFetchType);`

其中,nRows 是所要移动的行数。wFetchType 是指定将要进行的动作,常用取值如表 13-4 所示。

表 13-4 Move 函数中 wfetchType 参数的常用取值

wfetchType	记录指针动作	相应的成员函数
SQL_FETCH_RELATIVE（默认值）	移动到离第一个记录距离的一定行数的记录上,行数由参数 nRows 指定	没有
SQL_FETCH_NEXT	移向下一个记录	MoveNext
SQL_FETCH_PRIOR	移向前一个记录	MovePrev
SQL_FETCH_FIRST	移向第一个记录	MoveFirst
SQL_FETCH_LAST	移向最后一个记录	MoveLast
SQL_FETCH_ABSOLUTE	若 nRows 大于零,则设置的位置为离开始有 nRows 行,若小于零,则设定的位置离最后有 nRows 行。若 nRows 为零,则返回一个 BOF 的条件	SetAbsolutePosition
SQL_FETCH_BOOKMARK	设定书签,位置由参数 nRows 指定	SetBookmark

3. CDatabase 类

CDatabase 在 afxdb.h 中定义。其对象是用来连接一个数据源的。为了可以使用 CDatabase 对象,需要调用构造函数,并调用 OpenEx 或是 Open 函数,这将会打开一个连接。当构造一个 CDatabase 类完成后,可以向 CRecordset 类的对象传递这个 CDatabase 类的指针。连接数据源结束时,必须用 Close 函数关闭这个对象。

CDatabase 类的成员变量主要有 m_hdbc,它保留了一个指向一个 ODBC 的数据源连接的句柄,下面列表简要介绍 CDatabase 类的成员函数,如表 13-5 所示。

表 13-5 CDatabase 类的成员函数

成员函数	含 义
Open	打开一个数据源,成功返回非零值,否则返回零值,一般都是与 throw 函数合用
Close	关闭一个 CDatabase 关联的数据源
ExecuteSQL	用这个函数直接执行语句 SQL 语句,其参数是指向 SQL 语句的字符指针
CanTransact	用来判断数据源是否支持事务处理
SetLoginTimeout	用来设置连接时间,以秒为单位,要是超时,则连接失败
GetConnect	返回当前的对象所连接的数据源的 ODBC 连接名字
Rollback	事务回滚
GetDatabaseName	将返回当前所连接的数据源的名字,这个名字并不一定是在 ODBC 控制台登记的名字,这取决于不同的 ODBC 驱动
IsOpen	用来判断当前的对象是否连接着数据源
CanUpdate	用来判断数据源是否可以修改
BeginTrans	开始一个事务的操作
CommitTrans	提交一个数据库事务

下面重点介绍 Open 函数和 OpenEx 函数。

(1) Open 函数的原型如下:

```
virtual BOOL Open(LPCTSTR lpszDSN,
                  BOOL bExclusive,
                  BOOL bReadOnly,
                  LPCTSTR lpszConnect,
                  BOOL bUseCursorLib);
```

其中,

- lpszDSN:用来设定一个数据源的名字,这个名字必须是在 ODBC 的控制台中注册的,如果在参数 lpszConnect 已经有了一个 DSN 值的话,这个参数可以设为 NULL。
- bExclusive:由于现在数据源的打开方式是共享的,所以必须是 FALSE。
- bReadOnly:为真时,数据源将以只读的方式读出,否则可以修改。

- lpszConnect：描述一个连接的字符串，可能包括一个数据源的名字，或用户的ID，或管理员的ID和密码。
- bUseCursorLib：为真时，加载ODBC的Cursor Library DLL文件。否则，不加载。

调用这个函数就是为了初始化一个CDatabase对象。但是推荐使用OpenEx函数来打开一个数据源，因为OpenEx函数会更加有效。

（2）OpenEx函数的原型如下：

```
virtual BOOL OpenEx(LPCTSTR lpszConnectString,DWORD dwOptions);
```

其中，

- lpszConnectString：用来描述一个ODBC连接，是一个字符串。可能包含一个ODBC数据源名字，或用户ID，或密码。例如"DSN＝SQLServer_Source;UID＝SA;PWD＝abc123"。
- dwOptions：用来描述数据源打开方式。表13-6是可能的几种方式。

表13-6　数据源打开方式

参　　数	说　　明
openReadOnly	以只读的方式读出
useCursorLib	加载ODBC Cursor Library DLL
noOdbcDialog	不出现ODBC连接对话框
forceOdbcDialog	总要出现ODBC连接对话框

4. RFX

RFX（Record Field Exchange）就是支持应用程序的一个交换机制，MFC ODBC数据库类能够自动地在数据源和一个视图之间交换数据，就是说不断地响应用户的要求，从数据源中读取数据，显示数据；从界面读取数据，修改数据源。当从CRecordset类派生一个类，在交换数据的时候没有选择大容量交换的方式（Bulk RFX）时，RFX机制将在数据交换中起作用。

RFX和对话框的数据交换（DDX）类似。在视图和数据源之间自动交换数据，可能还要多次调用DoFieldExchange函数，因为一次交换的数据可能不止一个，同时它也是应用程序框架和ODBC交流的媒介。RFX机制能够安全的通过调用（例如ODBC函数SQLBindCol)来保存用户的工作。

RFX机制对于用户来说大部分是透明的。如果使用AppWizared或是ClassWizard来生成一个数据库，RFX机制就自动加入应用程序框架中去了。用户的数据库类必须是从CRecordset类派生出来的。

有些时候用户需要自己加入一些RFX代码，如：

- 使用带参数的查询。
- 完成数据库中表与表的连接。
- 动态绑定数据列。

下面代码就是例13-1工程文件中AppWizard自动加入的RFX代码，见下面代码中的粗斜体部分：

```
void CODBCSet::DoFieldExchange(CFieldExchange* pFX)
{
    //{{AFX_FIELD_MAP(CODBCSet)
    pFX->SetFieldType(CFieldExchange::outputColumn);
    RFX_Long(pFX,_T("[书籍 ID]"),m___ID);
    RFX_Text(pFX,_T("[作者]"),m_column1);
    RFX_Text(pFX,_T("[出版社]"),m_column2);
    RFX_Text(pFX,_T("[价格]"),m_column3);
    //}}AFX_FIELD_MAP
}
```

函数 DoFieldExchange 是 RFX 机制的中枢，任何时候应用框架需要从数据源到数据库或是从数据库到数据源，都要调用 DoFieldExchange 函数。

下面是 CRecordset 派生类的头文件，其中关于 RFX 机制的部分已经用粗斜体显示：

```
class CODBCSet : public CRecordset
{
...
//Field/Param Data
    //{{AFX_FIELD(CODBCSet,CRecordset)
    long m___ID;
    CString m_column1;
    CString m_column2;
    CString m_column3;
    //}}AFX_FIELD
//Overrides
    //ClassWizard generated virtual function overrides
    //{{AFX_VIRTUAL(CODBCSet)
    public:
    virtual CString GetDefaultConnect();         //Default connection string
    virtual CString GetDefaultSQL();             //default SQL for Recordset
    virtual void DoFieldExchange(CFieldExchange* pFX);   //RFX support
    //}}AFX_VIRTUAL
...
};
```

5. CDBException

CDBException 也是在 afxdb.h 中定义的，是用来处理从其他 ODBC 类传过来的异常情况。这个类一般是和关键字 CATCH 连用的。同样的用户也可以用全局函数 AfxThrowDBException 抛出一个异常情况。CDBException 类的成员变量简介如下。

1) m_nRetCode

它包含了一个结构体 RETCODE，里面包含了 ODBC 的错误信息的描述，这个结构体是由 ODBC 接口的 API 函数来填写的。这些类型的异常代码都是有 SQL 的前缀的,都是一些定义好的宏。它的取值较多,这里不再赘述,有兴趣的读者请参见 MSDN。

2) m_strError

这个成员变量包含一个描述异常情况的字符串。

3) m_strStateNativeOrigin

这个成员变量包含一个字符串,描述异常的情况。

应用框架将错误描述存放在变量 m_strStateNativeOrigin 中;如果变量包含多个错误的描述,错误会分行显示。应用框架同时将一个包含数字和字符的描述存放在变量 m_strError 中。

有一个全局函数:

```
void AfxThrowDBException(RETCODE nRetCode,CDatabase * pdb,HSTMT hstmt);
```

可以在自己的程序中调用,以便用来抛出一个异常,该函数的参数说明如下:

- nRetCode:是一个 RETCODE 的变量,用来决定错误代码的类型。
- pdb:用来指示现在正在连接的数据源,用来表示错误是从哪个数据源出来的。
- hstmt:一个 ODBC 的 HSTMT 类型的句柄。

当应用框架接收到一个 ODBC RETCODE 的时候,就调用这个函数,ODBC API 调用失败的时候将由它返回一个异常的代码。

下面举例说明 ODBC 的应用。

【例 13-2】 在例 13-1 的基础上增加"删除一个记录"、"更新记录"和"清除域"三个菜单项,并实现相应的操作。

下面详细介绍开发这个程序的具体步骤。

1. 加入菜单项

根据题义,增加相关菜单项,如图 13-10 所示,并映射消息处理函数到视图类中去,各菜单项的 ID 如表 13-7 所示。其中,菜单项"第一个记录"、"前一个记录"、"下一个记录"和"最后一个记录"是系统自动生成的,这里我们不必要去处理它们。

图 13-10 添加菜单项

表 13-7 菜单项 ID 及其消息响应函数

菜单命令	菜单 ID	COMMAND 命令响应函数	UPDATE_COMMAND_UI 命令响应函数
删除一个记录	ID_DELETE_RECORD	√	√
更新记录	ID_UPDATE_RECORD	√	√
清除域	ID_CLEAR_DOMAIN	√	

2. 重载 OnMove 函数

在 Visual C++ 中的解决方案中选中 Cch13_2View 类后,单击鼠标右键,在弹出的菜单上选择"属性",然后在右侧弹出如图 13-11 的属性栏,在选中 OnMove 函数后,双击将

OnMove 函数加入到视图类中,这样就可以重载函数 OnMove 了。

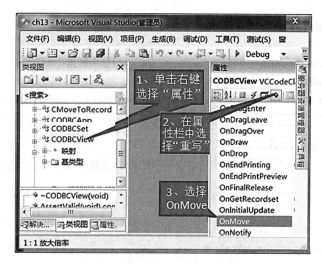

图 13-11 重载 OnMove 函数

然后在 OnMove 函数中加入响应的代码,因为默认的 OnMove 函数在用户移出一个记录就对数据库进行修改,将修改掉这一点。

以下就是 OnMove 函数的代码,其中粗体就是新加入的,请注意:

```
BOOL CODBCView::OnMove(UINT nIDMoveCommand)
{
    //TODO: Add your specialized code here and/or call the base class
    switch(nIDMoveCommand)
    {
    case ID_RECORD_PREV:
        m_pSet->MovePrev();
        if(!m_pSet->IsBOF())
            break;                          //如果移到数据库的开始,自动执行 MoveFirst 函数
    case ID_RECORD_FIRST:
        m_pSet->MoveFirst();
        break;
    case ID_RECORD_NEXT:
        m_pSet->MoveNext();
        if(!m_pSet->IsEOF())
            break;
        if(!m_pSet->CanScroll())
        {
            m_pSet->SetFieldNull(NULL);     //清空屏幕
            break;
        }
    case ID_RECORD_LAST:
        m_pSet->MoveLast();
```

```
        break;
    default:
        ASSERT(FALSE);                              //异常情况
    }
    UpdateData(FALSE);                              //交换数据
    return TRUE;
    //return CRecordView::OnMove(nIDMoveCommand);    //不再需要这个父类的函数
}
```

3. 添加菜单响应函数

现在添加菜单的响应函数,请读者参照前面的函数说明并和程序进行比较。

```
void CODBCView::OnDeleteRecord()                    //删除记录
{
    //TODO: Add your command handler code here
    CRecordsetStatus m_cStatus;
    try{
        m_pSet->Delete();
    }
    catch(CDBException * m_pEx)
    {
        AfxMessageBox(m_pEx->m_strError);
        m_pEx->Delete();
        m_pSet->MoveFirst();                        //失败的话,将记录指针移到第一个记录
        UpdateData(FALSE);
        return;
    }
    m_pSet->GetStatus(m_cStatus);
    if(m_cStatus.m_lCurrentRecord==0)
        m_pSet->MoveFirst();                        //删除了第一个记录
    else
        m_pSet->MoveNext();
    UpdateData(FALSE);
}
void CODBCView::OnUpdateDeleteRecord(CCmdUI * pCmdUI)   //删除后的刷新
{
    //TODO: Add your command update UI handler code here
    pCmdUI->Enable(!m_pSet->IsEOF());
}
void CODBCView::OnUpdateRecord()
{
    //TODO: Add your command handler code here
    m_pSet->Edit();
    UpdateData(TRUE);
    if(m_pSet->CanUpdate())
```

```
        m_pSet->Update();
}
void CODBCView::OnUpdateUpdateRecord(CCmdUI * pCmdUI)              //刷新记录集
{
    //TODO: Add your command update UI handler code here
    pCmdUI->Enable(!m_pSet->IsEOF());
}
void CODBCView::OnClearDomain()                                     //清除域
{
    //TODO: Add your command handler code here
    m_pSet->SetFieldNull(NULL);
    UpdateData(FALSE);
}
```

上面这个例子很简单,只能实现对数据库中记录的删除和浏览,但实际上,我们对数据库的操作经常需要对数据库增加新的记录,下面举例说明如何增加记录。

【例 13-3】 在例 13-2 的基础上增加功能,使得程序能够向数据库中添加新记录。

为完成这个功能,需要向图 13-10 的"记录"菜单中增加一个菜单项"增加一个新记录",其 ID 标识为 ID_ADD_RECORD,如图 13-12 所示。

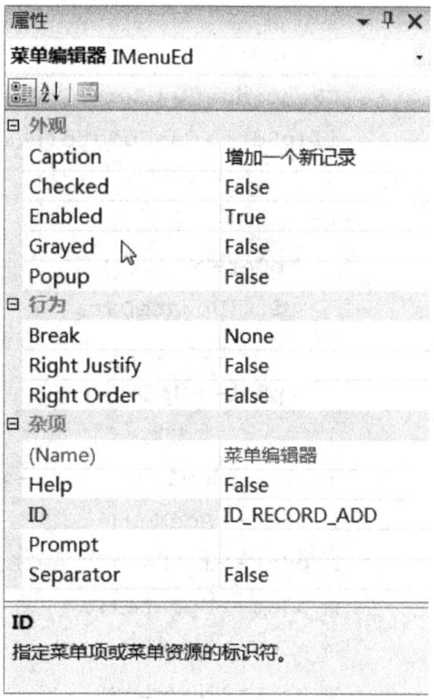

为了在一个数据库中增加一条记录,首先需要得到该数据库中的最后一条记录的 ID 号,然后将其加1;然后通过 AddNew 函数来添加记录,并把刚才得到的新的 ID 值设置为新增加记录中的 ID 字段的值,并用 Update 函数保存新记录;最后调用 Requery 函数更新记录,并把输入控制滚动到数据库中的最后一条记录上。

为了计算新的 ID 号,需要增加一个 CODBCSet 类的成员函数 GetMaxID,此函数的访问权限为 public,返回值类型为 long,如图 13-13 所示。

GetMaxID 函数的代码如下:

```
long CODBCSet::GetMaxID()
{
    MoveLast();                         //移到最后一条记录
    return m_ID;                        //返回该 ID 值
}
```

图 13-12 添加新的菜单项

在图 13-12 中已经增加了菜单项 ID_ADD_RECORD,为此菜单项映射了一个消息响应函数 OnAddRecord,代码含义详见如下代码中的注释:

```
void CODBCView::OnAddRecord()
{
```

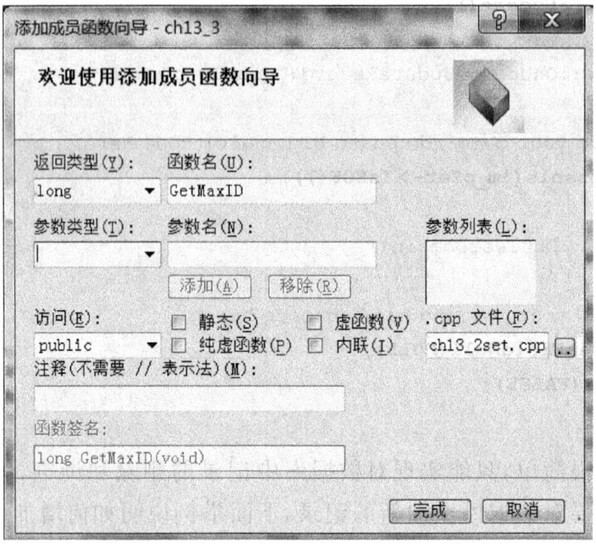

图 13-13 增加一个 CODBCSet 类的成员函数 GetMaxID

```
//TODO: Add your command handler code here
CRecordset * pSet= OnGetRecordset();              //获取指向数据库的指针
if(pSet->CanUpdate()&&! pSet->IsDeleted())
                                                  //确认对数据库的任何修改均已保存
{
    pSet->Edit();
    if(!UpdateData())
        return;
    pSet->Update();
}
long m_lNewID= m_pSet->GetMaxID()+ 1;             //获取新的 ID 值
m_pSet->AddNew();                                 //添加一个新记录
m_pSet->m_ID= m_lNewID;                           //设置新的 ID 标识
m_pSet->Update();                                 //保存新的记录
m_pSet->Requery();                                //刷新数据库
m_pSet->MoveLast();                               //游标移到最后一条记录
UpdateData(FALSE);                                //更新表单
}
```

在完成了上述代码编写之后,还需要在工具栏中增加一个与"增加一个新记录"菜单项相同功能的工具按钮,我们可以通过资源编辑器 Toolbar 资源在图 13-14 中增加一个 Add 按钮,其 ID 为 ID_ADD_RECORD,即与"增加一个新记录"菜单项的 ID 一致。最后经过编译运行,程序就可以正常运行了。

上面的例子,在浏览数据库的某个指定记录的时候,只能从当前记录位置向前或向后逐一查找,而不能通过指定某个记录号进行记录内容的浏览,这样还是不方便,为此,下面通过一个例子,继续完善上面的例子。

第 13 章　数据库应用程序的开发

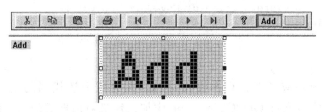

图 13-14　添加一个工具按钮

【例 13-4】　在例 13-3 的基础上增加浏览记录的功能和对记录进行排序的功能。

为了增加浏览记录的功能,可以通过创建一个对话框资源,通过在对话框中指定记录序号(请注意,记录序号并不是记录的 ID 号标识)来浏览该条记录的内容。我们可以通过资源编辑器增加一个对话框,对话框 ID 为 IDD_MOVE_RECORD,其中的编辑框 ID 为 IDC_RECORD_ID,该对话框如图 13-15 所示。

图 13-15　移动的指定的记录顺序

为对话框定义类名为 CMoveToRecord,并为编辑框连接一个变量为 long 类型的 m_RecordID,访问类型为 public;然后在菜单"记录"菜单中增加菜单项"移到第…条记录",菜单项的 ID 为 ID_MoveToRecord,为此菜单项映射 COMMAND 消息响应函数 OnMoveToRecord,函数代码如下:

```
void CODBCView::OnMoveToRecord()
{
    //TODO: Add your command handler code here
    CMoveToRecord dlgMoveTo;                    //创建 CMoveToRecord 类的对象实例
    if(dlgMoveTo.DoModal()==IDOK)
    {
        CRecordset * pSet=OnGetRecordset();     //获得指向数据库记录的指针
        if(pSet->CanUpdate()&&!pSet->IsDeleted())  //确认所有的修改已经保存
        {
            pSet->Edit();
            if(!UpdateData())
                return;
            pSet->Update();
        }
```

```
        pSet->SetAbsolutePosition(dlgMoveTo.m_RecordID);    //设置新的位置
        UpdateData(FALSE);                                   //更新表单
    }
}
```

由于在视图中响应了对话框的操作,因此,在完成上述代码的编写之后,还需要在 ODBCView 类的实现文件 ODBCView.cpp 中加入定义对话框类的头文件:

```
#include "MoveToRecord.h"
```

同样,为了使用工具栏按钮进行快速操作,在工具栏中定义一个 Move 按钮,其 ID 与菜单项"移到第…条记录"的 ID 一致,Move 按钮的 ID 为 ID_MoveToRecord。

到这里,如果对工程文件进行编译运行,就可以对数据库的基本操作如显示某一条指定记录、增加记录、更新记录、删除记录等进行正常操作了。下面进一步介绍如何编写针对数据库的某一字段对数据库记录进行排序的功能代码。

由于 CRecordset 类的对象或从 CRecordset 类继承的对象都拥有一个 m_strSort 成员变量,它决定了对记录的排序,利用 CRecordset 类的功能,就可以很方便地对记录进行排序。我们继续在"记录"菜单中增加菜单项"按价格排序",也就是说按"价格"字段进行排序,该菜单项的 ID 设为 ID_SORT_PRICE,并为它映射 COMMAND 消息处理函数 OnSortPrice()。这里只介绍按"价格"字段进行排序,实际上也可以按其他字段进行排序,代码的编写方法是一样的。OnSortPrice()函数的代码如下:

```
void CODBCView::OnSortPrice()
{
    //TODO: Add your command handler code here
    m_pSet->Close();
    m_pSet->m_strSort=L"价格";
    m_pSet->Open();
    UpdateData(FALSE);
}
```

上面的代码中,先通过 Close()函数关闭数据库,然后设置变量 m_strSort,实现按指定字段进行从小到大的排序,然后再次打开数据库,最后调用函数 UpdateData()函数更新已经排序过的记录在视图中的显示。由于用了 CRecordset 类的成员 m_strSort,因此对数据库记录的排序不用进行太多的代码干预。

最后仍然在工具栏中增加 Sort 工具按钮,实现菜单项"按价格排序"的功能。

我们在对数据库记录进行操作时,还经常需要针对指定内容进行查询,这是数据库应用的关键功能之一,下面我们来讨论查询功能的代码编写。

【例 13-5】 在例 13-4 的基础上增加查询功能。

为了编写查找功能的代码,我们继续在"记录"菜单中增加菜单项"按作者查找",其 ID 为 ID_Search,映射的 COMMAND 消息处理函数为 OnSearch(),这里仅介绍按作者查找,按其他字段的查找,代码编写方法完全类似,只是所引用的字段不同而已,在这里就不再赘述了。

第13章 数据库应用程序的开发

接着需要创建一个名为"查找"的对话框,从这个对话框中输入待查找的字段内容,对话框的设计很简单,这里就不截图了,该对话框的 ID 为 IDD_Search,为对话框定的类的名称为 CSearchDlg,对话框中的编辑框的 ID 为 IDC_Edit_Search,通过类向导编辑框 IDC_Edit_Search 连接 CSearchDlg 类的成员变量 m_Edit_Search,变量类型为 CString。

由于我们这里介绍的是按"作者"字段进行查询,因此,为菜单项"按作者查找"所映射的 COMMAND 消息处理函数代码如下:

```
void CODBCView::OnSearch()
{
    //TODO: Add your command handler code here
    DoFilter("作者");
}
```

当需要对其他字段进行查询操作时,可以映射类似的成员函数,所不同的就是所针对的字段名不一样,这里针对的字段名是"作者",在这个程序中,不论对哪一个字段进行查询,其查询操作的代码完全一样,为了避免编写其他字段的查找程序时引起代码重复,这里写了一个公用的 DoFilter() 函数,让与查询其他字段操作相对应的成员函数调用。

从上面的代码中,可以看出它只执行了一个 DoFilter() 函数,而这个函数是 CODBCView 的成员函数,由于我们在查找过程中,可以对数据库记录中的任何字段进行查找,而这种查找都是执行完成相同的函数 DoFilter(),换句话说,这个函数只能被 CODBCView 类的其他成员函数所调用,因此必须把 DoFilter() 函数的访问限制成 protected。DoFilter() 函数的代码如下:

```
void CODBCView::DoFilter(CString col)
{
    CSearchDlg dlg;
    int result=dlg.DoModal();
    if(result==IDOK)
    {
        CString str=col+ L"='"+ dlg.m_Edit_Search+ L"'";   //接收查询字符串
        m_pSet->Close();                                    //关闭原来的表单
        m_pSet->m_strFilter=str;                            //将查询条件赋给过滤器
        m_pSet->Open();                                     //打开经过过滤的表单
        int recCount=m_pSet->GetRecordCount();              //计算满足条件的记录数
        if(recCount==0)                                     //如果没有找到相关记录
        {
            MessageBox(L"No matching records.");            //给出提示信息
            m_pSet->Close();                                //关闭表单
            m_pSet->m_strFilter;                            //将过滤结果给过滤器
            m_pSet->Open();                   //根据过滤结果打开表单(什么都没找到)
        }
        UpdateData(FALSE);                                  //不论任何情况,都更新表单
    }
```

}

由于上述代码都是在 ODBCView.cpp 中,也就是说上述操作是在视图中完成的,但查询条件是在"查询"对话框中输入的,在视图中接收了对话框的输入内容,因此,需要在 ODBCView.cpp 中加入如下代码:

```
#include "SearchDlg.h"
```

关于代码的功能解释,在注释中已经很清楚地描述了。

13.3 小结

本章介绍了 IT 技术中很重要的一个应用——数据库客户端应用程序的设计与开发。在本章的内容介绍中,通过介绍数据库开发技术中常用的类、数据源连接的方法,并通过几个实际应用程序的开发,循序渐进地讲述了数据库编程的方法。

本章贯穿一个实际的数据库应用程序,通过每一个样例不断增强数据库应用程序的功能,最终形成一个能实现数据库基本操作的综合应用程序。

13.4 练习

13-1 编写数据库应用程序中如何连接数据源?

13-2 编写一个数据库应用程序,数据库中有十条记录,记录包含的字段有"姓名"、"年龄"、"出身年月"、"性别"、"系别"和"专业",编写应用程序,使它具备按每一个字段进行查询的功能。

第 14 章

开发 Internet 应用程序

Internet/Intranet 是一项发展非常迅猛的技术,在短短的三四十年的时间里极大地改变了人类的工作和生活方式。开发支持 Internet/Intranet 的应用程序也因而成了程序员的重要的工作内容之一。本章将介绍如何应用 Microsoft Visual C++ 2008 来开发支持 Internet 的 MFC 应用程序。

Internet 应用程序的开发通常包括 Internet 服务端和客户端的应用程序,Microsoft 提供了大量的 API 函数来支持这两种程序,客户端应用程序主要通过 Internet 协议(如 Gopher、FTP、HTTP 等)来从网络服务器上获取数据,提供访问 Internet 的功能,服务器端应用程序则用来支持 HTTP、FTP 或 Gopher 等类型的服务。本章主要介绍客户端应用程序的开发和应用。

14.1 Internet 应用程序开发的几种类型

使用 Visual C++ 进行 Internet 应用程序的开发通常可以划分为如下几种类型:

- 使用 WinInet 类开发 Internet 应用程序:使用 WinInet 类使得创建 Internet 客户应用程序的过程变得比较简单,WinInet 类支持 HTTP、FTP 和 Gopher 等标准的协议。
- 使用 Windows Socket 开发 Internet 应用程序:Winsock 标准定义了一个 DLL 接口来连接 Internet,MFC 使用 CAsyncSocket 和 CSocket 类对接口进行了封装。但即使是使用了 MFC 提供的类来直接通过接口来访问 Internet 也是很复杂的。CAsyncSocket 和 CSocket 类在 MFC 中的层次位置如图 14-1 所示。

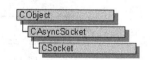

图 14-1　CAsyncSocket 和 CSocket 类在 MFC 中的层次位置

- 使用消息收发 API(MAPI,Message API)开发 Internet 应用程序:使用 MAPI 可以很方便的向其他应用程序发送电子邮件、语音邮件或传真等功能。应用程序向导对 MAPI 提供了很好的支持,如图 14-2 所示,在 MFC AppWizard-Step 4 of 6 中选择"MAPI(消息处理 API)"选项即可。
- 使用 ISAPI 类(ISAPI:Internet Server API):ISAPI 类帮助用户扩展 HTTP 服务器的功能。读者可以通过使用 ISAPI Extension Wizard 建立扩展器或者过滤器的框架,如图 14-3 所示。

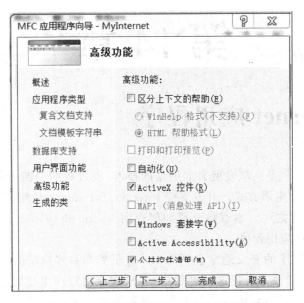

图 14-2 选择 MAPI[Messaging API]选项

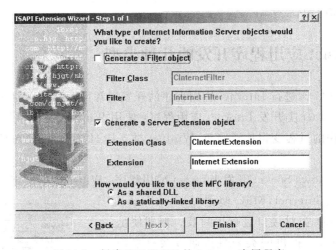

图 14-3 创建基于 ISAPI 的 Internet 应用程序

本章集中介绍使用 MFC 提供的 WinInet 类编写客户端应用程序。

14.2　WinInet 开发简介

直接使用 API 函数来编写程序是非常烦琐的，Microsoft 公司在 MFC 中加入了 WinInet 类封装了大量的 API 函数，以方便创建 Internet 客户端程序。这样程序员可以不必对 Winsocket、TCP/IP 协议等细节问题做深入的探究，就可以编写简单的 Internet 应用程序。

使用 WinInet 编程，可以完成对 HTML 网页的下载、发送 FTP 请求以及使用

Gopher 的菜单系统来在 Internet 上存取各种资源。使用 WinInet 开发程序有以下优点：
- 隐藏协议细节，简化编程。WinInet 隐藏了许多细节。使用 WinInet 编程，可以不必深入了解各种协议，而使用 WinSocket 编程，需要对 TCP/IP 等各种协议较为了解，需要理解网络通信的基本原理。
- 熟悉的编程接口。WinInet API 函数和很多 WinAPI 函数很相似，这对有编程经验的程序员来说是很方便的。
- 稳定性好，不要求程序与底层直接联系。WinInet 隐藏了协议的具体细节，使得应用程序不必直接使用各种协议。由于 Internet 的底层技术发展和变化很快，这样在协议更新时，只需更改 WinInet 类即可，不需要改变用户的应用程序。
- 支持数据缓存。WinInet 函数为所有的协议提供缓存能力，程序员在程序的开发过程中只需关心数据而不用去管理数据缓存。
- 支持多线程。由于 WinInet 函数在内部处理多线程的并发问题，因此 WinInet 函数支持多线程，在多线程中可以调用各种 WinInet 函数而不用担心发生问题或死锁。

14.3 WinInet 类介绍

WinInet 类是一个总称，目前的版本中分为四组，它们分别是 CInternetSession 类、CInternetConnection（连接类）、CFileFind 类（Internet 文件查找类）、CInternetFile 类和 CGopherLocator 类。各类在 MFC 中的层次位置如图 14-4 所示。

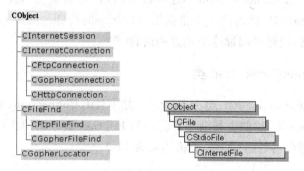

图 14-4 WinInet 类的层次关系

WinInet 类具有如下功能：
- 使用 Http 协议将 HTML 页面从服务器下载到客户浏览器中。
- 发送 Ftp 请求以上载或下载文件，或获取目录列表。
- 使用 Gopher 菜单系统来获取 Internet 资源。
- 使用 Gopher、Ftp 和 HTTP 协议来建立与服务器的连接，向服务器发送请求，或断开与服务器的连接。

14.3.1 CInternetSession 类

CInternetSession 类直接继承自 CObject 类,该类用来建立与某个 Internet 服务器的会话。必要情况下,还可以向代理服务器描述连接,如果应用程序所使用的 Internet 连接必须保持一段时间,则可以在 CWinApp 类中创建相应的 CInternetSession 成员。表 14-1 列出了 CInternetSession 类常用的成员函数。

表 14-1 CInternetSession 类常用的成员函数

CInternetSession 类成员函数	说明
QueryOption	提供一个可能的错误检测判断
SetOption	设置 Internet 会话的选项
OpenURL	设置一个 URL,并对其进行分析
GetFtpConnection	打开一个 FTP 会话并进行连接
GetHttpConnection	打开 HTTP 服务器并进行连接
GetGopherConnection	打开 Gopher 服务器并进行连接
EnableStatusCallback	建立异步操作的状态回调
ServiceTypeFromHandle	通过 Internet 句柄返回服务器类型
GetContext	获取 Internet 和应用程序会话的句柄
Close	关闭 Internet 连接

当建立了一个 Internet 会话,可以使用表 14-1 中的 OpenURL 函数打开一个 URL,然后 CInternetSession 类通过调用全局函数 AfxParseURL 来分析这个 URL,如果使用的是 WinInet 类支持的协议,那么 CInternetSession 类将为用户解析该 URL,而不考虑使用的是何种协议。CInternetSession 类还可以处理由 URL 资源"file://"标识的本地文件请求,此时,OpenURL 将返回一个指向 CStdioFile 的指针。如果 OpenURL 打开了一个 Internet 服务器,则可以阅读这个站点的内容。

14.3.2 CInternetConnection 类

包括 CInternetConnection 类及其派生类 CHttpConnection、CFtpConnection 和 CGopherConnection 类,这些类帮助用户管理与 Internet 服务器的连接,同时还提供一些函数完成和响应服务器的通信。各类描述见表 14-2。

表 14-2 连接类及其派生类

连接类	说明
CInternetConnection	用于管理与 Internet 服务器的连接
CFtpConnection	用于管理与 FTP 服务器的连接,可以对服务器上的文件和目录进行直接操作
CGopherConnection	管理与 Gopher 服务器的连接
CHttpConnection	管理与 HTTP 服务器的连接

应用程序与 FTP 服务器之间的通信必须通过 CFtpConnection 对象进行管理,此时只要创建一个 CInternetSession 实例,然后调用其 GetFtpConnection 成员函数就得到一个指向 CFtpConnection 对象的指针。

应用程序与 Gopher 服务器之间的通信必须通过 CGopherConnection 对象进行管理，此时只要创建一个 CInternetSession 实例，然后调用其 GetGopherConnection 成员函数来得到一个指向 CGopherConnection 对象的指针。

应用程序与 Http 服务器之间的通信必须通过 CHttpConnection 对象进行管理，此时只要创建一个 CInternetSession 实例，然后调用其 GetHttpConnection 成员函数就得到一个指向 CHttpConnection 对象的指针。

14.3.3 CInternetFile 类

包括 CInternetFile 类及其派生类 CHttpFile、CGopherFile。这些类实现对远程系统上的文件的存取工作。因为 CInternetFile 类是 CStdioFile 类的派生类，所以 Internet 文件和本地文件的处理是一样的。

文件类还包含 CFileFind 类及其派生类 CFtpFileFind、CGopherFileFind 类。CFileFind 类直接继承于 CObject 类，见图 14-4。

这些类实现对本地和远程系统上的文件的搜索和定位工作。表 14-3 列出了这些类的说明。

表 14-3 文件类说明

文件类	说　　明
CInternetFile	允许对使用 Internet 协议的远程系统中的文件进行操作
CGopherFile	为在 Gopher 服务器上进行文件检索和读取操作提供支持
CHttpFile	提供对 HTTP 服务器上的文件进行操作的支持
CFindFile	为文件检索提供支持
CFtpFileFind	为在 FTP 服务器上进行的文件检索操作提供支持
CGopherFileFind	为在 Gopher 服务器上进行的文件检索操作提供支持

值得注意的是，Gopher 服务主要是一种用于检索信息的菜单驱动的接口，因此不允许用户对 Gopher 文件进行写操作，在 Gopher 类中并没有实现 Write、WriteString 和 Flush 函数。

14.3.4 CGopherLocator 类

在从 Gopher 服务器中获取信息之前，必须先获得该服务器的定位器，而 CGopherLocator 类的主要功能就是从 Gopher 服务器中得到定位并确定定位器的类型。

14.4 用 WinInet 类开发应用程序

用 WinInet 类开发应用程序，使得创建 Internet 客户应用程序变得比较简单。编写支持 Internet 的应用程序一般要采用以下几个基本的步骤：

（1）创建一个 CInternetSession 对象：由于 Internet 会话是通过 CInternetConection 类的对象实现的，因此首先要创建一个 CInternetSession 对象，建立一个 Internet 会话。

（2）建立与服务器的连接：客户应用程序要与服务器协同工作，因此，在创建了 CInternetSession 对象后，就需要建立到服务器的连接。根据不同的协议，可以选用

GetFtpConnect、GetHttpConnect 和 GetGopherConnect 三种方法中的一种。

（3）查询或设置 Internet 选项：在连接时，有时候还需要查询或设置 Internet 选项，这个工作可以通过 QueryOption 或 SetOption 函数来完成。

（4）向用户反馈当前数据处理的进程信息：有时客户的应用程序在进行某些操作时，要耗费较长的时间，因此需要向用户反馈当前的状态，这个工作由 EnableStatusCallback 函数来完成，此时还要重载 OnStatusCallBack 函数以实现回调函数的功能。

（5）创建 CInternetFile 实例：调用 CInternetSession 类的成员函数 OpenURL 建立与服务器的连接，函数返回一个 CInternetFile 指针。如果使用 CInternetSession 类的成员函数 GetFtpConnection、GetGopherConnection 或 GetHttpConnection 来创建与服务器的连接，则必须再调用 CFtpConnection::OpenFile、CGopherConnection::OpenFile 或 CHttpConnection::OpenRequest 函数来得到 CInternetFile、CGopherFile 或 CHttpFile 文件。

（6）文件读写操作：调用 CInternetFile::Read 或 CInternetFile::Write 函数对所得到的服务器文件进行读写操作。

（7）异常处理：为提高应用程序的可靠性和容错性，必须对可能出现的问题进行处理，这种处理通常是通过调用 CInternetException 类的对象对目前可知的异常进行处理。

（8）结束：调用 CInternetSession::Close 结束会话并销毁 CInternetSession 对象。

14.5　WinInet 类编程实例

【例 14-1】 利用 WinInet 类编写 Internet 应用程序，界面窗口如图 14-5 所示。在 URL 编辑框中写入地址，单击 HTTP、FTP 或 Gopher 等按钮可以在中间的编辑框中显示查询到的相应服务器的信息。

图 14-5　应用程序界面

编写这个应用程序的具体步骤如下：

（1）建立工程文件：建立一个基于对话框的 MFC APPWizard(exe)工程，工程名为 MyInternet。单击项目菜单中的"MyIntenet 属性"菜单项，选择"配置属性"|"链接器"|

"输入"属性卡,在"附加依赖项"输入框中选中加入库文件 WinInet.lib。

(2) 建立如图 14-5 所示的界面,界面中各控件的属性如表 14-4 所示。

表 14-4 各控件属性

对　象	ID	Caption	备　　注
编辑框 1	IDC_EDIT_URL		
编辑框 2	IDC_EDIT_RESULT		选中 Multiline, Horizontal scroll, Vertical scroll, read only 属性
下压式按钮	IDC_BUTTON_HTTP	HTTP	
下压式按钮	IDC_BUTTON_FTP	FTP	
下压式按钮	IDC_BUTTON_GOPHER	Gopher	
下压式按钮	IDCANCEL	退出	
静态文本	IDC_STATIC	URL	
组框	IDC_STATIC	连接方式	

(3) 给界面对象连接变量。

为两个编辑框连接变量,如表 14-5 所示。

表 14-5 连接变量

对　象	ID	变量类型	变量名
编辑框 1	IDC_EDIT_URL	CString	m_Url
编辑框 2	IDC_EDIT_RESULT	CString	M_editResult

(4) 添加代码。

下面给应用程序增加一个自定义的类,选择"项目"|"添加类"|"C++类"菜单,打开图 14-6 所示的对话框,添加新类类名为 MyWinInetClass,系统会自动在项目中增加 MyWinInetClass.cpp 和 MyWinInetClass.h 两个文件。

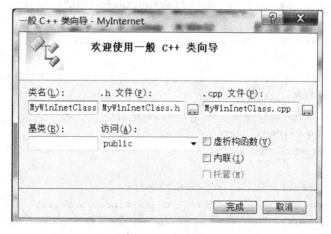

图 14-6 增加新类

在新加入的类中增加如下三个 public 的成员函数，这些函数可以在头文件 MyWinInetClass.h 中看到。

```cpp
CString ConnectFtp(const CString sUrl);       //完成连接 Ftp 功能的函数
CString ConnectHttp(const CString sUrl);      //完成连接 Http 功能的函数
CString ConnectGopher(const CString sUrl);    //完成连接 Gopher 功能的函数
```

为了建立 Internet 的会话，新增加的 MyWinInetClass 类中加入一个 private 型成员变量 m_session：

```cpp
CInternetSession m_session;                    //建立 Internet 会话
```

由于我们在上面定义了一个 CWinInet 类的对象，所以还需要在 MyWinInetClass.h 头文件中加入如下代码：

```cpp
#include "afxinet.h"
#include "wininet.h"
```

(5) 为 MyWinInetClass 类添加三个成员函数。为 MyWinInetClass 类添加三个用于连接的成员函数，它们分别是 ConnectFtp、ConnectHttp 和 ConnectGopher，三个成员函数加入代码如下：

```cpp
CString MyWinInetClass::ConnectFtp(const CString sUrl)
{
    CString sResult;                           //存储连接信息的字符串
    CFtpConnection * Ftpconnection=NULL;
    sResult="";
    sResult=sResult+"Trying to connect Ftp sites: "+sUrl+"\r\n";
    sResult=sResult+"Connection is established."+"\r\n";
    Ftpconnection=m_session.GetFtpConnection(sUrl);    //建立到 Ftp 服务器的连接
    if(Ftpconnection)
    {
        sResult=sResult+"Connection established.\r\n";
        CString sCurDir;
        Ftpconnection->GetCurrentDirectory(sCurDir);
                                               //得到 Ftp 服务器的当前目录
        sResult=sResult+"current directory is: "+sCurDir+"\r\n 以下是该文件夹下的文件列表：\r\n";
        CFtpFileFind finder(Ftpconnection);
        BOOL bWorking=finder.FindFile("*");
        while(bWorking)
        {
            bWorking=finder.FindNextFile();
            sResult=sResult+"\t"+(LPCTSTR)finder.GetFileURL()+"\r\n";
        }
        Ftpconnection->Close();                //关闭连接
```

```
        }
        else
            sResult=sResult+"There are some errors in finding this Ftp sites";
    return sResult;
}
CString MyWinInetClass::ConnectHttp(const CString sUrl)
{
    CString sResult;
    CInternetFile * hHttpFile=NULL;
    sResult="";
    sResult=sResult+"Trying to connect Http sites"+sUrl+"\r\n";
    hHttpFile=(CInternetFile * )m_session.OpenURL(sUrl);         //得到文件指针
    if(hHttpFile)
    {
        sResult=sResult+"Connection established.\r\n";
        CString sLine;
        while(hHttpFile->ReadString(sLine))               //读取 Http 服务器上的内容
            sResult=sResult+sLine+"\r\n";
        hHttpFile->Close();                               //关闭连接
    }
    else
        sResult=sResult+"There are some errors in finding this Http sites";
    return sResult;
}
CString MyWinInetClass::ConnectGopher(const CString sUrl)
{
    CString sResult;
    CInternetFile * hGopherFile=NULL;
    sResult="";
    sResult=sResult+"Trying to connect Gopher sites"+sUrl+"\r\n";
    hGopherFile=(CInternetFile * )m_session.OpenURL(sUrl);       //得到文件指针
    if(hGopherFile)
    {
        sResult=sResult+"Connection established.\r\n";
        CString sLine;
        while(hGopherFile->ReadString(sLine))             //读取 Gopher 服务器的内容
            sResult=sResult+sLine+"\r\n";
        hGopherFile->Close();                             //结束连接
    }
    else
        sResult=sResult+"There are some errors in finding this Gopher sites";
    return sResult;
}
```

(6) 在 MyInternetDlg 类中增加一个 public 成员变量。

```
CMyWinInetClass m_WinInetClass;
```

变量 m_WinInetClass 是刚定义的 MyWinInetClass 类的一个对象,所以还要在 WinInetDlg.h 头文件加入自定义类的头文件:

```
#include "MyWinInetClass.h"
```

(7) 为对话框中按钮映射消息处理函数,函数如表 14-6 所示。

表 14-6　三个按钮对应的消息处理函数

对　　象	消　　息	消息处理函数
IDC_BUTTON_HTTP	BN_CLICKED	OnButtonHttp
IDC_BUTTON_FTP	BN_CLICKED	OnButtonFtp
IDC_BUTTON_GOPHER	BN_CLICKED	OnButtonGopher

三个消息处理函数增加代码如下:

```
void WinInetDlg::OnButtonFtp()
{
//TODO: Add your control notification handler code here
    UpdateData(TRUE);                         //从对话框读入地址信息 m_Url
    m_EditResult="";
    //调用自定义类的成员函数,连接 Ftp 服务器,m_Url 为地址
    m_EditResult=m_EditResult+m_WinInetClass.ConnectFtp(m_Url);
    UpdateData(FALSE);
}
void WinInetDlg::OnButtonHttp()
{
//TODO: Add your control notification handler code here
    UpdateData(TRUE);                         //从对话框读入地址信息 m_Url
    m_EditResult="";
    //调用自定义类的成员函数,连接 Http 服务器,m_Url 为地址
    m_EditResult=m_EditResult+m_WinInetClass.ConnectHttp(m_Url);
    UpdateData(FALSE);
}
void WinInetDlg::OnButtonGopher()
{
//TODO: Add your control notification handler code here
    UpdateData(TRUE);                         //从对话框读入地址信息 m_Url
    m_EditResult="";
    //调用自定义类的成员函数,连接 Gopher 服务器,m_Url 为地址
    m_EditResult=m_EditResult+m_WinInetClass.ConnectGopher(m_Url);
    UpdateData(FALSE);
}
```

图 14-7 是连接方式为 Http 时的运行结果,图 14-8 是连接方式为 Ftp 时的运行结果,图 14-9 是连接方式为 Gopher 时的运行结果。

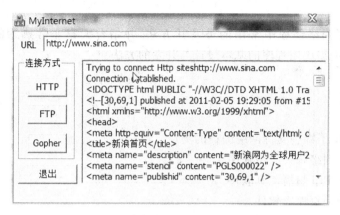

图 14-7　连接方式为 Http 时的运行结果

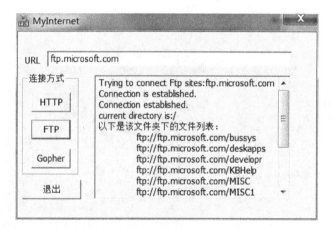

图 14-8　连接方式为 Ftp 时的运行结果

图 14-9　连接方式为 Gopher 时的运行结果

14.6 小结

本章介绍了网络编程中常用的类及其方法,并结合大家非常熟悉的 Http、Ftp 和 Gopher 来介绍网络应用程序的基本设计与开发的方法。

14.7 练习

14-1 MFC 提供了哪些支持网络编程的类?
14-2 编写一个网络聊天应用程序。
14-3 编写一个 Ftp 扫描工具软件。
14-4 编写一个网页抓取软件。

参考文献

[1] 李博轩等.Visual C++ 6.0 Internet 开发指南.北京:清华大学出版社,2000.
[2] 郝蕴等.Visual C++ 6.0 开发与实例.北京:电子工业出版社,1999.
[3] 王华等.Visual C++ 编程实例与技巧.北京:机械工业出版社,1999.
[4] 陈元琰等.Visual C++ 编程使用技术与案例.北京:清华大学出版社,2001.
[5] 吕凤翥.C++ 语言简明教程.北京:清华大学出版社,2007.
[6] 钱能.C++ 程序设计教程.修订版.北京:清华大学出版社,2010.
[7] 宋金珂等.Visual C++ 程序设计基础教程.北京:清华大学出版社,2010.
[8] 张文波等.Visual C++ 程序设计.北京:清华大学出版社,2010.
[9] 陈国建等.Visual C++ 范例开发大全.北京:清华大学出版社,2010.